de Gruyter Lehrbuch

Hotz · Schaltkreistheorie

Günter Hotz

Schaltkreistheorie

Walter de Gruyter · Berlin · New York 1974

Günter Hotz
Professor im Fachbereich für Angewandte
Mathematik und Informatik der Universität des Saarlandes

 – Satz: IBM Composer, Hans Richarz, Publikations-Service, Sankt Augustin
Druck: Sala-Druck, Berlin. Bindearbeiten: Wübben & Co., Berlin – Printed in Germany

ISBN 3 11 00 2050 5

JOHANNES DÖRR

Vorwort

Dieses Buch entstand aus meinen Vorlesungen über die Synthese von Schaltkreisen an der Universität Saarbrücken für Studenten der Mathematik und Informatik im 3. und 4. Semester. Den beiden ersten Kapiteln liegt ein Skriptum zugrunde, das ich zu meiner Vorlesung im WS 1972/73 herausgegeben habe.

Die Entwicklung der physikalischen Bauelemente für digitale Rechenanlagen ist in den wenigen Jahren, in denen es diese Maschinen gibt, sehr schnell fortgeschritten und hat mehrfach die Zielfunktion bei der Optimierung von Schaltkreisen verändert. Es erscheint mir deshalb sinnvoll, nicht auf Rezepte einzugehen, die nur für besondere Fälle die Lösungen liefern und rasch veralten, sondern den Schwerpunkt auf die Entwicklung einer allgemeinen Theorie zu legen.

Die Boole'sche Algebra spielt aufgrund der technischen Möglichkeiten der Realisierung von Bausteinen für die Synthese von Schaltkreisen eine ausgezeichnete Rolle. Boole'sche Ausdrücke repräsentieren Schaltkreise auf der Basis der Konjunktion, Disjunktion und Negation. Boole'sche Ausdrücke genügen nicht, um jeden solchen Schaltkreis mit mehreren Ausgängen zu beschreiben, da man einen Teilausdruck eventuell in mehreren anderen Ausdrücken verwenden kann. Eine systematische Behandlung dieser Möglichkeit führt zu der Betrachtung von Ketten aufsteigender Boole'scher Unteralgebren mit ausgezeichneten Erzeugendensystemen.

Komplexe Syntheseprobleme können durch Funktionstabellen nicht beschrieben werden, da niemand zur Definition solcher Funktionen fähig ist, es sei denn, durch eine „Gesetzmäßigkeit". Die einfachsten Gesetze sind Symmetrieeigenschaften. Hieraus erklärt sich die ausführliche Einführung in die Boole'sche Algebra und starke Gewicht, das einer Galoistheorie der Boole'schen Algebren zugemessen wird.

Entwickelt wird ausführlich die wesentlich auf *Quine* und *McCluskey* zurückgehende Theorie der polynomialen Realisierung von Schaltfunktionen mit einem Ausgang. Wir gewinnen aus den *Quine*'schen Sätzen einige hinreichende Kriterien für die Minimalität von Polynomen auch über nicht freien Boole'schen Algebren und verwenden diese, um für einige spezielle Funktionen die Minimalität von polynomialen Darstellungen nachzuweisen.

Ausführlich wird auf die Verwendung von Diagrammen für Funktionen mit Symmetrieeigenschaften eingegangen. Es zeigt sich, daß diese bei einer den Symmetrieverhältnissen angemessenen Wahl der Diagramme auch für große Aufgaben sehr nützlich sind.

Die Gewinnung disjunkter Zerlegungen nach *Ashenhurst* wird nur kurz erörtert. Verwiesen wird hier auf die zahlreichen Bücher, die diesen Gegenstand breit darstellen, insbesondere auf das Buch von *Curtiss.*

Das Kapitel über Systeme von Schaltfunktionen ist sehr persönlich gefärbt. Es geht im wesentlichen zurück auf eine Arbeit des Verfassers aus dem Jahre 1960, in der die Ausnutzung von Symmetrieeigenschaften von Schaltfunktionen für eine mehrstufige Realisierung untersucht wird. Die Ergebnisse werden auf die Synthese von Addierern angewandt. Eine Anwendung auf die Multiplikation ist zwar schwieriger, konnte aber nur aus Zeitgründen nicht erfolgen.

Das dritte Kapitel enthält die Grundlagen einer Theorie der Synthese von Schaltkreisen, die für beliebige Bausteinsysteme angelegt wurde, insbesondere also für Bausteine mit mehreren Ausgängen. Der Basisbegriff dieser Theorie ist der der freien X-Kategorie oder der freien monoidalen Kategorie, wie diese von *Eilenberg* bezeichnet wird.

Wir zeigen, daß das Syntheseproblem nicht generell entscheidbar ist. Für den Fall, daß die Bausteine mit mehr als einem Ausgang von spezieller Natur sind, nämlich nur der Verzweigung und der Permutation von Leitungen entsprechen, wird eine generelle Lösung des Syntheseproblems gegeben. Die Theorie ist so angelegt, daß sie auch die Fragen nach der optimalen Auswertung arithmetischer Ausdrücke mit umfaßt.

Ausführliche Literaturangaben findet der Leser in den Büchern von *Curtiss, Harrison, Kohavi* und *Miller,* die ich dem Leser als Ergänzung empfehle.

Die Sätze werden in den Kapiteln fortlaufend numeriert. [m] bezieht sich auf Literaturangaben am Schluß des Buches.

Das oben erwähnte Skriptum wurde von den Herren *H. Bous* und *A. Eibner* und von *Dr. G. Kaufholz* und *Dr. H. Kopp* korrigiert.

Herr *Dr. W. J. Paul* hat die Fahnen dieses Buches korrigiert und durch Änderungsschläge zur Verbesserung beigetragen.

Dem Verlag sie hier die große Geduld während der Fertigstellung des Manuskriptes und die stets gute Zusammenarbeit auf das herzlichste gedankt.

Herr *Prof. Dr. Johannes Dörr* hat in einer Zeit, als sich hierzulande noch kaum jemand für diese Thematik interessierte, meine Arbeiten an den behandelten Problemen stark gefördert. Deshalb ist ihm dieses Buch gewidmet.

Saarbrücken, im Mai 1974 *Günter Hotz*

Inhaltsverzeichnis

Einleitung

Wir beginnen mit einem Beispiel.
Es soll eine Lampe von vier Schaltern aus ein- und ausgeschaltet werden können.
Wir geben eine schematische Lösung unserer Aufgabe, indem wir Schalter des nebenstehenden Typus verwenden. Der Schalter besitzt 8 Kontakte und zwei Stellungen. In der Stellung I sind die Kontakte 1, 2, 3, 4 geöffnet und die Kontakte 5, 6, 7, 8 geschlossen; in der Stellung II sind 1, 2, 3, 4 geschlossen und 5, 6, 7, 8 offen.

Die untere Skizze gibt eine Lösung unserer Aufgabe. In der Skizze sind die Schalter nicht mehr detailliert gezeichnet, sondern jeweils durch eine „black box" ersetzt, deren Ein- und Ausgänge die gleiche Funktion wie die entsprechenden Ein- und Ausgänge der Fig. 1 besitzen. In unserem Beispiel ist die Lampe eingeschaltet und zwar fließt auf dem Weg über 2, 2, 5, 1 Strom.

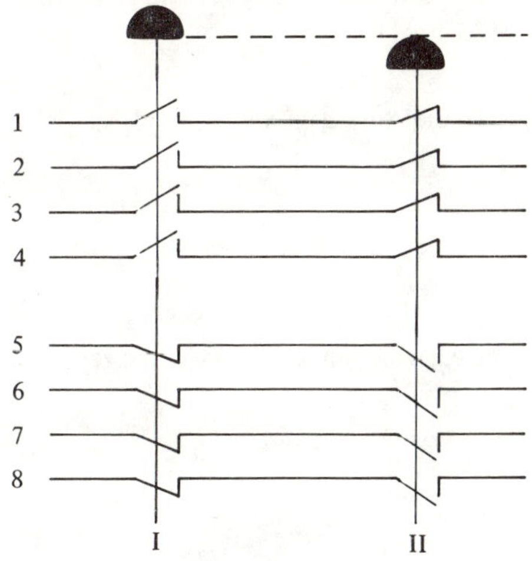

Fig. 1.1

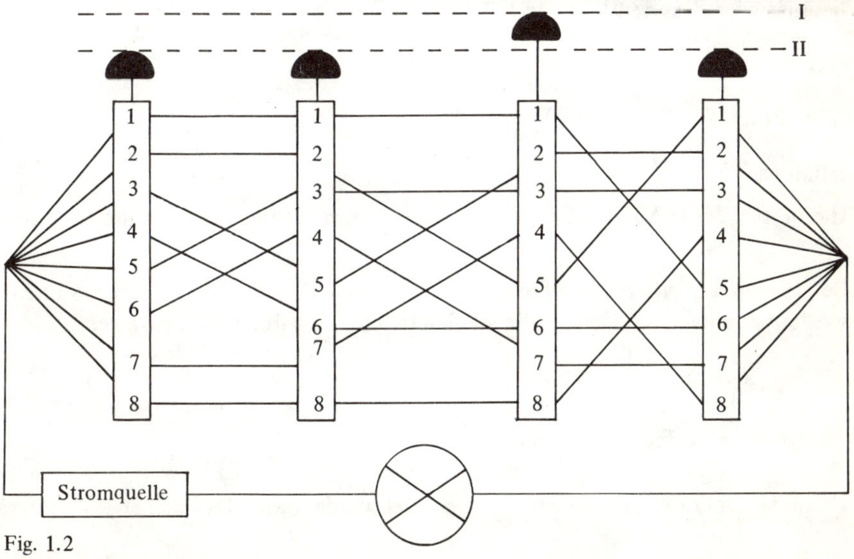

Fig. 1.2

Man prüft diese Behauptung leicht nach, indem man alle Schalterstellungen, d.h. $2^4 = 16$ Fälle durchprüft.

Man erkennt: Bei Änderung genau einer Schalterstellung ändert sich stets der Zustand der Lampe. Eine solche Schaltung war in unserer Aufgabe aber gerade verlangt.

Wir haben die Lösung der Aufgabe präsentiert, ohne darüber ein Wort zu verlieren, wie man eine solche Lösung finden kann. Das soll nachgeholt werden. Zunächst geben wir formale Beschreibungen unserer Aufgabe.

Sei x_1 die folgende Aussage:
Der Schalter 1 ist in Stellung I. Analog seien die Aussagen x_2, x_3 und x_4 definiert.
Wir verlangen:
Die Lampe soll nicht brennen, wenn

$$x_1 \textit{ und } x_2 \textit{ und } x_3 \textit{ und } x_4$$

erfüllt ist. Dies ist keine Einschränkung der Allgemeinheit. Für die Aussage

$$x_1 \textit{ und } x_2 \textit{ und } x_3 \textit{ und } x_4$$

schreiben wir abkürzend:

$$x_1 \cdot x_2 \cdot x_3 \cdot x_4 \,.$$

Nun verlangt unsere Aufgabe, daß die Lampe brennt, wenn einer der vier Schalter betätigt wird. Das heißt, in den Fällen, in denen die Aussage

$$\overline{x}_1 \cdot x_2 \cdot x_3 \cdot x_4 \textit{ oder } x_1 \cdot \overline{x}_2 \cdot x_3 \cdot x_4 \textit{ oder}$$
$$x_1 \cdot x_2 \cdot \overline{x}_3 \cdot x_4 \textit{ oder } x_1 \cdot x_2 \cdot x_3 \cdot \overline{x}_4$$

erfüllt ist.

Hierin ist $\overline{x}_i$ die Aussage „der Schalter i steht in Stellung II", d.h. die Negation der Aussage x_i.

Betätigen wir in einer dieser Stellungen wieder den Schalter, dann muß das Licht wieder verschwinden. Diese Fälle werden beschreiben durch die Aussage:

$$x_1 x_2 x_3 x_4 \; v \; \overline{x}_1 \overline{x}_2 x_3 x_4 \; v \; \overline{x}_1 x_2 \overline{x}_3 x_4 \; v \; \overline{x}_1 x_2 x_3 \overline{x}_4 \; v \; x_1 \overline{x}_2 \overline{x}_3 x_4$$
$$v \; x_1 \overline{x}_2 x_3 \overline{x}_4 \; v \; x_1 x_2 \overline{x}_3 \overline{x}_4 \,.$$

Hierin ist für „*oder*" das Zeichen „*v*" gesetzt worden, und das Zeichen „ · " weggelassen worden.

Betätigt man in einem der durch diese Aussage beschriebenen Zustände wieder einen Schalter, dann soll das Licht wieder brennen. Die nun möglichen Zustände werden durch folgende Aussage erfaßt:

$$\begin{aligned}&\overline{x}_1\, x_2\, x_3\, x_4 \;\; v \;\; x_1\, \overline{x}_2\, x_3\, x_4 \;\; v \;\; x_1\, x_2\, \overline{x}_3\, x_4 \;\; v \;\; x_1\, x_2\, x_3\, \overline{x}_4 \\ &v \;\; x_1\, \overline{x}_2\, \overline{x}_3\, \overline{x}_4 \;\; v \;\; \overline{x}_1\, \overline{x}_2\, x_3\, \overline{x}_4 \;\; v \;\; \overline{x}_1\, x_2\, \overline{x}_3\, \overline{x}_4 \;\; v \;\; \overline{x}_1\, \overline{x}_2\, \overline{x}_3\, x_4\end{aligned} \qquad (*)$$

Wenden wir das nun schon wiederholt angewandte Verfahren auf diesen Ausdruck nochmals an, dann verlängert sich die vorletzte Aussage noch um die mit „oder" angeschlossene „Konjunktion" $\overline{x}_1\, \overline{x}_2\, \overline{x}_3\, \overline{x}_4$. Von nun an führt eine „Schalterbetätigung" die eine der beiden letzten Aussagen stets in die andere über.

Wir sehen also: Wenn unsere Lampe so geschaltet werden soll, daß unsere Aufgabe gelöst ist, dann muß die Lampe notwendig genau in den durch die Aussage (∗) beschriebenen Schalterstellungen in einem Stromkreis liegen. Andererseits ist diese Bedingung auch hinreichend.

Wie realisiert man eine Konjunktion?

Wir greifen aus unserem Beispiel einen Stromkreis heraus, z.B. den Kreis, der der Reihe nach über die Kontakte 1, 1, 1, 5 läuft. Dieser Weg führt genau dann Strom, wenn alle vier Kontakte geschlossen sind, d.h. wenn die Stellung $\overline{x}_1\, \overline{x}_2\, \overline{x}_3\, x_4$ vorliegt. Wir haben an den Schaltern so viele Kontakte angebracht, daß wir alle Konjunktionen „realisieren" können. Die den Konjunktionen entsprechenden Wege sind parallel geschaltet, so daß der gesamte Kreis genau dann Strom führt, wenn mindestens einer der parallelen Wege Strom führt; das heißt aber, genau dann, wenn der erste *oder* der zweite *oder* der dritte, usw. . . . *oder* der achte Weg Strom führt.

Damit haben wir auf eine etwas systematischere Weise eine Lösung der Aufgabe gewonnen.

Die Verbindung von Aussagen durch „oder" nennt man in der Logik „Disjunktion", die Verbindung durch „und" „„Konjunktion". Da sich der Entwurf von Schaltkreisen durch aussagen-logische Mittel beschreiben läßt, spricht man vom „Logischen Entwurf von Schaltkreisen".

Nach meinem Gefühl ist der Einbettung des Schaltkreisentwurfs in die Logik eine mehr algebraische Beschreibung der Probleme vorzuziehen, da die in der Algebra vorhandenen Begriffsbildungen zahlreicher sind und auch suggestiver, was das Auffinden von Lösungen betrifft. Wir können die Schaltung auch als Realisierung einer Abbildung f mit der Menge der möglichen Schalterstellungen als Definitionsbereich und der Menge der Zustände der Lampe als Zielbereich ansehen.

Wir bezeichnen die Stellung I eines Schalters mit 0, die Stellung II eines Schalters mit 1. Ist die Lampe hell, bezeichnen wir ihren Zustand mit 1, sonst mit 0. Wir beschreiben diese Funktion durch eine Tabelle:

Nummer des Schalters	1	2	3	4		
	0	0	0	0	0	
Schalter-	0	0	0	1	1	zugehöriger
stellungen	0	0	1	0	1	Zustand der
	0	1	0	0	1	Lampe
	1	0	0	0	1	
	0	0	1	1	0	
	0	1	0	1	0	
	1	0	0	1	0	
	0	1	1	0	0	
	1	0	1	0	0	
	1	1	0	0	0	
	0	1	1	1	1	
	1	0	1	1	1	
	1	1	0	1	1	
	1	1	1	0	1	
	1	1	1	1	0	

Setzen wir $B = \{0,1\}$ und definieren wir wie üblich das Cartesische Produkt $M_1 x M_2 x \ldots x M_n$ von Mengen $M_1, \ldots, M_n$ durch

$$M_1 x \ldots x M_n = \{(m_1, \ldots, m_n) \mid m_i \in M_i \text{ für } i = 1, \ldots, n\},$$

dann ist also $B^4 = B x B x B x B$ der Definitionsbereich und B der Zielbereich der Abbildung f. Hierfür schreiben wir, wie üblich

$$f : B^4 \longrightarrow B .$$

Man kann sich nun fragen, ob sich jede Abbildung

$$f : B^n \longrightarrow B$$

auf diese Weise realisieren läßt. Die Antwort lautet „ja".

Man sieht das so ein:

Wir verwenden n Schalter. Die Anzahl der pro Schalter benötigten Kontakte hängt von f ab. Ist N die Anzahl der Elemente $(\alpha_1, \alpha_2, \ldots, \alpha_n) \in B^n$ mit $f(\alpha_1, \ldots, \alpha$ 1, dann geben wir jedem Schalter N Kontakte, womit wir die Verteilung der Kontakte auf solche, die in der Stellung I auf bzw. zu sind, noch offen gelassen haben.

Ist N_i gleich Anzahl der Elemente der folgenden Menge

$$M_i = \{(\alpha_1, \ldots, \alpha_n) \in f^{-1}(1) \mid \alpha_i = 1\},$$

dann geben wir dem i-ten Schalter N_i Kontakte, die in der Stellung II geschlossen sind und $N - N_i$ Kontakte, die in der Stellung I geschlossen sind.

Nun können wir jedem $(\alpha_1, \ldots, \alpha_n) \in f^{-1}(1)$ einen Weg zuordnen, der genau dann geschlossen ist, wenn der Schalter i in der Stellung I für $\alpha_i = 0$ und in der Stellung II steht, wenn $\alpha_i = 1$ ist. Indem wir diese Wege parallel schalten, erhalten wir eine „Realisierung" von f.

Den Beweis überlassen wir dem Leser.

Man erkennt, daß nach dieser Methode z.B. zur Realisierung der Funktion

$$f : B^{20} \longrightarrow B$$

mit $f(\alpha_1, \ldots, \alpha_n) = 1$ für alle $(\alpha_1, \ldots, \alpha_{20}) \in B^{20}$ rund 10^7 Kontakte notwendig sind, während jeglicher Schalter in diesem Fall überflüssig ist, da die „Lampe" ja doch stets brennt.

Damit stellt sich ein *Hauptproblem* beim logischen Entwurf von Schaltkreisen: *Man finde bei gegebenem Bausteinsystem zur vorgesehenen Funktion die billigste Realisierung.*

Wir behandeln eine zweite Aufgabe, die aber von anderen technischen Gegebenheiten ausgeht.

Es seien drei physikalische Bausteine gegeben, die wir mit den untenstehenden Symbolen bezeichnen:

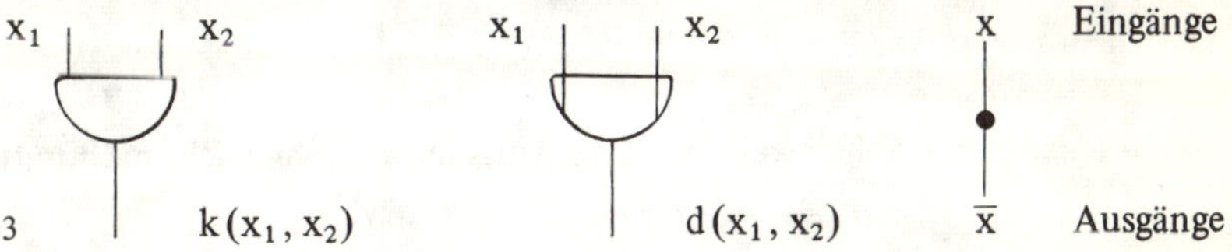

Fig. 1.3

Wir bezeichnen diese Bausteine der Reihe nach als: Konjunktion, Disjunktion, Negation.

Diese Bausteine können über die in der Skizze oben befindlichen „Eingänge" elektrische Signale aufnehmen und antworten darauf mit einem eindeutig bestimmten Ausgangssignal. Ein- und Ausgangssignale können nur zwei verschiedene Werte annehmen, die wir mit 0 und 1 bezeichnen. Die „Funktionen" der Bausteine werden durch die folgenden Tabellen beschrieben.

Auf die technische Realisierung dieser Bausteine, wie sie in elektronischen Rechenanlagen verwendet werden, gehen wir kurz in einem Anhang ein. Hier begnügen wir uns mit dem Hinweis, daß man auch mittels unseres Schaltermodelles ein Modell für unsere Bausteine angeben kann. Man hat nur dafür zu sorgen, daß Eingabesignale und Ausgabesignale gleichartig sind. Dies erreicht man z.B., indem man in unserer

Eingänge Ausgang

x_1	x_2	$k(x_1, x_2)$
0	0	0
0	1	0
1	0	0
1	1	1

Konjunktion

x_1	x_2	$d(x_1, x_2)$
0	0	0
0	1	1
1	0	1
1	1	1

Disjunktion

x	$\bar{x}$
0	1
1	0

Negation

Lampenaufgabe die Lampe durch einen elektromagnetisch betätigten Schalter ersetzt.

Es ist erlaubt, diese Bausteine hintereinander zu schalten. Wir lösen die folgende Aufgabe:

Man setze aus diesen Bausteinen einen Schaltkreis zusammen, der die Addition modulo 2 realisiert, d.h. eine Funktion, die durch die folgende Tabelle gegeben ist:

α	β	$\alpha \oplus \beta$
0	0	0
0	1	1
1	0	1
1	1	0

Der untenstehende Schaltkreis löst diese Aufgabe, wie man leicht nachprüft:

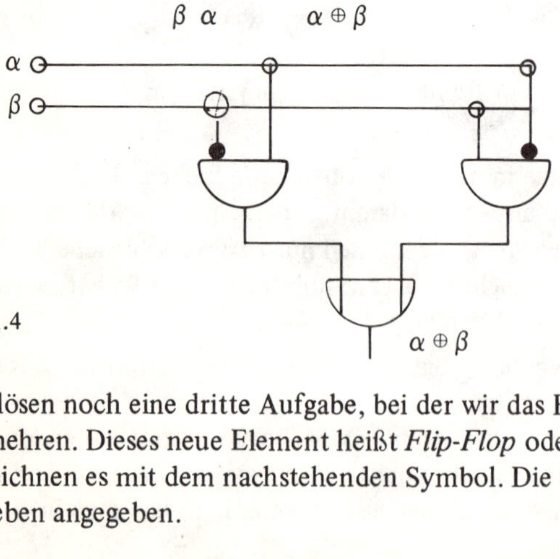

Fig. 1.4

Wir lösen noch eine dritte Aufgabe, bei der wir das Bausteinsystem um ein Element vermehren. Dieses neue Element heißt *Flip-Flop* oder *binäres Speicherelement*. Wir bezeichnen es mit dem nachstehenden Symbol. Die Funktion des Flip-Flops ist daneben angegeben.

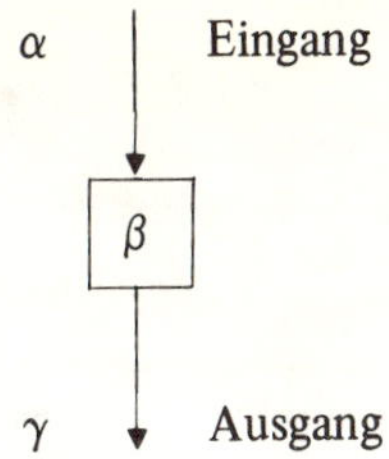

α_t	β_t	β_{t+1}	γ_t
0	0	0	0
0	1	0	1
1	0	1	0
1	1	1	1

Fig. 1.5

Das Flip-Flop ist ein Element mit einem „Gedächtnis“, d.h. einem inneren Zustand, der wie das Ein- und Ausgangssignal zwei Werte 0 oder 1 annehmen kann. Das Flip-Flop kann seinen Zustand nur zu ganzzahligen Vielfachen einer Zeiteinheit ändern: Ist das Eingabesignal zum Zeitpunkt t α und der innere Zustand β, dann ist der innere Zustand zum Zeitpunkt $t + 1$ gleich α, das Ausgabesignal zum Zeitpunkt t ist gleich β.

Unsere Aufgabe lautet:
Es kommt von einer Quelle (z.B. einem Digitalradar) eine Folge $\alpha_1\ \alpha_2 \ldots$ mit $\alpha_i \in B$. Es sollen stets die letzten fünf Signale beobachtet werden. Falls drei oder mehr dieser Signale gleich 1 sind, soll unser zu bauendes Schaltwerk eine 1 abgeben. Wir geben zwei Lösungen.

Lösung 1:

Wir erläutern die durch den untenstehenden Schaltplan beschriebene Lösung. Der Eingang ist links oben. Die ankommenden Signale werden mit einer Verzögerung von einer Zeiteinheit an das nächste Flip-Flop weitergegeben.

Dieses Weitergeben geschieht so, daß der alte Inhalt des folgenden Flip-Flops durch den Inhalt des vorhergehenden Flip-Flops ersetzt wird. Das heißt also, daß in den fünf Flip-Flops stets die letzten fünf Signale aufbewahrt werden.

Aus Gründen der Übersichtlichkeit ist die „Verdrahtung“ unter Verwendung der horizontalen und vertikalen Leitungsführungen erfolgt.

Um zu „testen“, ob mindestens drei Flip-Flops eine 1 enthalten, bilden wir alle Auswahlen von drei aus fünf Elementen für die wir diesen Test mittels Konjunktionen durchführen. Wir machen dabei von der Möglichkeit gebrauch, das durch eine Konjunktion gewonnene Ergebnis mehrfach zu verwenden. Zum Beispiel werden die Auswahlen (1, 2, 3), (1, 2, 4), (1, 2, 5) durch vier Konjunktionen „getestet“, wobei in den drei tieferstehenden Konjunktionen die Konjunktion verwendet wird, die den Inhalt von Flip-Flop 1 und 2 testet.

Durch die an die Ausgänge der untenstehenden Konjunktionen hinzugefügten Auswahlen der Flip-Flops, die eine 1 enthalten, wenn dieser Ausgang eine 1 liefert,

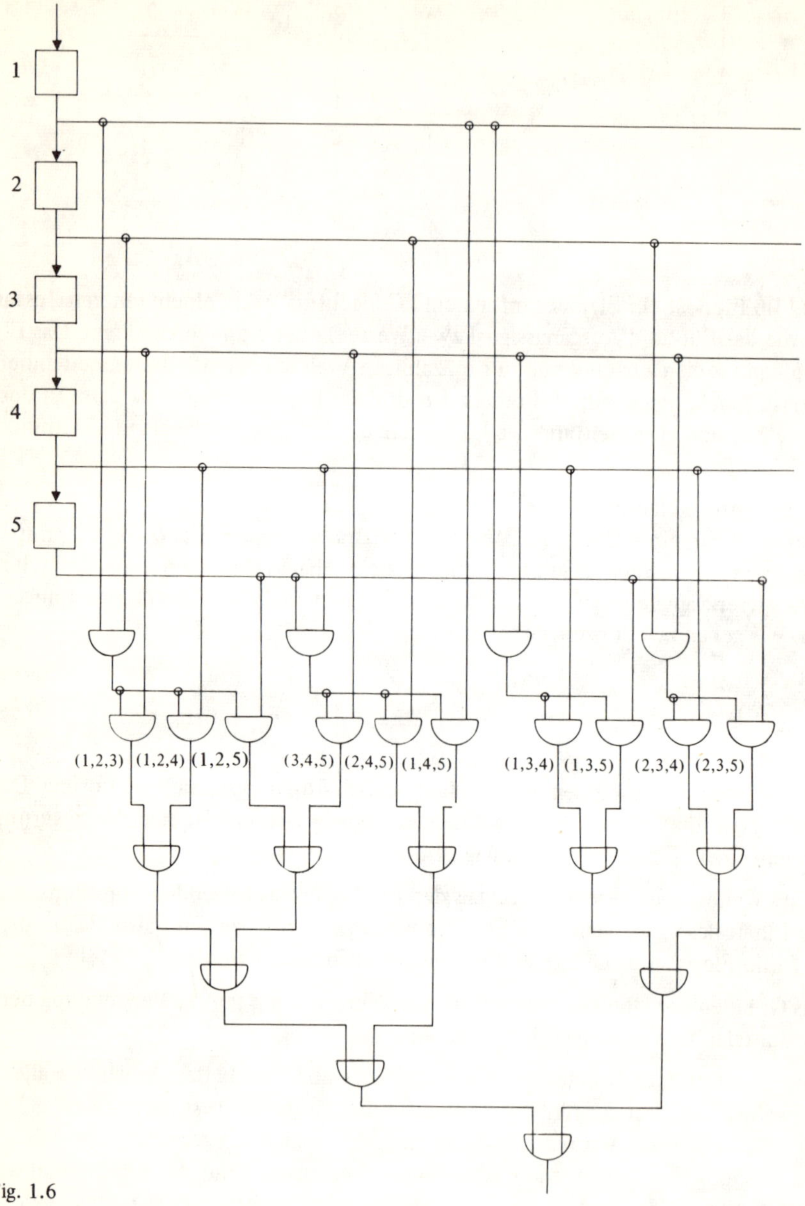

Fig. 1.6

Zwei sich kreuzende Linien gelten nur dann als verbunden, wenn diese Kreuzung durch einen dicken Punkt markiert ist. Dieser Punkt ist nicht mit dem „Negationspunkt“ zu verwechseln, da wir letzteren niemals auf den Schnittpunkt oder Verzweigungspunkt von Leitungen setzen werden.

dürfte dem Betrachter rasch klar werden, daß dieser Schaltplan eine Lösung unserer Aufgabe enthält.

Der Leser suche zu zeigen, daß sich der Aufwand nicht verringern läßt, wenn man als Bauelemente außer den fünf Flip-Flops nur Konjunktion und Disjunktion zuläßt und vorschreibt, daß auf Disjunktionen keine Konjunktionen folgen dürfen.

2. Lösung:

Wir behalten die „Schiebekette" aus fünf Flip-Flops bei. Wir ziehen nun aber die Flip-Flops stärker heran, indem wir ein Schaltwerk entwerfen, das zählt, wieviele „Einsen" in der Schiebekette stehen. Dies geschieht, indem registriert wird, welcher der folgenden Fälle vorliegt.

A. Es wird in die Schiebekette eine 0 eingeschrieben und eine 0 ausgeworfen.
B. Es wird in die Schiebekette eine 0 eingeschrieben und eine 1 ausgeworfen.
C. Es wird in die Schiebekette eine 1 eingeschrieben und eine 0 ausgeworfen.
D. Es wird in die Schiebekette eine 1 eingeschrieben und eine 1 ausgeworfen.

In den Fällen A und D ändert sich die Anzahl der „Einsen" in der Kette nicht. Im Fall B erniedrigt sie sich um 1, in Fall C erhöht sie sich um 1. In der Kette kann jede Anzahl von Einsen zwischen 0 und 5 enthalten sein. Also werden wir unser Schaltwerk so auslegen, daß es 6 mögliche Zustände 0, 1, 2, 3, 4, 5 besitzt und daß es in Abhängigkeit von dem vorliegenden Fall seinen Zustand um 1 erhöht, um 1 erniedrigt oder beibehält.

Wir wählen sechs Flip-Flops zur Repräsentation der 6 Zustände. Wir numerieren die Flip-Flops von 0 bis 5 durch. Der Inhalt der Flip-Flops repräsentiert (so definieren wir) genau dann die Zahl i, wenn das i-te Flip-Flop eine 1 enthält, während die übrigen Flip-Flops eine 0 enthalten. In unserem Schaltplan sind die Nummern der Flip-Flops eingetragen.

Der Anfangszustand ist durch die Eintragung der entsprechenden Zustände in die Flip-Flops gekennzeichnet. Die an die Schiebekette angeschlossene „Logik" stellt fest, welcher der drei Fälle (A oder D), B, C vorliegt. Jedem der drei Fälle entspricht eine Leitung, die genau dann eine 1 führt, wenn der entsprechende Fall eintritt. Die Leitungen sind entsprechend mit (A oder D), B bzw. C bezeichnet. Liegt der Fall (A oder D) vor, dann wird der Inhalt jedes Flip-Flops erhalten, indem er wieder in das gleiche Flip-Flop eingeschrieben wird. Das über die Leitung (A oder D) laufende Signal „öffnet die entsprechenden Konjunktionen".

Liegt der Fall B vor, dann wird der Inhalt jedes Flip-Flops an das mit der nächstniedrigeren Nummer weitergegeben, d.h. die 1 wandert in unserem Bild ein Kästchen weiter nach links.

Liegt der Fall C vor, dann wird der Inhalt jedes Flip-Flops an das Flip-Flop mit der um 1 höheren Nummer weitergegeben.

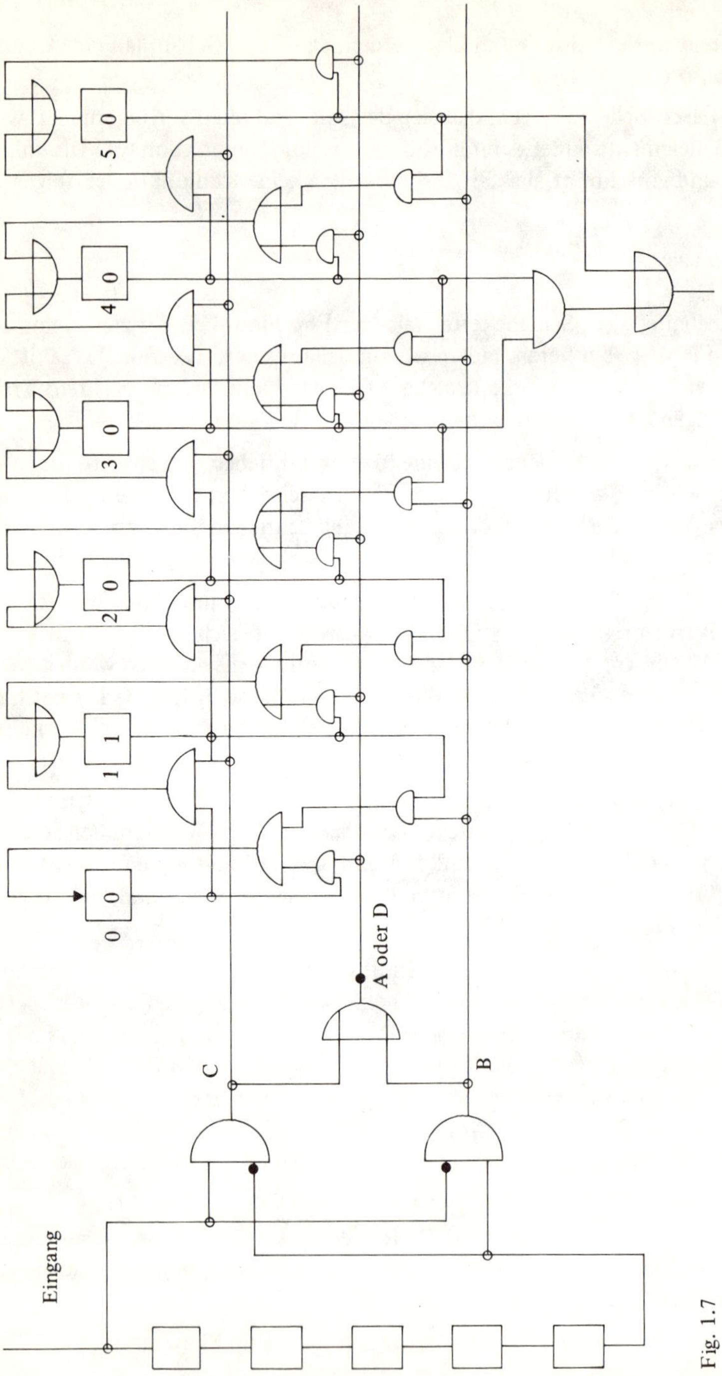

Fig. 1.7

Am Rand kann kein Unglück passieren, da unsere Schiebekette nicht weniger als 0 Einsen und nicht mehr als fünf Einsen enthalten kann.

Die Schiebekette enthält genau dann drei oder mehr Einsen, wenn die Eins in unserem „Zähler" in einem der Flip-Flops mit den Nummern 3, 4, 5 steht. Der Inhalt dieser Flip-Flops wird durch die beiden über dem Ausgang liegenden Disjunktionen abgefragt.

Es ist klar, daß sich diese Lösungen verallgemeinern lassen für die Aufgabe: Man baue einen Schaltkreis, der genau dann das Signal 1 liefert, wenn k oder mehr Elemente $= 1$ sind unter den letzten n Elementen einer binären Signalfolge.

Der Aufwand der ersten Lösung wächst mit $\binom{n}{k}$, der Aufwand der zweiten Lösung nimmt linear zu. In der Technik sind Fälle mit $n = 30$, $k = 15$ durchaus interessant.

In diesen Fällen stellt die erste Lösung nur eine Lösung im mathematischen Sinne dar, denn es ist natürlich keine Frage, daß man einen Schaltkreis, der dieser Lösung entspricht, nicht bauen kann.

Die beiden so sehr verschiedenen Lösungen machen deutlich, wieviel Spielraum in der Lösung von Aufgaben dieser Art besteht. Beide Lösungen haben wir nicht systematisch gewonnen, sondern uns etwas einfallen lassen und dann verifiziert, daß es sich um Lösungen handelt. Nun erhebt sich der Wunsch nach einem Verfahren, das ausgehend von einer Definition der Aufgabe stets eine optimale Lösung liefert. Solche Verfahren gibt es, wie man sich leicht überlegen kann, nur kennt man kein universell brauchbares. Das soll heißen, daß diese Verfahren schon für alltägliche Aufgaben einen Rechenaufwand erfordern, den man auch mit modernen elektronischen Rechenanlagen nicht bewältigen kann.

Hieraus resultierten neue Aufgaben.

1. Man klassifiziere die Gesamtheit dieser Aufgaben nach Gesichtspunkten, die für diese Aufgabenbereiche zu brauchbaren Lösungen führen.
2. Man schätze ausgehend von gegebenen Bausteinen ab, welchen Aufwand eine Lösung mindestens erfordert, um einen „Suchalgorithmus" in der Nähe einer optimalen Lösung abbrechen zu können.
3. Man gebe Abschätzungen für den Rechenaufwand, der zur Durchführung der Lösungsalgorithmen notwendig ist. Asymptotische Abschätzungen sind an sich sehr interessant. Dringend gebraucht werden Abschätzungen, die für die alltäglichen Fälle Aussagen liefern. Am liebsten hätte man als Maß für die Leistungsfähigkeit eines Algorithmus eine einzige Zahl, die einen einfachen Vergleich zwischen verschiedenen Lösungsverfahren liefert.

Eine solche Zahl kann man für gewisse Klassen von Algorithmen z.B. auf folgende Weise gewinnen:

Wir nehmen der Einfachheit halber an, daß jede Aufgabe, auf die der Algorithmus angewendet wird, durch eine natürliche Zahl gekennzeichnet ist und daß jede natürliche Zahl eine Aufgabe bezeichnet. In entsprechender Weise seien die Lösungen gekennzeichnet. Zu jeder Aufgabe liefere der Algorithmus genau eine Lösung. Der Algorithmus α definiert also eine Abbildung

$$f_\alpha : I\!N \to I\!N,$$

d.h. eine Abbildung der natürlichen Zahlen in sich. Es seien zur Berechnung von $f(n)$ $A(n)$ Schritte erforderlich.

$$P : I\!N \to [0,1]$$

sei eine Wahrscheinlichkeitsverteilung auf der Menge der natürlichen Zahlen, die angibt mit welcher Häufigkeit die Aufgabe n vorkommt. Wir setzen an

$$K(\alpha) = M \cdot \sum_{n=1}^{\infty} p(n)\, A(n)$$

und nennen $K(\alpha)$ die mittlere Komplexität des Algorithmus bezüglich p und den vorgegebenen Elementarschritten. M ist hierin eine Konstante, die die „Größe" der zugrunde gelegten Maschine wiedergibt. Auf die Bestimmung von M und den Zusammenhang von M mit $A(n)$ einzugehen, würde hier zu weit führen.

Zu fest vorgegebenem p mit $p(n) \neq 0$ für unendliche viele n kann man stets Algorithmen finden, für die $K(\alpha)$ nicht existiert und man kann Aufgaben finden, so daß für jeden Lösungsalgorithmus $K(\alpha)$ nicht existiert. Man kann deshalb, wenn man $p(n) = 0$ für fast alle n vermeiden will, nur für gewisse Klassen von Aufgaben bei festem p brauchbare Komplexitätsmaße erhalten.

Die Komplexitätstheorie steht noch sehr am Anfang. Fast alle Aussagen sind asymptotischer Art. Man hat bis jetzt nur Ergebnisse über die Funktionen $A(n)$.

Ich empfinde es als schwerwiegenden Mangel, daß man zu all diesen Fragen in einem solchen Buch heute noch kaum etwas sagen kann.

Wir werden im ersten Teil dieses Buches eine Theorie der Schaltkreise entwickeln, d.h. der technischen Realisierungen von Abbildungen

$$f : B^n \to B^m$$

ohne Verwendung von Speicherelementen. Im zweiten Teil des Buches gehen wir auf Probleme ein, die die Verwendung von Speicherelementen erfordern, d.h. auf die „Darstellung" von abstrakten endlichen Automaten durch Schaltwerke.

1. Synthese von Schaltkreisen mittels Disjunktion, Konjunktion und Negation als Bausteine

Motivation

In Rechenmaschinen werden Zahlen und Befehle und alle übrigen zu verarbeitenden Informationen auf binärer Basis dargestellt. Man unterscheidet in der Technik der Rechenanlagen nur zwei Signalstufen 0 und 1.

Der elektrische Teil der Rechenmaschine setzt sich zusammen aus nur Informationen verarbeitenden und nur Informationen speichernden Teilen; zumindest kann man bei dem logischen Entwurf der Maschinen von einer solchen Zerlegung der Funktion der Elemente stets Gebrauch machen. Hier gilt unser ganzes Interesse allein den Informationen verarbeitenden Elementen. Diese Elemente heißen Schaltkreise.

Schaltkreise sind elektrische Schaltungen mit mehreren Eingängen und im allgemeinen Fall auch mit mehreren Ausgängen. Die Ausgangssignale sind durch die gerade anliegenden Eingangssignale eindeutig bestimmt. Man kann also die Wirkung eines Schaltkreises mit n Eingängen beschreiben durch eine Funktion $f(x_1, \ldots, x_n)$, deren Variablen in der Menge $B = \{0,1\}$ variieren und deren Werte in B liegen bei einem Ausgang und in B^k, dem k-fachen kartesischen Produkt von B mit sich selbst, bei k Ausgängen. Beispiele hierfür haben wir schon kennengelernt.

Dürften die Variablen B unabhängig voneinander durchlaufen, dann ist f auf ganz B^n definiert. Sind gewisse Eingangskombinationen verboten, dann ist f nur auf einer Teilmenge $D \subset B^n$ definiert. Ist $D' \subset B^k$ und gilt für jedes $x \in D$, daß $f(x) \in D'$ ist, dann können wir dem Schaltkreis die Abbildung $f : D \to D'$ zuordnen. Wir sagen, daß $f : D \to D'$ eine zu dem Schaltkreis gehörige Schaltfunktion ist. Da D' nicht immer eindeutig bestimmt ist, gibt es in diesem formalen Sinn zu dem gleichen Schaltkreis mehrere Schaltfunktionen. Daß wir an Stelle von D' nicht immer B^k nehmen, hat nur formale Gründe. Wenn nicht ausdrücklich etwas anderes gesagt wird, setzen wir stets voraus, daß für uns der Schaltkreis durch seine Schaltfunktionen bezüglich der Kombinierbarkeit mit anderen Schaltkreisen vollständig beschrieben wird. Das heißt, jedes Ausgangssignal kann als Eingangssignal für jeden Eingang jedes anderen Schaltkreises dienen; jeder Ausgang wird auf höchstens einen Eingang geschaltet. Dem *Hinterein-*

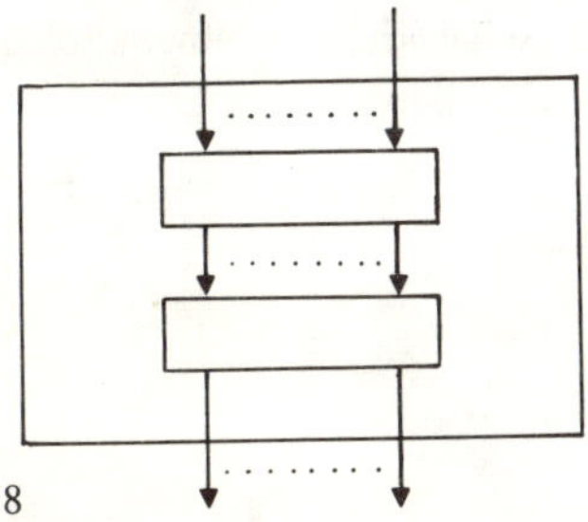

Fig. 1.8

anderschalten von Schaltkreisen entspricht das Einsetzen der zugehörigen Schaltfunktionen ineinander. Genauer: Sind s und r Schaltkreise mit n Ausgängen bzw. n Eingängen und $f = \psi(s)$ und $g = \psi(r)$ als zugehörigen Schaltfunktionen mit

$$f : D \to D', g : D' \to D''$$

dann erhält man einen zu $g \circ f$ gehörigen Schaltkreis $r \circ s$, indem man den i-ten Ausgang von s auf den i-ten Eingang von r schaltet und zwar für alle $i = 1, \ldots, n$; $g \circ f$ ist die Abbildung, die man erhält, wenn man zuerst die Abbildung f und dann die Abbildung g ausführt (Fig. 8).

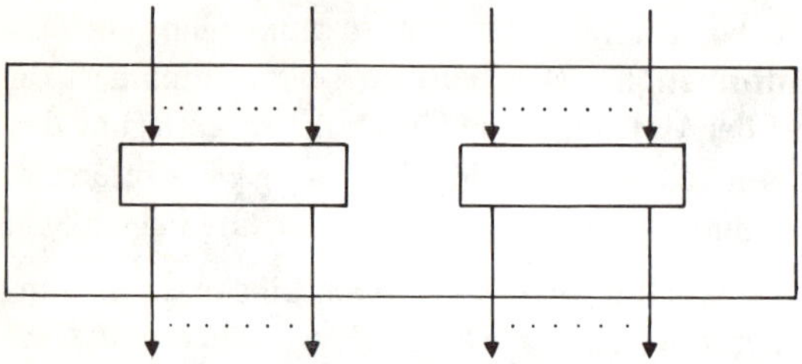

Fig. 1.9

Dem *Parallelschalten* von Schaltkreisen entspricht die Bildung des direkten Produktes von Abbildungen. Genauer:

Die Abbildungen

$$f : D_1 \to D_1', \quad g : D_2 \to D_2'$$

mögen die Funktionen der Schaltkreise r und s beschreiben. Aus r und s bilde man einen neuen Schaltkreis, indem man beide Schaltkreise zu einem Schaltkreis $r \times s$ so zusammenfaßt, wie es durch Fig. 4 beschrieben wird.

Dann ist:

$$(f \times g) : D_1 \times D_2 \to D_1' \times D_2'$$

eine zugehörige Abbildung; $h = f \times g$ wird definiert durch

$$h(x, y) = (f(x), g(y)) \text{ für } x \in D_1, \; y \in D_2 .$$

Wir setzen unser Beispiel der Addition mod 2 aus der Einleitung des Buches mittels diesen Operationen aus Bausteinen zusammen:

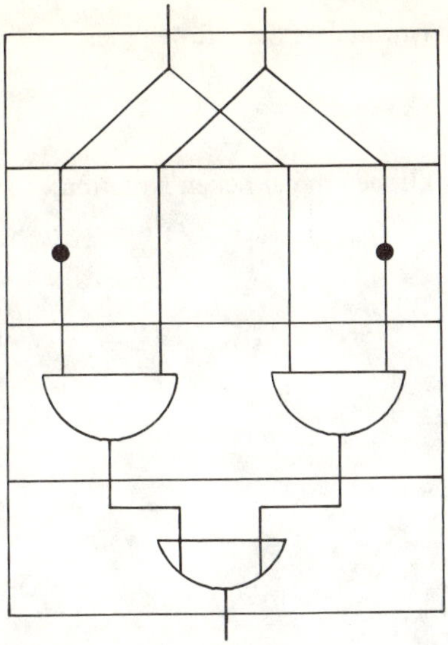

Δ

$\circ$

$(n \times 1 \times 1 \times n)$

$\circ$

$(k \times k)$

$\circ$

d

Fig. 1.10

Hier ist Δ ein Baustein, der die Verteilung der Eingangssignale besorgt. n bezeichnet den Schaltkreis, der die Negation besorgt und 1 steht für eine Leitung, die die Signale nicht verändert, d.h. für eine „identische Abbildung".

Normalerweise wird Δ nicht zu den Bausteinen gezählt. Bei sehr umfangreichen Schaltkreisen kann man den „Verdrahtungsaufwand" jedoch nicht vernachlässigen. Bei der Verwendung von gedruckten Schaltungen oder allgemein bei „Planartechniken" spielt das Δ eine ebenso wichtige Rolle wie die anderen Bausteine auch.

Ist ein Bausteinsystem gegeben, dann stellen sich folgende Aufgaben:

1. Man entscheide, ob es zu vorgegebener Abbildung $f : B^n \to B^m$ eine Realisierung in diesem Bausteinsystem gibt.
2. Man finde optimale Lösungen. Im allgemeinen wird man die Summe der Kosten der verwendeten Bausteine zu einem Minimum machen wollen. Es können aber auch noch Nebenbedingungen auftreten, die z.B. die Anzahl der hintereinandergeschalteten Bauelemente betreffen.

Zur Motivation des ersten Paragraphen des folgenden Kapitels beschreiben wir einen wichtigen Sonderfall etwas genauer.

Wir betrachten unsere schon verwendeten Bausteine

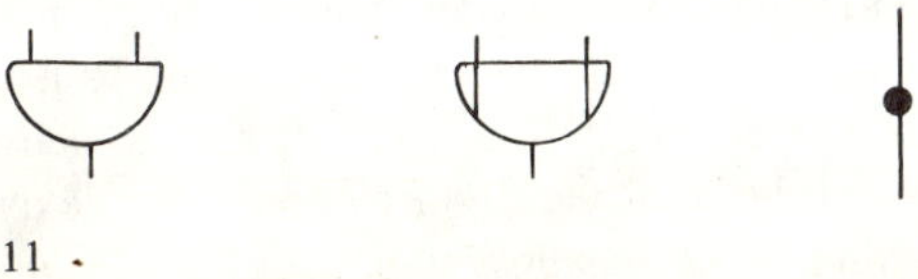

Fig. 1.11

und führen für die Funktion k und d eine andere Schreibweise ein:

$$x_1 \cup x_2 := d(x_1, x_2), \quad x_1 \cdot x_2 := k(x_1, x_2).$$

Wir wiederholen die Definition der Funktionen in der neuen Notation:

$$0 \cdot 0 = 0 \cdot 1 = 1 \cdot 0 = 0, \quad 1 \cdot 1 = 1,$$
$$0 \cup 0 = 0, \quad 0 \cup 1 = 1 \cup 0 = 1 \cup 1 = 1,$$
$$\overline{0} = 1, \qquad \overline{1} = 0.$$

Ist nun $B = \{0,1\}$ und

$$\mathbf{S}_n = \{f : B^n \to B\},$$

dann definieren wir

$$(f \cdot g)(\alpha) = f(\alpha) \cdot g(\alpha),$$
$$(f \cup g)(\alpha) = f(\alpha) \cup g(\alpha),$$
$$(\overline{f})(\alpha) = \overline{f(\alpha)}.$$

Damit haben wir die zunächst nur auf B definierten Verknüpfungen auf $\mathbf{S}_n$ übertragen. Wir werden im ersten Paragraphen des folgenden Kapitels sehen, daß $(\mathbf{S}_n, \cup, \cdot, ^-)$ eine Boolesche Algebra ist.

Der erste Paragraph ist ganz der Einführung in die Boolesche Algebra gewidmet, da $(\mathbf{S}_n, \cup, \cdot, ^-)$ für die Synthese der Schaltkreise von hervorragender Bedeutung ist.

1.1 Boolesche Algebra

1.1.1 Verbände

Seien M und N Mengen, und es sei $R \subset M \times N$. Teilmengen von kartesischen Produkten werden in manchen mathematischen Disziplinen auch Relationen genannt. Wir schließen uns diesem Sprachgebrauch hier an. Ist $(m, n) \in R$, dann schreiben wir auch: $m\,R\,n$ und sagen: m stehe in der Relation R zu n. Sei nun $M = N$. R heißt *reflexiv,* genau dann, wenn für $m \in M$ gilt $m\,R\,m$. R heißt genau dann *antisymmetrisch,* wenn aus $m\,R\,n$ und $n\,R\,m$ folgt $m = n$. R heißt *transitiv,* wenn aus $m\,R\,n$ und $n\,R\,p$ folgt $m\,R\,p$. Eine Relation, die reflexiv, antisymmetrisch und transitiv ist, heißt eine *Ordnungsrelation* oder kurz *Ordnung* auf M.

Ordnungsrelationen veranschaulicht man durch Diagramme: Jedem Element von M entspricht genau ein Punkt des Diagramms. Die zu m und n gehörigen Punkte des Diagramms werden genau dann durch eine Strecke verbunden, wenn $m \neq n$ ist und sie in der Relation m R n stehen und wenn kein Element $p \in M$ existiert mit: $p \neq m$, $p \neq n$, m R p und p R n. Ist m R n, dann zeichnen wir den zu m gehörigen Punkt des Diagramms tiefer als den zu n gehörigen. (Dies ist stets möglich, da R transitiv und antisymmetrisch ist.)

Zwei Beispiele:

Wir unterschlagen der Kürze wegen die trivialen Ordnungsrelationen $\{(m, m) \mid m \in M\}$.

$$M = \{1, 2, 3, 4\}.$$

$$R_1 = \{(1,3), (1,4), (2,3), (2,4)\}, \quad R_2 = \{(1,2), (1,3), (1,4), (2,4), (3,4)\}.$$

Diagramm zu R_1 R_2

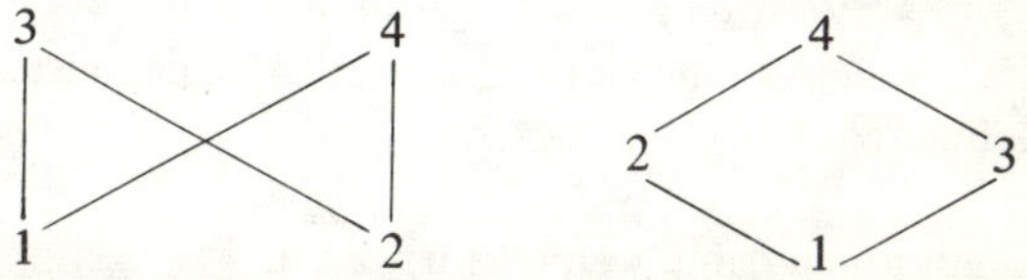

Fig. 1.12

In Zukunft schreiben wir für Ordnungsrelationen stets $m \leqslant n$ für m R n. Die Relation $\leqslant$ heißt *linear*, wenn für je zwei Elemente $m, n \in M$ gilt $m \leqslant n$ oder $n \leqslant m$. Für $m \leqslant n$ schreiben wir auch $n \geqslant m$.

$(M, \leqslant)$ heißt *Verband*, wenn es zu je zwei Elementen a, $b \in M$ Elemente $c \geqslant a, b$ und $d \leqslant a, b$ aus M gibt, so daß (V1) und (V2) gelten.

(V1) Ist $a \leqslant m$ und $b \leqslant m$ dann gilt $c \leqslant m$ für alle $m \in M$.
(V2) Ist $m \leqslant a$ und $m \leqslant b$ dann gilt $m \leqslant d$ für alle $m \in M$.

c heißt kleinste obere Schranke von a und b oder sup(a, b), d heißt größte untere Schranke von a und b oder inf(a, b). Man sieht leicht, daß c und d eindeutig bestimmt sind. Wir definieren $a \cup b = c$ und $a \cdot b = d$, für $a \cdot b$ schreiben wir meist kürzer ab. Die beiden Verknüpfungen sind für jedes Paar $a, b \in M$ definiert. Die Verknüpfungen werden auch als Verbandsoperationen bezeichnet und $(M, \cup, \cdot)$ als Dualgruppe oder wieder als Verband.

Wir verwenden letztere Bezeichnung.
(M, R_2) ist ein Verband, (M, R_1) offenbar nicht.

Hilfssatz 1:
Sei $(M, \cup, \cdot)$ ein Verband

$(M, \cup, \cdot)$ erfüllt (A1), (A2), und (A3) für alle $a, b, c \in M$.

(A1)	$a \cup b = b \cup a$	$a \cdot b = b \cdot a$	(Kommutativität)
(A2)	$a \cup (b \cup c) = (a \cup b) \cup c$,	$a \cdot (b \cdot c) = (a \cdot b) \cdot c$	(Assoziativität)
(A3)	$a \cup (a \cdot b) = a$	$a \cdot (a \cup b) = a$	(Absorptionsaxiom)

Den einfachen Beweis überlassen wir dem Leser. Man erkennt, daß die auf der linken Seite stehenden Aussagen durch die Vertauschung der beiden Operationen in die Aussagen der rechten Seite übergehen und umgekehrt. Diese Vertauschung bezeichnet man als Dualisierung. Eine Folgerung aus (A1), (A2) und (A3) geht also bei einer Dualisierung wieder in eine Folgerung aus diesen Axiomen über. Dualisiert man zweimal, erhält man den ursprünglichen Satz wieder. Sätze, die durch eine Dualisierung auseinander hervorgehen, heißen dual.

Wir rechtfertigen noch die Bezeichnung von $(M, \cup, \circ)$ als Verband. Es gilt:

Hilfssatz 2:

Erfüllt $(M, \cup, \cdot)$ die Axiome (A1), (A2) und (A3), dann ist (M, R) ein Verband, wenn wir definieren:

$a \, R \, b$ gilt genau dann, wenn $a \cdot b = a$ ist.

Den einfachen Beweis übergehen wir wieder. Durch Hinzunahme einiger weiterer Axiome erhalten wir die Boolesche Algebra.

1.1.2 Definition der Booleschen Algebra und einfache Folgerungen

Außer den Verknüpfungen $\cup$ und $\cdot$ sei noch eine weitere Operation „ $^{-}$ “ auf M definiert, die einstellig ist. $(M, \cup, \circ, ^{-})$ heißt *Boolesche* Algebra, wenn außer den Axiomen (A1), (A2) und (A3) noch (A4) und (A5) erfüllt sind und wenn M mindestens ein Element besitzt.

(A4) $a \cup (b \cdot c) = (a \cup b) \cdot (a \cup c)$, $a \cdot (b \cup c) = (a \cdot b) \cup (a \cdot c)$

Im Unterschied zu Ringen oder spezieller zu dem Körper der reellen Zahlen haben wir hier zwei Distributivgesetze, die wie die ersten drei Axiome zueinander dual sind.

(A5) $a \cup (b \cdot \bar{b}) = a$, $a \cdot (b \cup \bar{b}) = a$.

Da auch diese beiden Axiome zueinander dual sind, gilt also der

Satz 1 (Dualitätsprinzip):

Jeder Satz der Verbandstheorie (der Theorie der Booleschen Algebra) geht bei der Dualisierung wieder in einen Satz dieser Theorie über.

Anstelle von $(M, \cup, \cdot, \bar{\ })$ schreiben wir nun nur noch M, wenn keine Mißverständnisse möglich sind. Weiter schreiben wir für $a \cdot b$ meist kürzer ab und setzen, um Klammern zu sparen fest, daß $\cdot$ vor $\cup$ ausgeführt wird.

Beispiel einer Booleschen Algebra

Wir betrachten die Potenzmenge von $\{1, 2, 3\}$ und wählen als Ordnungsrelation die Inklusion. Diese Boolesche Algebra wird durch das untenstehende Diagramm veranschaulicht.

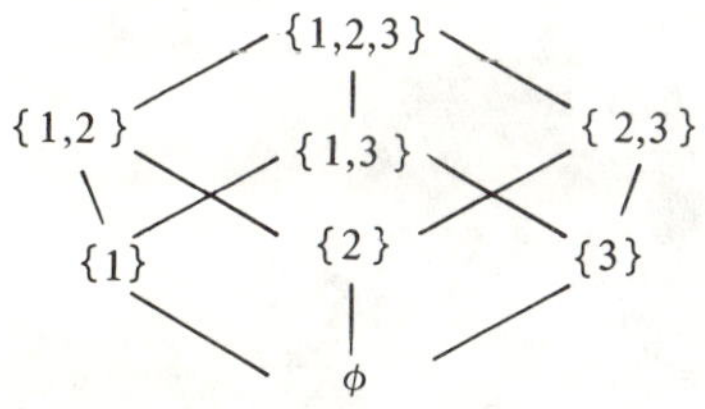

Fig. 1.13

Hilfssatz 3:

Jede Boolesche Algebra M besitzt genau ein Nullelement 0 und genau ein Einselement 1, d.h. Elemente mit den Eigenschaften

$$\left.\begin{array}{lll} a \cup 0 = a & \text{und} & a \cdot 0 = 0 \\ a \cdot 1 = a & \text{und} & a \cup 1 = 1 \end{array}\right\} \text{ für alle } a \in M.$$

Beweis: Man sieht, daß das 0-Element und das 1-Element duale Begriffe sind. Es genügt also, die Aussagen über das Nullelement zu beweisen.

Wir zeigen:

a) Jede Boolesche Algebra enthält höchstens ein Nullelement. Seien 0 und 0′ Nullelemente. Dann gilt:

$$0 = 0 \cup 0' = 0' \cup 0 = 0'$$

und daher wegen (A5) $a \cdot \bar{a} = b \cdot \bar{b}$ für alle $a, b \in M$.

b) $a \cdot \overline{a}$ ist Nullelement: Dazu haben wir noch zu zeigen, daß

$$(a \cdot \overline{a}) \cdot b = a \cdot \overline{a}$$

für alle $b \in M$ gilt. Wegen a) gilt:

$$(a \cdot \overline{a}) \cdot b = (b \cdot \overline{b}) \cdot b = (b \cdot b) \cdot \overline{b} \cup b\overline{b} = (b \cdot b \cup b) \cdot \overline{b} = b\overline{b} = a\overline{a}$$

Dabei haben wir das Axiom (A3) in der Form

$$(b \cdot b) \cup b = b$$

verwendet.

Hilfssatz 4

Zu jedem $a \in M$ gibt es genau ein Element b mit:

$$a \cup b = 1$$
$$a \cdot b = 0$$

Nach Hilfssatz 3 ist also $b = \overline{a}$ die einzige Lösung dieses Gleichungssystems. $\overline{a}$ heißt das Komplement von a.

Beweis: Nach dem Beweis von Hilfssatz 3 ist $b = \overline{a}$ eine Lösung, so daß wir nur noch ihre Eindeutigkeit nachprüfen müssen.
Sei b irgendeine Lösung.
Aus $a \cdot b = 0$ und $\overline{a} \cup a = 1$ folgt

$$b = 1 \cdot b = (\overline{a} \cup a) \cdot b = \overline{a} \cdot b \cup a\ b = \overline{a} \cdot b$$

Aus $a \cup b = 1$ erhalten wir

$$\overline{a} = 1 \cdot \overline{a} = (a \cup b) \cdot \overline{a} = a \cdot \overline{a} \cup b \cdot \overline{a} = \overline{a} \cdot b$$

Zusammen ergibt dies $b = \overline{a}$, was zu zeigen war.

Folgerung:

$$\overline{\overline{a}} = a$$

Hilfssatz 5 (Morganformeln):

Für $a, b \in M$ gilt:

$$\overline{a \cup b} = \bar{a} \cdot \bar{b} \text{ und } \overline{a \cdot b} = \bar{a} \cup \bar{b} .$$

Beweis: Aus Dualitätsgründen brauchen wir nur eine der beiden Behauptungen zu beweisen. Wir zeigen die linke Behauptung.

$$(a \cup b)\, \bar{a} \cdot \bar{b} = a\bar{a} \cdot \bar{b} \cup b\bar{a} \cdot \bar{b} = 0 \cup b\bar{b} \cdot \bar{a} = 0$$

$$(a \cup b) \cup \bar{a} \cdot \bar{b} = ((a \cup b) \cup \bar{a})((a \cup b) \cup \bar{b}) = 1 .$$

Wenden wir Hilfssatz 4 an, dann erhalten wir die Behauptung.

Folgerungen:

$$\bar{1} = \overline{a \cup \bar{a}} = \bar{a}\, a = 0 . \text{ Analog folgt } \bar{0} = 1 .$$

Aufgaben:

Man zeige:

1. Ist M eine Boolesche Algebra, dann gilt:
   $bb = b$ und $b \cup b = b$ für $b \in M$.
2. Ist M eine Boolesche Algebra und $\leqslant$ wie in Hilfssatz 2 definiert, dann gilt:
   $0 \leqslant a, a \leqslant 1$ für $a \in M$. Aus $a \leqslant b$ folgt $\bar{b} \leqslant \bar{a}$.

1.1.3 Beispiele für Boolesche Algebren

Beispiel 1:

Sei S eine beliebige Menge und M die Potenzmenge von S, das heißt die Menge der Untermengen von S einschließlich S selbst und der leeren Menge. Sei $\cup$ die Vereinigung, $\cap$ der Durchschnitt und $^-$ das Komplement bezüglich S.

Man prüft leicht nach, daß $(M, \cup, \cap, ^-)$ die Axiome (A1) bis (A5) erfüllt.

Beispiel 2:

Sei $B = \{0, 1\}$ und $0 \cup 0 = 0, 0 \cup 1 = 1 \cup 0 = 1 \cup 1 = 1, 0 \cdot 0 = 0 \cdot 1 = 1 \cdot 0 = 0, 1 \cdot 1 = 1, \bar{0} = 1, \bar{1} = 0$.

Man prüft leicht nach, daß $(B, \cup, \cdot, ^-)$ eine Boolesche Algebra ist.

Beispiel 3:

Sei $D \neq \phi$ eine beliebige Menge und $\mathbf{S}(D) = \{f | f: D \to B\}$.
Durch die Definition

$$\begin{aligned}(f \cup g)(x) &= f(x) \cup g(x)\\ (f \cdot g)(x) &= f(x) \cdot g(x)\\ (\overline{f})(x) &= \overline{f(x)} \qquad \text{für } x \in D\end{aligned}$$

übertragen wir die Booleschen Operationen der Booleschen Algebra von Beispiel 2 auf $\mathbf{S}(D)$. Man sieht, daß $(\mathbf{S}(D), \cup, \cdot, ^-)$ wieder eine Boolesche Algebra ist.

Beispiel 4:

Sei $f: B^n \to B$ und $m \geqslant n$.
Dann verstehen wir unter

$$f' = i_{n,m}(f) : B^m \to B$$

die folgendermaßen definierte Abbildung

$$f'(\alpha_1, \ldots, \alpha_n, \alpha_{n+1}, \ldots, \alpha_m) = f(\alpha_1, \ldots, \alpha_n)$$
$$\text{für} \quad (\alpha_1, \ldots, \alpha_m) \in B^m.$$

Wir setzen $\mathbf{S}_n = \mathbf{S}(B^n)$ und bezeichnen mit $\mathbf{S}_n$ die Menge der vollständigen n-stelligen Schaltfunktionen.
Es ist also

$$i_{n,m} : \mathbf{S}_n \to \mathbf{S}_m$$

eine injektive Abbildung, d.h. eine Einbettung von $\mathbf{S}_n$ in $\mathbf{S}_m$.
Es gilt

$$i_{m,k} \circ i_{n,m} = i_{n,k} \quad \text{für} \quad n \leqslant m \leqslant k, \qquad (*)$$

worin „$\circ$“ die Hintereinanderausführung dieser Abbildungen bezeichnet.
Nun setzen wir für

$$f: B^n \to B \text{ und } g: B^m \to B \text{ und } n \leqslant m:$$
$$f \cup g := i_{n,m}(f) \cup g$$
$$f \cdot g := i_{n,m}(f) \cdot g.$$

Hierin sind „∪" und „·" auf der rechten Seite wie in Beispiel 3 erklärt. Für $n > m$ definiert man

$$f \cup g := f \cup i_{m,n}(g)$$
$$f \cdot g := f \cdot i_{m,n}(g) .$$

Wir rechnen leicht nach:

(A1) gilt trivialerweise
(A2) gilt wegen (*)
(A3) gilt nicht
(A4) gilt
(A5) gilt nicht.

Das heißt also, daß sich die Menge **S** aller Schaltfunktionen nicht ohne weiteres zu einer Booleschen Algebra machen läßt. In (A3) und entsprechend (A5) muß das a auf der rechten Seite eventuell durch $i_{n,m}(a)$ mit geeigneten n, m ersetzt werden.

Man erhält also aus **S** eine Boolesche Algebra, wenn man die Schaltfunktionen f und g, zu denen es m, n mit $i_{m,n}(f) = g$ gibt, identifiziert.

Bildet man nun

$$\mathbf{S}_\infty = \mathbf{S}_0 \cup \mathbf{S}_1 \cup \mathbf{S}_2 \cup \ldots$$

und identifiziert man die genannten Elemente, dann ist

$$\mathbf{S}_\infty = \{ f : B^\infty \to B \,|\, f \text{ hängt nur von endlich vielen Komponenten echt ab} \}$$

Das heißt: zu $f \in \mathbf{S}_\infty$ gibt es ein n(f) mit

$$f(x_1, \ldots, x_m, \ldots) = f(x_1, \ldots, x_{m-1}, \overline{x}_m, x_{m+1}, \ldots)$$

für $m \geqslant n(f)$.

Also kann man $\mathbf{S}_\infty$ als die *Boolesche Algebra der Schaltfunktionen* bezeichnen.

Wir schreiben von nun an **S** statt $\mathbf{S}_\infty$.

Wir werden zeigen, daß die Menge der Booleschen Algebren aus Beispiel 3 im Grunde schon jede Boolesche Algebra enthält, die endlich viele Elemente besitzt. In strenger Sprechweise: Die dort angegebene Menge von Booleschen Algebren enthält zu jeder endlichen abstrakten Booleschen Algebra genau ein Modell. Hieraus folgt dann, daß die Axiome der Booleschen Algebra ein vollständiges Relationensystem für die Boolesche Algebra der Schaltfunktionen bilden. Die Bedeutung dieser Aussage wird später verständlich gemacht.

1.1.4 Unteralgebra, Erzeugendensystem, Atom

$(M, \cup, \circ, ^{-})$ heißt Unteralgebra von $(M_1, \cup, \cdot, ^{-})$, wenn $M \subset M_1$ und wenn die Operationen beider Algebren auf M übereinstimmen. In Zeichen: $(M, \cup, \cdot, ^{-}) \subset (M_1, \cup, \cdot, ^{-})$. Ist M' eine Teilmenge von M und $(M, \cup, \cdot, ^{-})$ eine Boolesche Algebra und gilt

$$a \cup b \in M', \quad a \cdot b \in M', \quad \overline{a} \in M'$$

$$\text{für} \quad a, b \in M',$$

dann ist $(M', \cup, \cdot, ^{-}) \subset (M, \cup, \cdot, ^{-})$.

Da sich eine der beiden binären Verknüpfungen stets durch die andere binäre Verknüpfung und die Negation ausdrücken läßt, genügt es schon festzustellen, daß M' gegenüber der Disjunktion und Negation oder gegenüber Konjunktion und Negation abgeschlossen ist.

Beispiel:

Sei $\mathbf{D}_n = \; f \in \mathbf{S}_n \mid f(\alpha) = f(\alpha') \text{ für } |\alpha| = |\alpha'|$

Hierin ist $|\alpha| = |(\alpha_1, \ldots, \alpha_n)| = \alpha_1 + \alpha_2 + \ldots + \alpha_n$

d.h. gleich der Anzahl der Einsen in α.

$\mathbf{D}_n$ ist eine Unteralgebra von $\mathbf{S}_n$.

Beweis: Seien $f, g \in \mathbf{D}_n$.

1. $f(\alpha) = f(\alpha')$ für $|\alpha| = |\alpha'|$

   $\Longrightarrow \overline{f}(\alpha) = \overline{f}(\alpha')$ für $|\alpha| = |\alpha'|$

   d.h. $\overline{f} \in \mathbf{D}_n$

2. Aus $f(\alpha) = f(\alpha')$ und $g(\alpha) = g(\alpha')$ für $|\alpha| = |\alpha'|$ folgt:

   $(f \cup g)(\alpha) = f(\alpha) \cup g(\alpha) = f(\alpha') \cup g(\alpha') = (f \cup g)(\alpha')$

   für $|\alpha| = |\alpha'|$. Also $f \cup g \in \mathbf{D}_n$.

Wir veranschaulichen uns $\mathbf{D}_n$, indem wir ein Koordinatensystem für $B^4 = B^2 \times B^2$ anfertigen und die Gebiete mit $|\alpha| = \text{const}$ eintragen.

		0	0	1	1	x_1
		0	1	0	1	x_2
0	0	0	1	2	3	
0	1	1	2	3	4	
1	0	2	3	4	5	
1	1	3	4	5	6	
y_1	y_2					

Wir haben in das Feld α stets den Wert $|\alpha|$ eingetragen.

Fig. 1.14

Aus der Definition von $\mathbf{D}_n$ erkennt man, daß $f(\alpha)$ sich nicht ändert, wenn man die Komponenten von α permutiert. Aus dem Diagramm entnimmt man, daß mit $f \in \mathbf{D}_4$ auch $f' \in \mathbf{D}_4$ ist, wo

$$f'(\alpha_1, \alpha_2, \alpha_3, \alpha_4) = f(\bar{\alpha}_1, \bar{\alpha}_2, \bar{\alpha}_3, \bar{\alpha}_4)$$

ist.

Also: $\mathbf{D}_4$ ist *invariant* gegenüber der gleichzeitigen Komplementierung aller Komponenten.

Wegen

$$|\alpha| = |\alpha'| \Longleftrightarrow |\bar{\alpha}'| = |\bar{\alpha}'|$$

gilt dies auch allgemein.

$\mathbf{D}_4$ ist nicht invariant gegenüber der Komplementierung einer einzelnen Komponente. Wir werden auf solche Symmetrieeigenschaften ausführlich zurückkommen.

Wir kommen zur Definition des *Erzeugendensystems.*

Sei $E \subset M$ und $(M, \cup, \cdot, \bar{\ })$ eine Boolesche Algebra.

Wir fragen nach der kleinsten Booleschen Unteralgebra M' von M, die E enthält. Wir zeigen als erstes, daß es genau eine solche Algebra stets gibt und bezeichnen diese dann mit $<E>$.

Satz 2:

Sei $E \subset M$ und M eine Boolesche Algebra. $\mathbf{A}(M, E)$ sei die Menge der Unteralgebren von M, die E enthalten.

Dann gilt:

$$<E> := \bigcap_{M' \in \mathbf{A}(M,E)} M'$$

ist eine Boolesche Algebra, die E enthält.

Beweis: Ist $a \in <E>$, dann ist auch $a \in M'$ für alle $M' \in \mathbf{A}(M, E)$.

Also ist auch $\bar{a} \in <E>$.

Sind $a, b \in <E>$, so folgt ebenso $a \cup b \in <E>$.

Also ist $<E>$ eine Unteralgebra von M.

Wegen $E \subset M'$ für $M' \epsilon \mathbf{A}(M, E)$ ist auch $E \subset <E>$, womit der Satz bewiesen ist.

Folgerung:

Ist M' eine Boolesche Algebra, die E enthält, d.h. ist $M' \epsilon \mathbf{A}(M, E)$, dann gilt: $<E> \subset M'$.

In diesem Sinne ist $<E>$ die kleinste Boolesche Unteralgebra von M, die E enthält.

E heißt *Erzeugendensystem* von M' genau dann, wenn $<E> = M'$ ist.

Erzeugendensysteme sind im allgemeinen nicht eindeutig bestimmt.

Ist $\bar{E} = \{a \mid \bar{a} \epsilon E\}$, dann gilt $<E> = <\bar{E}>$.

Wir haben durch $\leqslant$ in den Verbänden eine Ordnungsrelation eingeführt. Wir fragen nach kleinsten Elementen in M, die von 0 verschieden sind. Es ist natürlich nicht sicher, ob es solche Elemente in einer Booleschen Algebra überhaupt gibt.

Wir definieren:

Ist $a \epsilon M$, $a \neq 0$ und $ab = a$ oder $ab = 0$ für alle $b \epsilon M$, dann heißt a *Atom* von M.

Satz 3:

Sei $a \epsilon M$ und $a \neq 0$

a ist genau dann Atom von M, wenn aus $0 \leqslant b \leqslant a$ folgt

$$b = 0 \qquad \text{oder} \qquad b = a$$

Beweis: Nach Definition der Relation $\leqslant$ gilt $ba = b \Longleftrightarrow b \leqslant a$.

Sei a Atom und $0 \leqslant b \leqslant a$.

Wir haben zu zeigen, daß $b = 0$ oder $b = a$ ist.

Nun ist aber $0 \leqslant b = ab \leqslant a$ und daher $b = ab = 0$ oder $b = ab = a$.

Aus $0 \leqslant b \leqslant a$ folge: $b = 0$ oder $b = a$.

Sei $c \in M$ beliebig; dann gilt $0 \leqslant a c \leqslant a$ und daher

$$a c = 0 \text{ oder } a c = a$$

Damit haben wir beide Richtungen des Satzes gezeigt.

Hilfssatz 6:

Sind a, b Atome von M und ist $a \neq b$, dann ist $ab = 0$.

Den einfachen Beweis überlassen wir dem Leser.

Wir betrachten zwei Beispiele von Booleschen Algebren, von denen eine Atome besitzt, und die andere keine Atome enthält.

Wir betrachten $\mathbf{S}_n$ und definieren für $\alpha, \epsilon \in B^n$

$$X^{\epsilon}(\alpha) = \begin{cases} 1 & \text{für } \alpha = \epsilon \\ 0 & \text{sonst} \end{cases}$$

Es ist offensichtlich $X^{\epsilon} \in \mathbf{S}_n$.

Sei nun $f \in \mathbf{S}_n$ und

$$b = f \cdot X^{\epsilon}$$

Es gilt

$$b(\alpha) = \begin{cases} f(\epsilon) & \text{für } \alpha = \epsilon \\ 0 & \text{sonst} \end{cases}$$

Also $b = 0$ oder $b = X^{\epsilon}$

für $f \in \mathbf{S}_n$. Also ist X^{ϵ} Atom von $\mathbf{S}_n$.

Wir zeigen darüber hinaus:

Satz 4:

$A = \{X^{\epsilon} \mid \epsilon \in B^n\}$ ist die Menge der Atome von $\mathbf{S}_n$.

Beweis: Es gilt für $f \in \mathbf{S}_n$

$$f = \bigcup_{\epsilon \in B^n} f(\epsilon) \cdot X^{\epsilon}$$

wie man durch Einsetzen von $\alpha \in B^n$ direkt nachprüft.

Ist f Atom von $\mathbf{S}_n$, dann bilden wir

$$f = f \cdot f = \bigcup_{\epsilon \in B^n} f(\epsilon)\, X^\epsilon \cdot f$$

Da f Atom ist, gilt nach Hilfssatz 6

$$X^\epsilon \cdot f = \begin{cases} O & \text{für } f \neq X^\epsilon \\ X^\epsilon & \text{sonst} \end{cases}$$

Wäre $f \neq X^\epsilon$ für $\epsilon \in B^n$, dann hätten wir

$$f = \bigcup_{\epsilon \in B^n} f(\epsilon) \cdot 0 = 0$$

und f wäre kein Atom. Also gibt es ein ϵ mit $f = X^\epsilon$. Damit haben wir gezeigt, daß auch jedes Atom von $\mathbf{S}_n$ in A vorkommt.

Korollar:

$$\langle A \rangle = \mathbf{S}_n .$$

Der Satz 4 ist ein Sonderfall des allgemeineren Satzes 6, den wir später beweisen. Zunächst geben wir das zweite Beispiel an.

Satz 5:

S besitzt kein Atom.

Beweis: Sei $f \in \mathbf{S}$, $f \neq O$ und f sei von keiner Komponente i mit $i \geqslant n(f)$ echt abhängig.

Wir betrachten $X_i \in \mathbf{S}$ mit $X_i(\alpha_1, \ldots, \alpha_i, \ldots) = \alpha_i$.
X_i ist also die Projektion von B^∞ auf die i-te Komponente. Wir bilden $b = f \cdot X_i$ und haben $b \neq O$ und $b \neq f$. Also ist f kein Atom.

Da wir über f nichts vorausgesetzt haben, außer daß $f \neq O$ ist, besitzt **S** keine Atome.

Satz 6:

Sei M eine endliche Boolesche Algebra mit mindestens zwei Elementen und A(M) die Menge der Atome von M. Es gilt dann für alle $f \in M$

$$f = \bigcup_{a \in A(M)} f\, a$$

Beweis: Wir zeigen zunächst, daß die Menge der Atome nicht leer ist. Nach Voraussetzung gibt es ein $a \in M$ mit $a \neq O$. Folgt aus $O \leqslant b \leqslant a$, daß $b = O$ oder $b = a$ ist, dann ist a ein Atom. Im anderen Fall gibt es ein $a_1 \neq O$, $a_1 \neq a$ mit $O \leqslant a_1 \leqslant a$. Entweder ist a_1 Atom, oder es gibt aufgrund der gleichen Schlußweise ein $a_2 \neq O$, $a_2 \neq a_1$ mit $O \leqslant a_2 \leqslant a_1$ und so weiter. Sind a_i und a_k mit $i \leqslant k$ Elemente dieser Folge, dann gilt $a_i \neq a_k$ für $i \neq k$; denn aus $a_i = a_k$ folgt für a_j mit $i \leqslant j \leqslant k$

$$a_i \leqslant a_j \leqslant a_k$$

nach Konstruktion und wegen $a_i = a_k$

$$a_k \leqslant a_j \leqslant a_i$$

Aus beiden Relationen folgt ($\leqslant$ ist antisymmetrisch)

$$a_k = a_j = a_i$$

Da M endlich ist muß die Konstruktion also nach endlich vielen Schritten mit einem Atom abbrechen.

Also ist $A(M) \neq \emptyset$.

Wir setzen nun

$$x = \bigcup_{a \in A(M)} a$$

Ist $\overline{x} \neq 0$, dann gibt es nach voriger Konstruktion ein Atom $a \leqslant \overline{x}$. Andererseits ist aber $a \leqslant x$, d.h. wir haben

$$ax = a\overline{x} = a$$

und nach Multiplikation mit $\overline{x}$

$$O = ax\overline{x} = a\overline{x}\,\overline{x} = a\overline{x} = a\,.$$

Das ist ein Widerspruch, da a ein Atom ist.

Also ist $\bar{x} = O$ und also $x = 1$.

Ist nun $f \in M$, dann gilt

$$f = f \cdot 1 = f \cdot \bigcup_{a \in A(M)} a = \bigcup_{a \in A(M)} f \cdot a$$

was wir zeigen wollten.

Korollar 1:

Die Anzahl der Elemente jeder endlichen Booleschen Algebra ist eine Zweierpotenz. Zu jeder Zweierpotenz m gibt es eine Boolesche Algebra M mit $|M| = m$.

Beweis: Ist M einelementig, dann gilt die Behauptung trivialerweise.

Sei also M endlich und $|M| \geqslant 2$, wobei $|M|$ die Anzahl der Elemente von M bezeichnet.

Nach Satz 6 läßt sich wegen

$$f \cdot a = a \text{ oder } = O$$

jedes Element $f \in M$ in der Form

$$f = \bigcup_{a \in A(M)} r_a a$$

mit $r_a \in \{0,1\}$ schreiben.

Hat A(M) n Elemente, dann gibt es also 2^n verschiedene Ausdrücke dieser Form. Wenn wir zeigen, daß diese Darstellung eindeutig ist, dann haben wir unsere erste Behauptung bewiesen.

Wir zeigen also:

Hilfssatz 7:

Ist M eine endliche Boolesche Algebra, $|M| \geqslant 2$, dann folgt aus

$$\bigcup_{a \in A(M)} r_a \cdot a = \bigcup_{a \in A(M)} r'_a \cdot a \text{ mit } r_a, r'_a \in 0,1$$

$r_a = r'_a$ für $a \in A(M)$.

Beweis: Wir multiplizieren auf beiden Seiten mit dem Atom b und erhalten nach Hilfssatz 6

$$r_b = r'_b, \text{ was zu zeigen war.}$$

Wir zeigen die zweite Behauptung des Korollars 1: Sei $n \geqslant 1$ und $m = 2^n$. Es gibt eine Boolesche Algebra mit m Elementen. Man nehme die Potenzmenge einer n-elementigen Menge; diese hat 2^n Elemente.

Man erkennt ohne weiteres das folgende

Korollar 2:

Ist M Boolesche Algebra und $|M| \geqslant 2$,

dann gilt: $M = \langle A(M) \rangle$.

Die Menge der Atome bildet also ein Erzeugendensystem von M.

Beispiel:

Wir nehmen wieder unsere Boolesche Algebra $\mathbf{D}_n$ her. Man sieht, daß die Funktionen f_k $(k = 0, \ldots, n)$ mit

$$f_k(\alpha) = \begin{cases} 1 \text{ für } |\alpha| = k \\ 0 \text{ sonst} \end{cases} \qquad \alpha \in B^n$$

die Atome von $\mathbf{D}_n$ sind. $\mathbf{D}_n$ enthält also 2^{n+1} Elemente. Hingegen enthält $\mathbf{S}_n$ 2^{2^n} Elemente, da $|A(\mathbf{S}_n)| = 2^n$ ist.

Wir zeigen zum Abschluß dieses Abschnittes, wie man die Elemente einer endlich erzeugten Booleschen Algebra darstellen kann.

Satz 7:

Sei M eine Boolesche Algebra, $E \subset M$ und $E = \{x_1, \ldots, x_n\}$. Dann gilt:

$$A(\langle E \rangle) = \{x_1^{\epsilon_1} \ldots . x_n^{\epsilon_n} \mid (\epsilon_1, \ldots, \epsilon_n) \in B^n,\ x_1^{\epsilon_1} \ldots . x_n^{\epsilon_n} \neq 0\} ;$$

hierin ist $x_i^1 = x_i$ und $x_i^0 = \bar{x}_i$ zu setzen.

Jedes Element von $\langle E \rangle$ läßt sich mittels der Operationen von M in E ausdrücken.

Beweis: Wir schreiben abkürzend

$$x^{\epsilon} = x_1^{\epsilon_1} \cdot \ldots \cdot x_n^{\epsilon_n} \quad \text{mit} \quad \epsilon = (\epsilon_1, \ldots, \epsilon_n) .$$

Es ist $x^{\epsilon} \in <E>$, da $E \subset <E>$ und da $<E>$ gegenüber den Operationen von M abgeschlossen ist.

Es ist $x^{\epsilon} \cdot x^{\epsilon'} = 0$ für $\epsilon \neq \epsilon'$.

Setzen wir nun

$$M' = \left\{ f = \bigcup_{\epsilon \in B^n} r_{\epsilon} x^{\epsilon} \mid r_{\epsilon} \in \{0,1\} \right\},$$

dann gilt ebenfalls $M' \subset <E>$.

Nun ist M' gegenüber „$\cup$" trivialerweise abgeschlossen. Wir bilden zu $f = \cup r_{\epsilon} x^{\epsilon}$ das Element

$$f' = \bigcup_{\epsilon \in B^n} \overline{r}_{\epsilon} x^{\epsilon} M' .$$

Es gilt $f \cup f' = \bigcup_{\epsilon \in B^n} (r_{\epsilon} \cup \overline{r}_{\epsilon}) \cdot x^{\epsilon} = \bigcup_{\epsilon \in B^n} x^{\epsilon}$

$$= x_1 \cdot (\cup x_2^{\epsilon_2} \ldots x_n^{\epsilon_n}) \cup x_1 \cdot (\cup x_2^{\epsilon_2} \ldots x_n^{\epsilon_n})$$

Nun ist $\bigcup_{\epsilon \in B^n} x^{\epsilon} = 1$ für $n = 1$.

Nehmen wir an, daß diese Aussage auch für $n - 1 \geqslant 1$ gilt, dann folgt

$$f \cup f' = x_1 \cdot 1 \cup \overline{x}_1 \cdot 1 = 1 .$$

Wir berechnen

$$f \cdot f' = \bigcup_{\epsilon, \epsilon' \in B^n} r_{\epsilon} \overline{r}_{\epsilon'} x^{\epsilon} \cdot x^{\epsilon'} = \bigcup_{\epsilon \in B^n} r_{\epsilon} \overline{r}_{\epsilon} x^{\epsilon} = 0 .$$

Aus Hilfssatz 4 folgt $f' = \overline{f}$.

Also ist M' eine Unteralgebra von M. Da $E \subset M'$ ist, gilt nach Definition von $<E>$ auch $<E> \subset M'$.

Aus $M' \subset <E>$ und $<E> \subset M'$ folgt schließlich $M' = <E>$. Damit haben wir gezeigt, daß sich jedes Element von $<E>$ als „Boolescher Ausdruck" in den Elementen von E hinschreiben läßt.

Nun ist für $f \in M'$

$$f \cdot x^{\epsilon} = 0 \text{ oder } x^{\epsilon} \text{ für } \epsilon \in B^n$$

Also ist $\{ x^{\epsilon} | \epsilon \in B^n, x^{\epsilon} \neq 0 \}$ die Menge der Atome von $<E>$.

Aufgaben:

1. Sei M eine endliche Boolesche Algebra und $A(M) = \{a_1, \ldots, a_{2n}\}$. Man definiere mittels A (M) eine n-elementige Menge E mit $\langle E \rangle = M$.
2. Sei $M = \{f : B^4 \to B \mid f(\alpha_1, \alpha_2, \beta_1, \beta_2) = f(\alpha_1', \alpha_2', \beta_1', \beta_2')$
$$\Leftrightarrow \alpha_1 + \beta_1 + (\alpha_2 + \beta_2) \cdot 2 = \alpha_1' + \beta_1' + (\alpha_2' + \beta_2') \cdot 2\}$$

Man bestimme die Atome von M und veranschauliche sich die Lösung in einem Diagramm wie in dem Beispiel zu $\mathbf{D}_4$.

Wir wollen nun zeigen, daß Boolesche Algebren mit gleich vielen Elementen isomorph sind. Dies geschieht in dem nächsten Abschnitt.

1.1.5 Homomorphismen von Booleschen Algebren

Seien M und M′ Boolesche Algebren und sei h eine Abbildung von M in M′. h heißt Homomorphismus von M in M′, wenn für $a, b \in M$ (1), (2) und (3) gilt.

(1) $h(a \cup b) = h(a) \cup h(b)$

(2) $h(a \cap b) = h(a) \cap h(b)$

(3) $h(\overline{a}) = \overline{h(a)}$.

Diese Forderungen sind nicht unabhängig. Man kann (1) aus (2) und (3) und (2) aus (1) und (3) mittels der Morganformeln ableiten. Um für eine Abbildung nachzuweisen, daß sie ein Homomorphismus ist, genügt es also zu zeigen, daß sie (3) und eine der beiden Forderungen (1) oder (2) erfüllt.

Ist h injektiv (d.h. $h(a) \neq h(b)$ für $a \neq b$), dann heißt h ein *Monomorphismus;* ist h bijektiv (d.h. h ist injektiv und $h(M) = M'$), dann heißt h ein *Isomorphismus.* Ein Isomorphismus von M in M heißt *Automorphismus.*

Einige einfache Folgerungen sind:

1. $h(1) = h(a \cup \overline{a}) = h(a) \cup h(\overline{a}) = h(a) \cup \overline{h(a)} = 1.$
2. $h(0) = 0.$ Der Beweis folgt aus 1. durch Dualisierung.
3. Aus $a \leqslant b$ folgt $h(a) \leqslant h(b)$.

Beweis: $a \leqslant b$ ist äquivalent zu $a = ab$. Hieraus folgt $h(a) = h(ab) = h(a)\,h(b)$ und also $h(a) \leqslant h(b)$.

Homomorphismen sind also bezüglich $\leqslant$ monoton.

Satz 8:

Sei h ein Homomorphismus von M in M' und sei $M'' = h(M)$.
Behauptung: M'' ist eine Boolesche Algebra.

Beweis: Es genügt zu zeigen, daß die Operationen $\cup$ und $^-$ nicht aus M'' herausführen. Seien a' und b' aus M''. Nach Definition von M'' gibt es Elemente a, $b \in M$ mit $a' = h(a)$ und $h(b) = b'$.

Nun ist

$$h(a \cup b) = h(a) \cup h(b) = a' \cup b' ;$$
$$h(\overline{a}) = \overline{h(a)} .$$

Da $h(\overline{a})$ und $h(a \cup b)$ in M'' liegen, ist also M'' gegenüber den Booleschen Operationen abgeschlossen und daher eine Boolesche Algebra.

Satz 9:

h ist genau dann ein Monomorphismus, wenn $h^{-1}(0) = \{0\}$ ist.

Beweis:

1. Für jeden Homomorphismus h gilt $h(0) = 0$. Für Monomorphismen h gilt $h^{-1}(a)$ besitzt höchstens ein Element für jedes a aus dem Zielbereich. Hieraus folgt die eine Richtung der Behauptung.
2. Sei nun $h^{-1}(0) = 0$ und $h(a) = h(b)$. Es folgt

$$h(a\overline{b}) = h(a)\overline{h(b)} = h(a)\overline{h(a)} = 0 .$$

Ebenso folgt:

$$h(\overline{a}b) = 0 .$$

Also gilt $a\overline{b} = \overline{a}b = 0$ und somit $a\overline{b} = 0$ und $a \cup \overline{b} = 1$, woraus nach Hilfssatz 4 die Behauptung folgt.

Satz 10:

(Satz von Stone für endliche Boolesche Algebren)

Sei M eine Boolesche Algebra und A die Menge der Atome von M. Dann ist M isomorph zu $(M', \cup, \cdot, ^-)$, wo M' die Potenzmenge von A ist, und $\cup, \cdot, ^-$ die mengentheoretischen Operationen sind.

Beweis: Wir geben den Isomorphismus explizit an: Nach Satz 6 läßt sich jedes Element a der Booleschen Algebra in eindeutiger Weise als Vereinigung der Atome der Algebra darstellen. Es ist

$$a = \bigcup_{a_i a \neq 0} a_i$$

Wir definieren:

$$h(a) = \{a_i \mid a_i a \neq 0\}.$$

Es gilt:

$$\begin{aligned} h(a \cup b) &= \{a_i \mid a_i(a \cup b) \neq 0\} = \{a_i \mid a_i a \neq 0 \text{ oder } a_i b \neq 0\} \\ &= \{a_i \mid a_i a \neq 0\} \cup \{a_i \mid a_i b \neq 0\} = h(a) \cup h(b), \\ \text{und } h(\bar{a}) &= \{a_i \mid a_i \bar{a} \neq 0\} = \{a_i \mid a_i a = 0\} = \overline{h(a)}. \end{aligned}$$

Also ist h ein Homomorphismus. h ist injektiv, da $h^{-1}(\phi) = 0$ ist. h ist surjektiv (jedes Element des Zielbereichs hat ein Urbild). Also h ist ein Isomorphismus.

Aufgaben:

1. Man zeige, daß die in Beispiel 1 und 3 in 1.3 konstruierten Booleschen Algebren für D = S isomorph sind; hierzu betrachte man die Abbildung, die jeder Untermenge von S ihre charakteristische Funktion zuordnet.
2. Seien $a_1, \ldots, a_m$ die Atome von M.

   Man gebe eine Unteralgebra M′ von M mit (m−1) Atomen an.

1.1.6 Freie Boolesche Algebren

Den Begriff der Freiheit eines algebraischen Systems verwenden wir, wie es in der Algebra allgemein üblich ist:

E heißt ein freies Erzeugendensystem der Booleschen Algebra M, falls es zu jeder Booleschen Algebra M′ und zu jeder Abbildung

$$h' : E \to M'$$

genau eine Fortsetzung von h′ zu einem Homomorphismus $h : M \to M'$ gibt.

Eine Boolesche Algebra heißt frei, falls M ein freies Erzeugendensystem besitzt.

Der folgende Satz stellt eine nützliche Charakterisierung freier Erzeugendensysteme dar.

Satz 11:

M sei eine Boolesche Algebra.

$E = \{x_1, \ldots, x_n\} \subseteq M$ ist genau dann ein freies Erzeugendensystem von M, wenn $<E> = M$ ist und wenn $x^\epsilon = x_1^{\epsilon_1} \ldots x_n^{\epsilon_n} \neq 0$ ist für alle $\epsilon \in B^n$.

Beweis: Sei $<E> = M$ und $x^\epsilon \neq 0$ für alle $\epsilon \in B^n$.

Wir zeigen, daß E dann frei ist.

Sei dazu M′ eine beliebige Boolesche Algebra und $h' : E \to M'$ eine beliebige Abbildung.

Nach Satz 7 ist die Menge der Atome von M:

$$A(M) = \{x^\epsilon \mid \epsilon \in B^n\}$$

denn $x^\epsilon \neq 0$ für alle $\epsilon \in B^n$.

Dann können wir eine Abbildung definieren:

$$h'' : A(M) \to M'$$

durch

$$h''(x_1^{\epsilon_1} \cdot \ldots \cdot x_n^{\epsilon_n}) = (h'(x_1))^{\epsilon_1} \cdot \ldots \cdot (h'(x_n))^{\epsilon_n}.$$

Falls es eine Fortsetzung von h′ zu einem Homomorphismus

$$h : M \to M'$$

gibt, muß gelten:

$$h'' = h/A(M),$$

wie aus der Definition des Homomorphismus unmittelbar folgt.

Nun läßt sich jedes Element $a \in M$ auf genau eine Weise als Vereinigung der Atome aus A(M) darstellen.

Es sei also

$$a = \bigcup_{\epsilon \in B^n} x^\epsilon r_\epsilon \quad \text{mit} \quad r_\epsilon \in \{0, 1\}$$

Dann definieren wir $h : M \to M'$ durch

$$h(a) = \bigcup_{\epsilon \in B^n} h''(x^\epsilon)\, r_\epsilon$$

Da die Darstellung von a eindeutig ist, ist h wohldefiniert. Außerdem muß jede homomorphe Fortsetzung von h' so aussehen.

Falls also

1. h ein Homomorphismus ist und
2. $h/E = h'$ ist,

haben wir eine Richtung des Satzes gezeigt.

Zu 1.: Es gilt:

$$\begin{aligned}
h(a \cup b) &= h\Big(\bigcup_{\epsilon \in B^n} x^\epsilon r_\epsilon \cup \bigcup_{\epsilon \in B^n} x^\epsilon s_\epsilon\Big) \\
&= h\Big(\bigcup_{\epsilon \in B^n} x^\epsilon (r_\epsilon \cup s_\epsilon)\Big) \\
&= \bigcup_{\epsilon \in B^n} h''(x^\epsilon)(r_\epsilon \cup s_\epsilon) \\
&= \bigcup_{\epsilon \in B^n} h''(x^\epsilon)\, r_\epsilon \cup \bigcup_{\epsilon \in B^n} h''(x^\epsilon)\, s_\epsilon \\
&= h\Big(\bigcup_{\epsilon \in B^n} x^\epsilon r_\epsilon\Big) \cup h\Big(\bigcup_{\epsilon \in B^n} x^\epsilon s_\epsilon\Big) \\
&= h(a) \cup h(b)
\end{aligned}$$

Es bleibt zu zeigen: $h(\overline{a}) = \overline{h(a)}$

Nach Hilfssatz 4 rechnen wir dazu nach:

$$h(\overline{a}) \cdot h(a) = 0$$

und $h(\overline{a}) \cup h(a) = 1$

$$\begin{aligned}
h(\overline{a}) \cdot h(a) &= h\Big(\bigcup_{\epsilon \in B^n} x^\epsilon \overline{r}_\epsilon\Big) \cdot h\Big(\bigcup_{\epsilon \sigma B^n} x^{\epsilon'} r_{\epsilon'}\Big) \\
&= \Big(\bigcup_{\epsilon \in B^n} h''(x^\epsilon)\, \overline{r}_\epsilon\Big) . \Big(\bigcup_{\epsilon' \in B^n} h''(x^{\epsilon'})\, r_{\epsilon'}\Big) \\
&= \bigcup_{\epsilon, \epsilon' \in B^n} h''(x^\epsilon)\, h''(x^{\epsilon'})\, \overline{r}_\epsilon \cdot r_{\epsilon'} \\
&= \bigcup_{\epsilon \in B^n} h''(x^\epsilon)\, \overline{r}_\epsilon \cdot r_\epsilon = 0
\end{aligned}$$

Dabei haben wir benutzt, daß gilt:

$$h''(x^\epsilon)\,h''(x^{\epsilon'}) = (h'(x_1))^{\epsilon_1}\cdot\ldots\cdot(h'(x_n))^{\epsilon_n}\cdot(h'(x_1))^{\epsilon'_1}\cdot\ldots\cdot(h'(x_n))^{\epsilon'_n}$$

$$= \begin{cases} h''(x^\epsilon) & \text{falls } \epsilon=\epsilon' \\ 0 & \text{sonst} \end{cases}$$

Außerdem erhalten wir

$$\begin{aligned}
h(\overline{a})\cup h(a) &= h\Big(\bigcup_{\epsilon\in B^n} x^\epsilon\,\overline{r}_\epsilon\Big)\cup h\Big(\bigcup_{\epsilon\in B^n} x^\epsilon\, r_\epsilon\Big)\\
&= \bigcup_{\epsilon\in B^n} h''(x^\epsilon)\,(\overline{r}_\epsilon\cup r_\epsilon)\\
&= \bigcup_{\epsilon\in B^n} h''(x^\epsilon)\\
&= h'(x_1)\cdot\bigcup_{\epsilon_2,\ldots,\epsilon_n\in B}(h'(x_2))^{\epsilon_2}\cdot\ldots\ldots\cdot(h'(x_n))^{\epsilon_n}\\
&\quad\cup\overline{h'(x_1)}\cdot\bigcup_{\epsilon_2,\ldots,\epsilon_n\in B}(h(x_2))\ldots\ldots(h(x_n))\\
&= (h'(x_1)\cup\overline{h'(x_1)})\cdot\bigcup_{\epsilon_2,\ldots,\epsilon_n\in B}(h'(x_2))^{\epsilon_2}\cdot\ldots\ldots\cdot(h'(x_n))^{\epsilon_n}\\
&= 1
\end{aligned}$$

zu 2:

$$\begin{aligned}
h(x_i) &= h\Big(x_i\cdot\bigcup_{\epsilon\in B^n} x^\epsilon\Big) = h\Big(\bigcup_{\substack{\epsilon\in B^n\\ \epsilon_i=1}} x^\epsilon\Big)\\
&= \bigcup_{\substack{\epsilon\in B^n\\ \epsilon_i=1}}\prod_{j=1}^{n}(h'(x_j))^{\epsilon_j} = h'(x_i)\cdot\bigcup_{\epsilon\in B^n} h''(x^\epsilon)\\
&= h'(x_i)\cdot h(1) \quad = h'(x_i)
\end{aligned}$$

Damit haben wir gezeigt: Zu jeder Abbildung

$$h' : E\to M'$$

gibt es genau eine homomorphe Fortsetzung

$$h : M\to M',$$

die mit h' auf E übereinstimmt.

Wir zeigen nun noch die zweite Richtung des Satzes: Zu jeder Booleschen Algebra M' und jeder Abbildung $h' : E \to M'$ gebe es also genau eine homomorphe Fortsetzung $h : M \to M'$. Wir zeigen zunächst, daß dann $x^\epsilon \neq 0$ für jedes $\epsilon \in B^n$ gilt.

Sei im Gegensatz zur Behauptung für ein festes $\epsilon \in B^n$ $x^\epsilon = 0$, und $M' = B$ sei die aus zwei Elementen bestehende Boolesche Algebra.

Wir definieren eine Abbildung $h' : E \to B$ durch $h'(x_i) = \epsilon_i$.

Ist dann h eine homomorphe Fortsetzung von h', dann gilt: $h(x^\epsilon) = 1$

also $h(0) = 1$, da nach Annahme $x^\epsilon = 0$.

Das ist aber nicht möglich, da h Homomorphismus.

Wir zeigen nun noch, daß $< E > = M$ gilt.

Hierzu betrachten wir Abbildungen

$$h' : E \longrightarrow < E >$$

und $h'' : E \longrightarrow M$

mit $h'(e) = h''(e) = e$ für alle $e \in E$

Nach Voraussetzung gibt es genau eine homomorphe Fortsetzung von h':

$$h : M \longrightarrow < E >$$

und nach Teil 1 des Beweises, wegen $x^\epsilon \neq 0$ für alle $\epsilon \in B^n$, gibt es genau eine homomorphe Fortsetzung von h''

$$h_1 : < E > \longrightarrow M$$

Wir erhalten also ein Diagramm

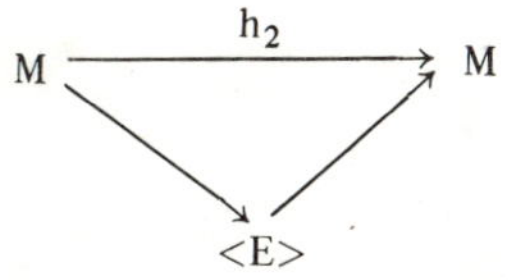

Fig. 1.15

Es ist $h_2 = h_1 \circ h$ wieder ein Homomorphismus mit $h_2(e) = h_1(h(e)) = e$ für alle $e \in E$.

Andererseits ist auch die Identität 1_M ein Homomorphismus mit

$$1_M(e) = e \text{ für alle } e \in E.$$

Wegen Eindeutigkeit der Fortsetzung erhalten wir damit:

$$h_2 = 1_M$$

Es ist also h_2 und damit h_1 surjektiv und deshalb

$$h_1 (\langle E \rangle) = M$$

Wegen $h_1 (E) = E$ ist andererseits

$$h_1 (\langle E \rangle) = \langle E \rangle$$

und damit erhalten wir

$$\langle E \rangle = M .$$

Satz 11 ist damit vollständig bewiesen. Es folgt leicht die folgende Aussage:

Satz 12:

Eine Boolesche Algebra ist genau dann frei, wenn sie 2^{2^n} Elemente besitzt.

Beweis: Nach Definition besitzt eine freie Boolesche Algebra ein freies Erzeugendensystem. Aus dem Satz 7 folgt dann, daß diese Algebra 2^n Atome enthält und daraus weiter die Behauptung in der einen Richtung.

Da nach dem Satz von Stone die Booleschen Algebren mit gleich vielen Elementen isomorph sind, genügt es, zu jedem n eine Boolesche Algebra mit n freien Erzeugenden anzugeben.

$\mathbf{S}_n$ hat die Abbildungen $x_i : B^n \to B$ mit

$$x_i (\alpha) = \alpha_i \text{ für alle } \alpha \in B^n, \ i = 1, \ldots, n$$

als freies Erzeugendensystem, da

$$x^\epsilon (\epsilon) = 1$$

ist für $\epsilon \in B^n$. Also gilt $x^\epsilon \neq 0$ für $\epsilon \in B^n$, woraus nach dem vorhergehenden Satz die Behauptung folgt.

Für Anwendungen ist der folgende Satz von Interesse:

Satz 13:

Ist $h : M \to M'$ ein surjektiver Homomorphismus, d.h. $h(M) = M'$, dann gilt für jedes Atom a von M

$$h(a) \in A(M') \cup \{0\}$$

Beweis: Sei a Atom von M. Dann gilt für jedes $b \in M$: $ab = 0$ oder $ab = a$. Also $h(ab) = h(a)$ oder 0. Da h surjektiv ist, durchläuft $h(b)$ ganz M'. Also ist $h(a)$ Atom oder $= 0$.

Bevor wir auf die Anwendung dieses Satzes eingehen, definieren wir nach den Übungsaufgaben noch die direkten Produkte von Booleschen Algebren.

Aufgaben

1. Man bestimme die Anzahl der freien Erzeugendensysteme einer Booleschen Algebra.
2. Man bestimme die Anzahl der minimalen Erzeugendensysteme von Booleschen Algebren.

1.1.7 Direktes Produkt von Booleschen Algebren

Seien M und M' Boolesche Algebren. Wir definieren die Boolesche Algebra $M \times M'$ durch folgende Festsetzungen: Die Menge der Elemente ist gerade das Cartesische Produkt der Mengen M und M'.

Die Verknüpfungen sind:

$$\begin{aligned} (a, b) \cup (a', b') &= (a \cup a', b \cup b'), \\ (a, b) \cdot (a', b') &= (a \cdot a', b \cdot b'), \\ \overline{(a, b)} &= (\overline{a}, \overline{b}). \end{aligned}$$

Die Projektionen auf die beiden Komponenten sind Homomorphismen. Ist m bzw. m' die Anzahl der Elemente von M bzw. M', dann ist $m \cdot m'$ die Anzahl der Elemente von $M \times M'$.

Satz 14:

Ist B die Boolesche Algebra aus zwei Elementen, dann ist $B \times B \times \ldots \times B = B^n$ eine Boolesche Algebra aus 2^n Elementen. Man kann sich also jede Boolesche Algebra als Cartesisches Produkt aus B erzeugt denken. Die Atome von B^n sind gerade die Elemente, die in genau einer Komponente eine 1 enthalten.

1.1.8 Prüfung von Booleschen Operationen

Rechnungen im Ring der ganzen Zahlen prüft man zum Beispiel durch die Neunerprobe. Die Neunerprobe ist ein Sonderfall einer Methode zur Prüfung ganzzahliger Rechnungen, der dem Rechnen im Dezimalsystem besonders angemessen ist. Die allgemeine Idee ist die folgende: Wenn A irgendeine Algebra ist und $h : A \to A'$ ein Homomorphismus auf eine andere Algebra des gleichen Types, dann kann man das Rechnen in A auf die folgende Weise prüfen: Bezeichne f eine Operation in A, und die entsprechende Operation in A' sei ebenfalls mit f bezeichnet. Hat man $f(a_1, \ldots, a_n)$ berechnet, dann bildet man $f(h(a_1), \ldots, h(a_n))$ und $h(f(a_1, \ldots, a_n)$. Hat man sich nicht verrechnet, dann sind die beiden letzten Werte gleich.

Wir veranschaulichen diese Aussage durch ein Diagramm:

$$\begin{array}{ccc} A^n & \xrightarrow{\quad f \quad} & A \\ {\scriptstyle (h \times \cdots \times h)} \downarrow & & \downarrow {\scriptstyle h} \\ (h(A))^n & \xrightarrow{\quad f \quad} & h(A) \end{array}$$

Fig. 1.16

Daß h ein Homomorphismus ist, bedeutet gerade, daß die den beiden Wegen von A^n nach $h(A)$ entsprechenden Abbildungen gleich sind. Man drückt diesen Sachverhalt gewöhnlich aus, indem man sagt, daß das Diagramm kommutativ ist. Man kann also jede der vier Abbildungen in einem gewissen Umfang durch die restlichen drei Abbildungen prüfen. Will man f als Operation auf A prüfen, dann wählt man die Abbildungen h möglichst einfach und $h(A)$ nach Möglichkeit klein, um den Prüfungsaufwand zu vermindern und die Fehlerwahrscheinlichkeit bei den drei prüfenden Abbildungen klein zu halten.

Im Falle der Neunerprobe ist A' der Restklassenring modulo 9, und h ordnet jeder Zahl ihren Rest bei der Division durch 9 zu. Diese Rechnung ist sehr einfach, da sie sich leicht unter Verwendung der Quersumme durchführen läßt. Die Rechenkontrolle ist recht gut; sie kontrolliert jede Dezimalstelle gleich stark.

Da die Grundoperationen in Rechnern gerade die Booleschen Operationen sind, möchte man für die Boolesche Algebra etwas entsprechendes haben. Wir fragen also: gibt es zu M eine kleinere Boolesche Algebra M', so daß sich in oben angegebener Weise die Rechnung in M kontrollieren läßt? Dabei denken wir uns, was den praktischen Gegebenheiten entspricht, M und M' als cartesische Produkte B^n bzw. B^m mit $m < n$ gegeben. h sei nun ein Epimorphismus (Homomorphismus auf) von M auf M'. Wie gut ist die Kontrolle für die verschiedenen Stellen von B^n? Wir haben gezeigt, daß Atome stets auf Atome oder auf 0 abgebildet werden. Genauer, es gilt:

Hilfssatz 14:

Ist $h(a) = h(b)$ und sind a und b Atome, die verschieden sind, dann ist $h(a) = 0$.

Beweis: Da $a \neq b$ ist und a und b Atome sind, gilt $ab = 0$.

Nun ist $h(a\,b) = h(a)\,h(b) = h(a)\,h(a) = h(a)$ und also $h(a) = 0$.

Also bildet h eine Auswahl von m Komponenten unverändert auf die Komponenten von $h(a)$ ab. Die restlichen Komponenten werden „ignoriert". Eine Prüfung nach unserer Idee findet also nur für die Komponenten statt, die den Atomen entsprechen, die nicht auf 0 abgebildet werden. Damit werden einige Komponenten sehr genau geprüft, nämlich durch Wiederholung, bzw. Verdoppelung der Operation, während andere überhaupt nicht geprüft werden. Wir können also sagen, daß eine für alle Stellen gleichmäßig gute Prüfung der Operationen nur durch eine Verdoppelung des Aufwandes möglich ist.

Aufgaben:

1. Sei p eine fest vorgegebene natürliche Zahl, $n \in \mathbb{Z}$ sei beliebig. Wir bilden

$$n = mp + r \quad \text{mit} \quad 0 \leqslant r < p,$$

daß heißt: r ist der Rest von n bei Division durch p. Wir setzen $h_p(n) = r$. Man zeige:

a) $h_p(n + m) = h_p(h_p(n) + h_p(m))$

b) Setzt man $\mathbb{Z}_p = \{0, \ldots, p-1\}$ und

$$r_1 \oplus r_2 = h_p(r_1 + r_2)$$
$$r_1 \circ r_2 = h_p(r_1 \cdot r_2) \quad \text{für} \quad r_1, r_2 \in \mathbb{Z}_p,$$

dann erhält man einen Ring und mit $h_p : \mathbb{Z} \to \mathbb{Z}_p$ einen Homomorphismus von $\mathbb{Z}$ in $\mathbb{Z}_p$.

2. Man zeige:
Ist p die Basis einer Zahlendarstellung und ist

$$a = \sum_{i=0}^{n} \alpha_i p^i \text{, dann gilt:}$$

$$h_{p-1}(a) = h_{p-1}(\alpha_0 + \ldots + \alpha_n)$$

$$h_{p+1}(a) = h_{p-1}(\alpha_0 (-1)^n + \alpha_1 (-1)^{n-1} + \ldots + \alpha_n)$$

h_{p-1} ist im Zusammenhang mit der Neunerprobe,
h_{p+1} im Zusammenhang mit der Elferprobe bekannt.

1.1.9 Die Automorphismengruppen von Booleschen Algebren

Manchmal sind bei Optimierungsaufgaben von Schaltkreisen durch die Aufgabenstellung unmittelbar Automorphismengruppen der Booleschen Algebra der Schaltfunktionen gegeben, die die zu realisierenden Schaltfunktionen fest lassen.

Wie wir später sehen werden, kann man hiervon mit Vorteil Gebrauch machen. In diesem Abschnitt behandeln wir einige Eigenschaften der Automorphismengruppen, die wir später verwenden wollen.

Wir definieren

$$G(M) = \{h : M \to M \mid h \text{ Automorphismus}\}$$

$G(M)$ ist eine Gruppe bezüglich der Hintereinanderausführung der Abbildungen.

Hilfssatz 15:

Ein Homomorphismus $h : M \longrightarrow M'$ ist genau dann injektiv, wenn für alle $a \in A(M)$ gilt: $h(a) \in A(M')$.

Beweis: Wir stellen die Elemente von M als Vereinigung von Atomen dar und wenden auf diese Darstellung den Homomorphismus an.

Hieraus und aus Hilfssatz 14 ergibt sich sofort die Behauptung.

Ist S eine beliebige Menge, dann bezeichnen wir mit **Per** S die Permutationsgruppe auf S, d.h. die Menge

$$\mathbf{Per}\, S = \{ f : S \to S \mid f \text{ bijektiv} \}$$

mit der Hintereinanderausführung der Abbildungen als Multiplikation.

Jeder Automorphismus aus $G(M)$ induziert eine Permutation von $A(M)$.

Wir wollen zeigen, daß $G(M)$ und $\mathbf{Per}\, A(M)$ isomorph sind.

Satz 15:

Sei $\beta : G(M) \to \mathbf{Per}\, A(M)$ definiert durch

$$\beta(h) = h/A(M)$$

Dann ist β ein Gruppenisomorphismus.

Beweis:

1. β ist ein Homomorphismus

2. β ist surjektiv, denn: ist $p \in \mathbf{Per}\, A(M)$, dann ist die Abbildung $h : M \to M$ mit

$$h\Big(\bigcup_{a \in A(M)} a \cdot r_a\Big) := \bigcup_{a \in A(M)} p(a)\, r_a$$

ein Automorphismus mit $\beta(h) = p$.

3. Nach Satz 9 ist β auch injektiv.

Aus 1., 2. und 3. folgt die Behauptung des Satzes.

Wir fragen uns nun nach den Beziehungen zwischen den Automorphismengruppen verschiedener Boolescher Algebren.

Dazu definieren wir für eine Teilmenge $E \subseteq M$

$$G(M, E) = \{h \in G(M) | h(e) = e, \text{ für } e \in E\}$$

$G(M, E)$ ist eine Untergruppe der Automorphismengruppe $G(M)$.
festlassen.

Hilfssatz 16:

$G(M, E)$ ist eine Untergruppe der Automorphismengruppe $G(M)$.
Es gilt: $G(M) = G(M, \{O\})$.

Beweis: Es ist zu zeigen, daß $G(M, E)$ gegenüber den Gruppenoperationen abgeschlossen ist. Seien $h_1, h_2 \in G(M, E)$. Dann ist $h_1(h_2(a)) = h_1(a) = a$ für alle $a \in E$.

Also ist $h_1 \cdot h_2 \in G(M, E)$.

Es ist $h_1^{-1}(a) = h_1^{-1}(h_1(a)) = a$.

Also ist $h_1^{-1} \in G(M, E)$.

Folglich ist $G(M, E)$ Untergruppe der Automorphismengruppe von M. Diese Gruppe ist gleich $G(M, \{O\})$, da jeder Automorphismus das Nullelement fest läßt.

Hilfssatz 17:

Sei $E \subset M$ und M' die durch E erzeugte Unteralgebra von M.
Es gilt dann: $G(M, E) = G(M, M')$.

Beweis: Sei $h \in G(M, E)$. Es ist also $h(a) = a, h(b) = b$ für beliebige Elemente $a, b \in E$. Dann folgt:

$$h(a \cup b) = h(a) \cup h(b) = a \cup b$$
$$h(a \cdot b) = h(a) \cdot h(b) = a \cdot b$$
$$h(\bar{a}) = \overline{h(a)} = \bar{a}$$

$h \in G(M, E)$ läßt also jedes Element fest, das sich mit den Elementen aus E ausdrücken läßt. Also ist $G(M, E) \subset G(M, M')$. Die umgekehrte Inklusion ist wegen $E \subset M'$ trivial.

Hilfssatz 18:

Sind M' und M'' Unteralgebren von M und ist $M' \neq M''$, dann gilt $G(M, M') \neq G(M, M'')$.

Beweis: Aus $M' \neq M''$ folgt, daß es ein $a \in M$ gibt mit $a \in M'$ und $a \notin M''$ oder $a \notin M'$ und $a \in M''$. Wir nehmen an, daß der zweite Fall vorliegt. Seien $a_1', \ldots, a_k'$ die Atome von M'. Wegen $a_1' \cup \ldots \cup a_k' = 1$ gibt es Atome a_e' mit $a_e' a \neq 0$. Unter diesen Atomen gibt es mindestens eins, etwa a_1', mit $a_1' a \neq a_1'$, da sonst a in M' liegen würde. Also gibt es zwei Atome a_1 und a_2 von M mit $a_1 \leqslant a_1' a$ und $a_2 \leqslant a_1' \bar{a}$.

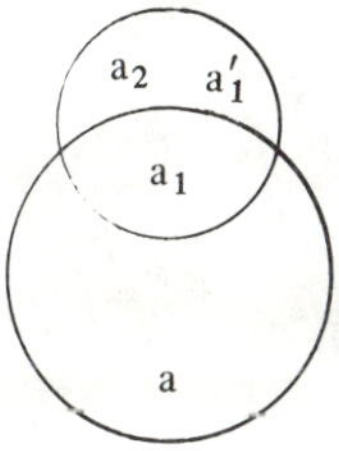

Fig. 1.16

Sei nun $p \in$ **PerA**(M) mit $p(a) = a$ für $a \neq a_1, a_2$ und $p(a_1) = a_2$.

Ist $h = \beta^{-1}(p)$, d.h. der von p induzierte Homomorphismus, dann ist $h \in G(M, M')$ aber $h \notin G(M, M'')$, was zu zeigen war.

Wir wollen die Struktur von $G(M, M')$ etwas näher bestimmen.

Dazu betrachten wir die Mengen

$$N_a = \{a' \in A(M) \mid a' \leqslant a\} \text{ für } a \in A(M').$$

Wir setzen

$$\mathbf{P} = \{N_a \mid a \in A(M')\}.$$

Wie man unmittelbar sieht, gilt

P1) $P \neq \emptyset$ für $P \in \mathbf{P}$,

P2) $P, P' \in \mathbf{P}, P \neq P' \Rightarrow P \cap P' = \emptyset$,

P3) $\bigcup_{P \in \mathbf{P}} P = A(M)$

Zerlegungen einer Menge A in ein Teilmengensystem $\mathbf{P}$, das P1), P2), und P3) erfüllt, heißen *Partitionen von A*. Die Atome jeder Unteralgebra M' von M definieren also eine Partition von A(M). Ist G_a für $a \in A(M')$ die Permutationsgruppe von N_a, dann gilt

Satz 16:

Es sei $A(M') = \{a_1, \ldots, a_k\}$. Dann gilt:

$$G(M, M') \cong G_{a_1} x\, G_{a_2} x \ldots x\, G_{a_k},$$

Für Leser, die mit dem direkten Produkt von Gruppen nicht vertraut sind, geben wir die folgende Definition:

$$G_{a_1} x \ldots x\, G_{a_k} = \{(g_1, \ldots, g_k) \mid g_i \in G_{a_i}, i = 1 \ldots k\}$$

mit den Verknüpfungen

$$(g_1, \ldots, g_k) \cdot (g_1', \ldots, g_k') = (g_1 g_1', \ldots, g_k g_k')$$

und

$$(g_1, \ldots, g_k)^{-1} = (g_1^{-1}, \ldots, g_k^{-1})$$

heißt ein direktes Produkt von $G_{a_1}, \ldots, G_{a_k}$
Hierfür schreiben wir auch:

$$\mathop{\mathbf{X}}_{a \in A(M')} G_a$$

Beweis von Satz 16: Wir verwenden wieder den natürlichen Isomorphismus aus Satz 15:

$$\beta : G(M) \to \mathbf{Per}\, A(M)$$

Wir zeigen:

$$\beta(G(M, M')) = \underset{a \in A(M')}{\mathsf{X}} G_a$$

Sei $h \in G(M, M')$ und $a_1 \in A(M)$, $a \in A(M')$ mit $a_1 \in N_a$.

Wir zeigen, daß h die Elemente von N_a permutiert.

Wegen $h(a) = a$ und $a_1 = a_1 \cdot a$ erhalten wir

$$h(a_1) = h(a_1) \cdot a$$

Also ist $h(a_1) \leqslant a$. Da h außerdem ein Automorphismus ist, muß nach Hilfssatz 15 $h(a_1)$ ein Atom sein, d.h. $h(a_1) \in N_a$.

Nun ist aber definitionsgemäß $\beta(h) = h/A(M)$; also permutiert $\beta(h)$ die Elemente von $A(M)$ innerhalb der Mengen N_a. Das heißt aber:

$$\beta(h) \in \underset{a \in A(M')}{\mathsf{X}} G_a$$

Sei umgekehrt $P \in \underset{a \in A(M')}{\mathsf{X}} G_a$

Dann läßt P die Mengen N_a fest; das bedeutet, daß $\beta^{-1}(P)$ die Elemente $u \in A(M')$ festläßt.

Also ist $\beta^{-1}(P) \in G(M, M')$

In Hilfssatz 18 wurde eine Zuordnung

$$M' \longrightarrow G(M, M')$$

betrachtet, die den Untergruppen einer Booleschen Algebra M Untergruppen von $G(M)$ zuweist.

Wir ordnen nun umgekehrt den Untergruppen von $G(M)$ Unteralgebren von M zu:

Dazu definieren wir für $G' \subseteq G(M)$:

$$M(G') = \{a \in M \mid h(a) = a \text{ für alle } h \in G'\}$$

Hilfssatz 19:

$M(G')$ ist eine Unteralgebra von M.

Beweis: Seien a, b $\in \mathcal{M}(G')$. d.h.:

$$h(a) = a, h(b) = b \text{ für } h \in G'.$$

Es folgt:

$$h(a \cup b) = h(a) \cup h(b) = a \cup b$$

und $h(\bar{a}) = \overline{h(a)} = \bar{a}$.

Also ist $\mathcal{M}(G')$ eine Unteralgebra von M.

Hilfssatz 20:

$\mathcal{M}(G(M, M')) = M'$.

Beweis: Es ist $M' \subset \mathcal{M}(G(M, M'))$, da jedes Element $g \in G(M, M')$ die Algebra M' elementweise festläßt.

$\mathcal{M}(G(M, M')) \subset M'$ folgt aus der Maximalität von $G(M, M')$.

Hilfssatz 21:

Seien $\mathbf{P}_1$ und $\mathbf{P}_2$ verschiedene Partitionen von A(M), und seien G_1 bzw. G_2 die zugehörigen direkten Produkte von Permutationsgruppen. Dann gilt:

$$\mathcal{M}(\beta^{-1}(G_1)) \neq \mathcal{M}(\beta^{-1}(G_2)).$$

Beweis: Sei $P \in \mathbf{P}_i$. Wir definieren

$$a(P) = \bigcup_{b \in P} b$$

und

$$A(\mathbf{P}_i) = \{a(P) \mid P \in \mathbf{P}_i\}.$$

Wegen $\mathbf{P}_1 \neq \mathbf{P}_2$ gilt $A(\mathbf{P}_1) \neq A(\mathbf{P}_2)$.

Nun ist

$$\bigcup_{P \in \mathbf{P}_i} a(P) = \bigcup_{a \in A(M)} a = 1$$

und $$a(P) \cdot a(P') = \begin{cases} a(P) & \text{für } P = P' \\ 0 & \text{sonst} \end{cases}$$

Also gilt: $A(\mathbf{P}_i)$ ist die Menge der Atome in der von $A(\mathbf{P}_i)$ erzeugten Booleschen Algebra M_i. Also ist $M_1 \neq M_2$, woraus wegen $M_i = \mathcal{M}(\beta^{-1}(G_i))$ die Behauptung folgt.

Um unsere Ergebnisse in einem leicht merkbaren, übersichtlichen Satz zusammenfassen zu können, bilden wir noch die beiden folgenden Begriffe.

Sei $V(M)$ die Menge der Unteralgebren von M und $V(G)$ die Menge der Untergruppen von G. Auf $V(M)$ und $V(G)$ haben wir in der mengentheoretischen Inklusion eine natürliche Ordnungsrelation. Wir zeigen

Satz 17:

$(V(M), \subset)$ und $(V(G), \subset)$ sind Verbände.

Beweis: Wir definieren für A_1, A_2 aus $V(M)$ und ebenso, falls diese Elemente aus $V(G)$ sind, $A = A_1 \sqcap A_2$ als Durchschnitt der beiden algebraischen Strukturen und

$$A' = A_1 \sqcup A_2 := \langle A_1 \cup A_2 \rangle,$$

d.h. als die durch die Elemente von A_1 und A_2 erzeugte Unteralgebra von M bzw. Untergruppe von G.

Wir haben gezeigt, daß mit M' und M'' auch $M' \sqcap M''$ eine Unteralgebra von M ist, analog zeigt man es für die Gruppen.

Nun gilt für $A_3 \subset A_1, A_3 \subset A_2$ auch $A_3 \subset A_1 \sqcap A_2$.

Weiter gilt für $A_1 \subset A_3, A_2 \subset A_3$ auch, $A_1 \sqcup A_2 \subset A_3$.

Also sind $(V(M), \subset)$ und $(V(G), \subset)$ in der Tat Verbände.

Wir bezeichnen die durch die Zuordnungen $M \longrightarrow \mathcal{G}(M, M')$ und $G \longrightarrow \mathcal{M}(G)$ definierten Abbildungen mit

$$\mathcal{G}(M, -): \quad V(M) \longrightarrow V(\mathcal{G}(M))$$
$$\mathcal{M} \quad : \quad V(\mathcal{G}(M)) \longrightarrow V(M)$$

Diese beiden Abbildungen erfüllen folgenden Satz 17:

Satz 18:

(1) $\mathcal{G}(M, -)$ und $\mathcal{M}$ sind Antihomomorphismen bezüglich der Ordnungsrelation $\subset$

(2) $G(\mathrm{M}, -)$ ist injektiv.

(3) M ist surjektiv.

(4) $M \circ G(\mathrm{M}, -) = 1_{\mathrm{V(M)}}$.

Beweis:

zu (1): wie wir schon gesehen haben, gilt:

$$\mathrm{M} \subset \mathrm{M}'' \Rightarrow G(\mathrm{M}, \mathrm{M}'') \subset \mathrm{G}(\mathrm{M}, \mathrm{M}')$$

und $\mathrm{G}' \subset \mathrm{G}'' \Rightarrow \mathrm{M}(\mathrm{G}'') \subset \mathrm{M}(\mathrm{G}')$

Die beiden Abbildungen drehen also die Ordnungsrelationen um. (Eine solche Abbildung heißt ein Antihomomorphismus).

zu (2): Folgt aus Hilfssatz 18.

zu (3): Folgt aus Hilfssatz 20.

zu (4): Dies ist eine zu (2) und (3) äquivalente Aussage.
($1_{\mathrm{V(M)}}$ ist die Identität auf V(M).)

Da es Untergruppen von $G(\mathrm{M})$ gibt, die sich nicht in direkte Produkte zerlegen lassen, deren Faktoren mehr als ein Element enthalten, ist $G(\mathrm{M}, -)$ nicht surjektiv und M nicht injektiv.

Wir berechnen nun die Atome von $\mathrm{M}' \sqcup \mathrm{M}''$ und $\mathrm{M}' \sqcap \mathrm{M}''$ aus den Atomen von M' und M''. Dies wird für uns interessant sein im Zusammenhang mit der Realisierung abstrakt gegebener Automaten durch Schaltwerke.

Hilfssatz 22:

$A = \{a' \cdot a'' \mid a' \in A(\mathrm{M}'),\ a'' \in A(\mathrm{M}''),\ a' \cdot a'' \neq 0\}$ ist die Menge der Atome von $\mathrm{M}' \sqcup \mathrm{M}''$.

Beweis:

1. $$\bigcup_{a \in A} a = \bigcup_{a' \in A(\mathrm{M}')} a' \cdot \bigcup_{a'' \in A(\mathrm{M}'')} a''$$

$$\bigcup_{a' \in A(\mathrm{M}')} a' \cdot 1 = 1$$

2. Die Atome von $< E >$ mit $E = \{e_1, \ldots, e_n\}$ haben wir in der Form $e_1^{\epsilon_1} \ldots e_n^{\epsilon_n}$ erhalten.
Wegen $< \mathrm{M}' \cup \mathrm{M}'' > = < A(\mathrm{M}') \cup A(\mathrm{M}'') >$ erhalten wir die Atome von $< \mathrm{M}' \cup \mathrm{M}'' >$ entsprechend.

Jedes Atom a von $<M' \cup M''>$ hat also die Form

$$a = a' \cdot a'' \text{ mit } a' \in A(M') \text{ und } a'' \in A(M'')$$

Damit haben wir die Behauptung bewiesen.

Interessanter und schwieriger ist die Berechnung der Atome von $M' \sqcap M''$.

Es ist klar, daß sich die Atome von $M' \sqcap M''$ als Vereinigung von Atomen aus M' und ebenso als Vereinigung von Atomen aus M'' herstellen lassen.

Sei also $a \in A(M' \sqcap M'')$ und

$$a = a_1' \cup \ldots \cup a_k' = a_1'' \cup \ldots \cup a_m''$$

eine Darstellung von a durch Atome aus M' bzw. M''.

Wir betrachten nun eine Auswahl von $\{a_1', \ldots, a_k'\}$ und $\{a_1'', \ldots, a_m''\}$, die wir o.E.d.A. mit $\{a_1', \ldots, a_l'\}$ und $\{a_1'', \ldots, a_n''\}$ bezeichnen. Es gelte dafür: $a_1' \cup \ldots \cup a_l' = a_1'' \cup \ldots \cup a_n''$.

Dann ist $b = a_1' \cup \ldots \cup a_l' \in M' \cap M''$ und also $b \in M' \sqcap M''$.

Da $b \neq 0$ und a Atom ist, folgt $b = a$.

Es gibt also zu keinem der Paare (a_i', a_j'') ein gemeinsames Vielfaches in $M' \sqcap M''$, das kleiner ist als a. Man kann daher die Atome von $M' \sqcap M''$ als kleinste gemeinsame Vielfache der Atome von M' und M'' bezeichnen.

Wir definieren nun:

Seien $a', a'' \in A(M') \cup A(M'')$. a' heißt mit a'' bezüglich $A(M')$ und $A(M'')$ verkettet, wenn es eine Folge $x_1, x_2, \ldots, x_n \in A(M') \cup A(M'')$ gibt mit

$$a' = x_1, a'' = x_n \text{ und } x_i \cdot x_{i+1} \neq 0 \text{ für } i = 1, \ldots, n-1 .$$

Schreiben wir für a' verkettet a'' kurz $a' \sim a''$, dann ist $\sim$ eine Äquivalenzrelation, denn es gilt

(1) $a \sim a$

(2) $a \sim b \Rightarrow b \sim a$

(3) $a \sim b, b \sim c \Rightarrow a \sim c$

für $a, b, c \in A(M') \cup A(M'')$.

Hilfssatz 23:

Ist $a \sim b$, dann gilt für $c \in M' \sqcap M''$

$$a \cdot c = 0 \Longleftrightarrow b \cdot c = 0 .$$

Beweis: Aus $a \sim b$ folgt, daß es eine Kette $a = x_0, x_1, \ldots, x_n = b$ mit $x_i \in A(M') \cup A(M'')$ gibt, so daß $x_i \cdot x_{i+1} \neq 0$ ist. Es genügt, unsere Behauptung für x_i, x_{i+1} zu beweisen.
Es ist $c \cdot x_i = 0$ oder x_i und $c \cdot x_{i+1} = 0$ oder x_{i+1}.

1. Sei $c \cdot x_i = 0$ und $c \cdot x_{i+1} \neq 0$

   Es folgt: $c \cdot x_{i+1} = x_{i+1}$ und hieraus $0 = c \cdot x_i \cdot x_{i+1} = x_i \cdot c \cdot x_{i+1} =$
   $= x_i \cdot x_{i+1} \neq 0$

Aus diesem Widerspruch folgt, daß die Annahme $c \cdot x_i = o$ und $c \cdot x_{i+1} \neq 0$ falsch ist.

2. Ebenso folgt, daß $c \cdot x_i \neq 0$ und $c \cdot x_{i+1} = 0$ nicht möglich ist.

Damit ist unser Hilfssatz bewiesen.

Sei für $a \in A(M')$: $$[a]' = \bigcup_{\substack{b \sim a \\ b \in A(M')}} b$$

und für $a \in A(M'')$: $$[a]'' = \bigcup_{\substack{b \sim a \\ b \in A(M'')}} b$$

Hilfssatz 24:

Es ist $[a]' = [b]''$ für $a \sim b$ und $a, b \in A(M') \cup A(M'')$ und es ist $A(M' \cap M'') = \{[a]' \mid a \in A(M')\}$

Beweis:

1. Sei $k(a) = \{b \in A(M'') \mid b \sim a\}$ für $a \in A(M')$

   Es ist $a \leqslant \bigcup_{b \in k(a)} \leqslant [b]''$ für $b \in k(a)$

   Also ist $[a]' \leqslant [b]''$ für $a \in A(M')$, $b \in A(M'')$ und $a \sim b$.

   Aus Symmetriegründen gilt:

   $$[b]'' \leqslant [a]'$$

   Aus beiden Ungleichungen folgt:

   $$[a]' = [b]'' \text{ für } a \sim b,\ a \in A(M'),\ b \in A(M'')$$

   Also ist $[a]' \in M' \cap M''$.

2. Sei $c \in M' \cap M''$ beliebig. Es gilt

$$c \cdot [a]' = \bigcup_{b \sim a} c \cdot b = [a]' \text{ oder } = 0$$

da nach Hilfssatz 23 gilt: $c \cdot b = b$ für alle b mit $b \sim a$ oder $cb = 0$ für alle b mit $b \sim a$.

Also ist $[a]'$ ein Atom.

3. Es gilt

$$1 = \bigcup_{a \in A(M')} a \leqslant \bigcup_{a \in A(M')} [a]' \leqslant 1$$

Also ist $\bigcup_{a \in A(M')} [a]' = 1$

Aus 2. und 3. folgt, daß die zweite Behauptung unseres Satzes richtig ist.
Wir stellen noch einen wichtigen Zusammenhang mit den Partitionen her. Wir haben jeder Booleschen Unteralgebra M' von M eine Partition $\mathbf{P}_{M'}$ von $A(M)$ zugeordnet. Wir wollen nun

$$\mathbf{P}_{M' \sqcap M''} \text{ und } \mathbf{P}_{M' \sqcup M''}$$

aus $\mathbf{P}_{M'}$ und $\mathbf{P}_{M''}$ berechnen.
Aus den Hilfssätzen 23 und 24 folgt unmittelbar:

$$\mathbf{P}_{M' \sqcup M''} = \{P' \sqcap P'' \mid P' \in \mathbf{P}_{M'},\quad P'' \in \mathbf{P}_{M''},\quad P' \cap P'' \neq \phi\}$$
$$\mathbf{P}_{M' \sqcap M''} = \{[P] \mid P \in \mathbf{P}_{M'}\}$$

Hierin ist

$$[P] = \bigcup_{P' \sim P} P'$$

und $P' \sim P \Longleftrightarrow$ Es gibt eine Kette $P_1, \ldots, P_n \in \mathbf{P}_{M'} \cup \mathbf{P}_{M''}$ mit $P = P_1$, $P' = P_n$ und $P_i \cap P_{i+1} \neq \phi$

Definiert man nun für Partitionen $\mathbf{P}'$, $\mathbf{P}''$ einer vorgegebenen Menge A

$$\mathbf{P}' \sqcup \mathbf{P}'' = \{P' \cap P'' \mid P' \in \mathbf{P}',\ P'' \in \mathbf{P}'',\ P' \cap P'' \neq \phi\} \text{ und}$$
$$\mathbf{P}' \sqcap \mathbf{P}'' = \{[P] \mid P \in \mathbf{P}\},$$

dann gilt:

Satz 19:

Die Menge V(A) der Partitionen einer Menge A bildet bezüglich $\sqcup$ und $\sqcap$ einen Verband.

Beweis: Wir betrachten die Boolesche Algebra PA. Jeder Partition entspricht genau eine Unteralgebra von PA und umgekehrt. Wie man aus dem obenGesagten entnimmt, sind die Verknüpfungen gerade so definiert, daß diese Zuordnung bezüglich $\sqcup$ und $\sqcap$ ein Isomorphismus ist.

Bemerkung:

Wir haben festgestellt, daß Äquivalenzrelationen und Partitionen einander umkehrbar eindeutig entsprechen. Also kann man den Verband der Partitionen auch als einen Verband von Äquivalenzrelationen auffassen. Wir stellen zum Abschluß dieses Abschnitts noch den Zusammenhang mit der Booleschen Algebra $\mathbf{S}_n$ her, die wir im nächsten Paragraphen näher betrachten werden.

Sei $E \subset \mathbf{S}_n$ und

$$I(E) = \{P \in \mathbf{Per} B^n \mid f(P\alpha) = f(\alpha) \text{ für alle } f \in E\}$$

Hilfssatz 25:

I(E) ist eine Untergruppe von $\mathbf{Per} B^n$.

Der Beweis läuft wie in den entsprechenden Hilfssätzen über G(M, M′).

Wir wollen darüber hinaus zeigen:

Satz 20:

I(E) ist isomorph zu $G(\mathbf{S}_n, E)$.

Beweis:

Wir definieren für $f \in E$:

$$N_f = \{\alpha \in B^n \mid f(\alpha) = 1\}$$
$$N = \langle\{N_f \mid f \in E\}\rangle$$

Nun ist $I(E) \cong \underset{n \in A(N)}{\mathsf{X}} \mathbf{Per}\, n \cong \underset{g \in A(\langle E\rangle)}{\mathsf{X}} \mathbf{Per}\, g \cong G(\mathbf{S}_n, E)$

Also ist die Invarianzgruppe von E bis auf Isomorphie gerade die Untergruppe von $G(\mathbf{S}_n)$, die E elementweise festläßt.

Damit übertragen sich alle Beziehungen zwischen $G(\mathbf{S}_n, E)$ und E in Aussagen über die Verbände $V(\mathbf{S}_n)$ und $V(\mathrm{Per}\,B^n)$.

Beispiel:

Sei $r : B^4 \to B$ durch die folgende zweidimensionale Tabelle definiert.

		0	0	1	1	x_1
		0	1	0	1	x_2
0	0	0	0	0	1	
0	1	0	0	1	1	
1	0	0	1	1	1	
1	1	1	1	1	1	
y_1	y_2					

In dem Feld mit den Koordinaten $x_1 = \alpha_1, x_2 = \alpha_2$, $y_1 = \alpha_3, y_2 = \alpha_4$ ist $r(\alpha_1, \alpha_2, \alpha_3, \alpha_4)$ eingetragen. Man erkennt sofort, daß r invariant unter der Vertauschung von x_1 mit y_1 und x_2 mit y_2 ist. Sei G die durch diese Vertauschung erzeugte Untergruppe von **Per** B^4. Dann gilt $G \subset G(\mathbf{S}_4, \{r\})$.
Also ist $\langle r \rangle \subset M(G)$, und es läßt sich r durch ein Erzeugendensystem von $M(G)$ ausdrücken.

Man prüft nach, daß

$$k_1 = x_1 \cdot y_1, \quad k_2 = x_2 \cdot y_2$$
$$d_1 = x_1 \cup y_1, d_2 = x_2 \cup y_2$$

ein Erzeugendensystem von $M(G)$ ist.
Man erhält

$$r = k_1 \cup d_1 \cdot d_2$$

und hat damit eine sehr einfache zweistufige Darstellung für r gefunden. k_2 ist zur Darstellung von r also nicht erforderlich.
Durch Einsetzen erhält man:

$$r = x_1 \cdot y_1 \cup (x_1 \cup y_1) \cdot (x_2 \cup y_2)$$

1.1.10 Übungsaufgaben

1. Sei $(S, \cup, \cap)$ ein Verband. Man zeige:
   a) $a \cup a = a \cap a = a$ für $a \in S$.
   b) $a \cap b = a$ ist äquivalent zu $a \cup b = b$.

2. Sei $(S, \cup, \cap)$ ein distributiver Verband. Für $a, b, c \in S$ gelte

$$a \cup b = a \cup c \text{ und } a \cap b = a \cap c\,.$$

Man zeige $b = c$.

3. Betrachte die folgenden Diagramme:

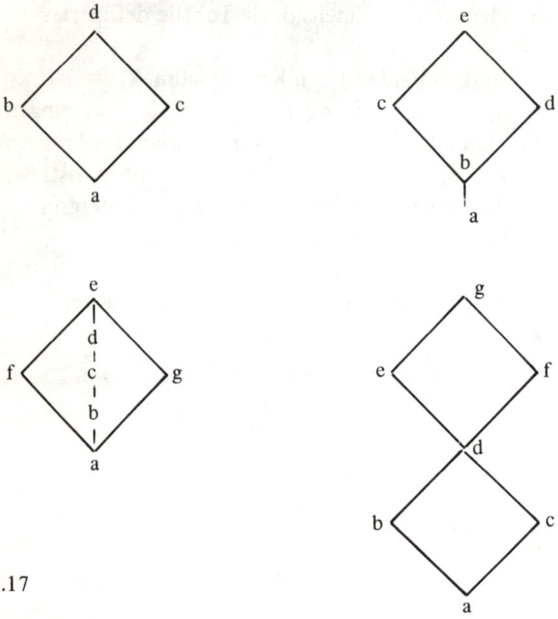

Fig. 1.17

Man zeige, daß jedes Diagramm einen Verband definiert.

Welche Verbände sind distributive oder Boolesche Verbände?

4. Sei $M = \langle a_1, a_2, a_3, a_4, a_5 \rangle$ eine Boolesche Algebra mit den Atomen $a_i (1 \leqslant i \leqslant 5)$.

Es seien

$$M_1 = \langle \{a_1 \cup a_2\}, \{a_3 \cup a_4\}, a_5 \rangle,$$
$$M_2 = \langle \{a_1 \cup a_2\}, \{a_3 \cup a_5\}, a_4 \rangle.$$

Man bestimme

$$M_1 \sqcup M_2 \text{ und } M_1 \sqcap M_2\,.$$

5. Sei M eine Boolesche Algebra. Man definiere $a + b = \overline{a}b \cup a\overline{b}$. Man zeige, daß $(M, +, \cap)$ ein Ring mit 1-Element ist, für dessen Elemente a gilt $a^2 = a$. Man versuche aus dem Ring die Boolesche Algebra zurückzugewinnen.

6. Man gebe alle „minimalen" Erzeugendensystem einer Booleschen Algebra aus 8 Elementen an.

7. Man bestimme die Anzahl der freien Erzeugendensysteme einer freien Booleschen Algebra.

8. Man bestimme die Anzahl der Elemente des Unteralgebraverbandes V(M).

9. Man zeige, daß jede Boolesche Algebra homomorphes Bild einer freien Booleschen Algebra ist.

10. Man schätze die Anzahl der Elemente eines minimalen Erzeugendensystems einer Booleschen Algebra aus 2^n Elementen ab.

11. Man bestimme die Untergruppe der Automorphismengruppe von M, die das freie Erzeugendensystem $x_1, \ldots, x_n$ in Erzeugendensysteme der Form $x_1^{r_1}, \ldots, x_n^{r_n}$ mit $r_i = 0$ oder 1 überführt.

12. Man formuliere eine zur 10. Aufgabe analoge Aufgabe für beliebige Boolesche Algebren und löse sie.

13. Man zeige, daß man mittels der Operation

$$a/b := \overline{a}\ \overline{b}$$

die Booleschen Operationen definieren kann.

1.2 Das Syntheseproblem für Schaltkreise mit einem Ausgang

1.2.1 Schaltfunktionen

Sei $B = \{0,1\}$. Wir betrachten $\mathbf{S}(D) = \{f \mid f : D \to B\}$ für Mengen $D \subset B^n$. Die Elemente von $\mathbf{S}(D)$ heißen Schaltfunktionen mit dem Definitionsbereich D. Wie im Beispiel 3 in 1.3 übertragen wir die Booleschen Operationen von unserer Algebra B auf $\mathbf{S}(D)$; die so entstehende Boolesche Algebra $(\mathbf{S}(D), \cup, \cdot, {}^{-})$ bezeichnen wir wieder kurz mit **S** (D). Mittels Schaltfunktionen kann man die Funktionen von Schaltkreisen beschreiben. Wir wollen uns in diesem Abschnitt mit der Aufgabe beschäftigen, komplizierte Schaltkreise aus weniger komplizierten, den Bausteinen, zusammenzusetzen. Genauer: wir wollen dieses Zusammensetzen hier formal beschreiben.

Zur Veranschaulichung stellen wir Schaltkreise mit n Eingängen und k Ausgängen durch die schon früher verwendeten Symbole dar, auf die auf der einen Seite n Pfeile auftreffen und von denen auf der gegenüberliegenden Seite k Pfeile ausgehen. Für unsere Bausteine verwenden wir spezielle Symbole.

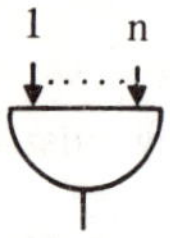

Fig. 2.1

1. Konjunktionen mit n Eingängen.

Das Symbol Fig. 2.1 beschreibt einen Schaltkreis mit der Schaltfunktion $k_n : B^n \to B$, die eine Verallgemeinerung der schon definierten Konjunktion zweier Variablen darstellt. Wir definieren:

$$k_n(x_1, \ldots, x_n) = 1 \iff x_1 = \ldots = \\ = x_n = 1 \text{ ist.}$$

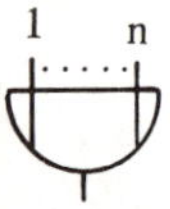

Fig. 2.2

2. Disjunktion mit n Eingängen.

Fig. 2.2 bezeichnet einen Schaltkreis mit der Schaltfunktion $d_n : B^n \to B$, die eine Verallgemeinerung der früheren Disjunktion mit zwei Eingängen ist. Wir definieren:

$$d(x_1, \ldots, x_n) = 0 \iff x_1 = \ldots = \\ = x_n = 0 .$$

Fig. 2.3

3. Negation.

Fig. 2.3 beschreibt den uns schon bekannten Schaltkreis mit der Schaltfunktion $n : B \to B$.

Für die Figuren in Fig. 2.4 zeichnen wir meist die Bilder in Fig. 2.5.

Haben wir zwei Schaltkreise mit den Funktionen $f, g \in \mathbf{S}(D)$ mit $D \subset B^n$, dann erhält man durch

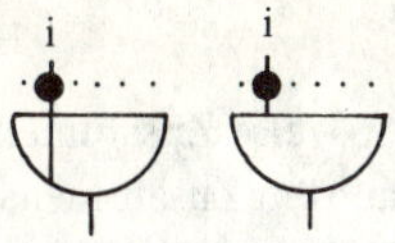

Fig. 2.4

die in Fig. 2.6 bzw. Fig. 2.7, bzw. 2.8 der Reihe nach beschriebenen Zusammenschaltungen der entsprechenden Schaltkreise neue Schaltkreise mit den Funktionen $f \cup g$, bzw. $f g$, bzw. $\overline{f}$. (Beispiel 3 in 1.3)

Hat man eine Menge von Schaltkreisen mit den Schaltfunktionen $E \subset \mathbf{S}(D)$, dann kann man aus diesen durch Anwendung der eben beschriebenen Zusammenschaltungen zu jeder Funktion aus $< E >$ Schaltkreise konstruieren.

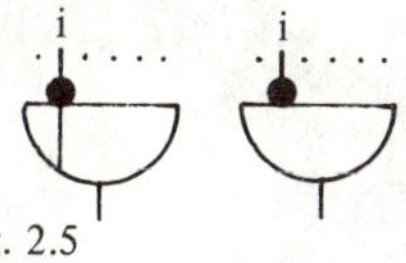

Fig. 2.5

Wir geben nun eine formale Beschreibung des Zusammenschaltens von Schaltkreisen aus dem Bausteinsystem $\{k_i, d_i, n \mid i = 2, 3, \ldots\}$.

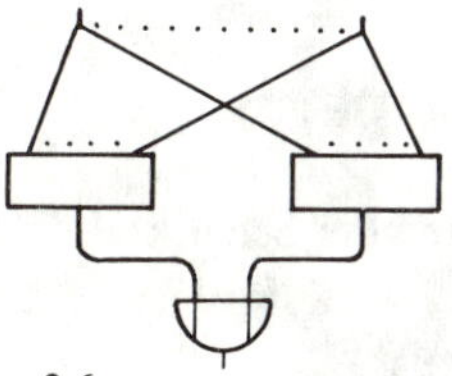
Fig. 2.6

1.2.2 Boolesche Ausdrücke und Boolesche Polynome

Sei X eine Menge von Unbestimmten; das heißt: die Elemente der Menge X sind Symbole ohne weitere Bedeutung. Mit X_n bezeichnen wir stets n-elementige Mengen.

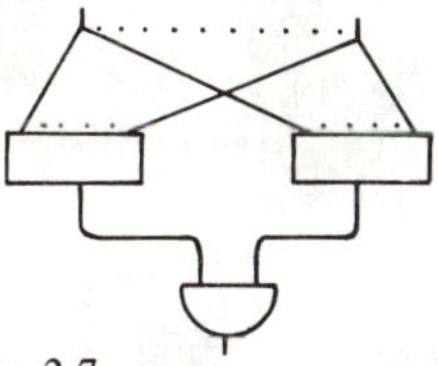
Fig. 2.7

Wir definieren induktiv die Menge der Booleschen Ausdrücke $\mathbf{B}(X)$ über X; ein Element von $\mathbf{B}(X)$ heißt Boolescher Ausdruck in n Unbestimmten, wenn er höchstens n Unbestimmte enthält.

Definition:

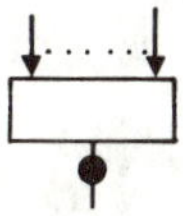
Fig. 2.8

Ein Boolescher Ausdruck 1. Stufe ist jedes $x \in X$ und 0, L. Hierin sind 0 und L zwei weitere Unbestimmte, die die konstanten Funktionen repräsentieren und die nicht in X vorkommen.

Sind $a_1, \ldots, a_k$ Boolesche Ausdrücke von höchstens i-ter Stufe, von denen aber mindestens ein Ausdruck von i-ter Stufe ist, dann heißen die Ausdrücke

$(a_1 \cup \ldots \cup a_k)$,

$(a_1 \ldots a_k)$,

$\overline{a_1}$

Boolesche Ausdrücke $(i+1)$-ter Stufe.

Aus 2.1 ist klar, wie den Elementen von $\mathbf{B}(X)$ in natürlicher Weise Zusammenschaltungen von Bausteinen zugeordnet werden können. Alle erlaubten Zusammenschaltungen werden definitionsgemäß durch die Elemente von $\mathbf{B}(X)$ repräsentiert. Wir identifizieren deshalb Schaltkreise und Boolesche Ausdrücke in diesem Kapitel. Die Kosten der verschiedenen Schaltkreise beschreiben wir durch eine Abbildung

$l: \mathbf{B}(X) \to N_0$. Wir definieren l induktiv:

$$l(x) = 0 \text{ für } x \in X, \quad l(0) = l(L) = 0,$$

$$l((a_1 \cup a_2 \cup \ldots \cup a_k)) = \sum_{i=1}^{k} l(a_i) + k,$$

$$l((a_1 a_2 \ldots a_k)) = \sum_{i=1}^{k} l(a_i) + k,$$

$$l(\overline{a}) = l(a).$$

Diese Kostenfunktion beschreibt in vielen Fällen die Kosten der Schaltkreise zutreffend.

Beispiel 1:

$$l(((a_1 a_2)(a_3 a_4))) = l(a_1 a_2) + l(a_2 a_3) + 2$$

$$= l(a_1) + l(a_2) + l(a_3) + l(a_4) + 6$$

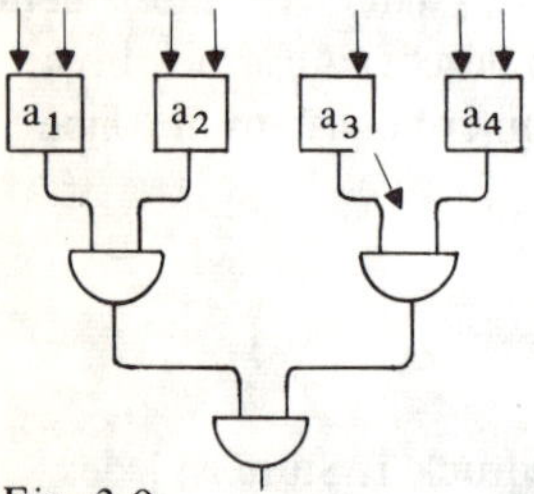

Fig. 2.9

Beispiel 2:

$$l((a_1 a_2 a_3 a_4)) = \sum_{i=1}^{4} l(a_i) + 4$$

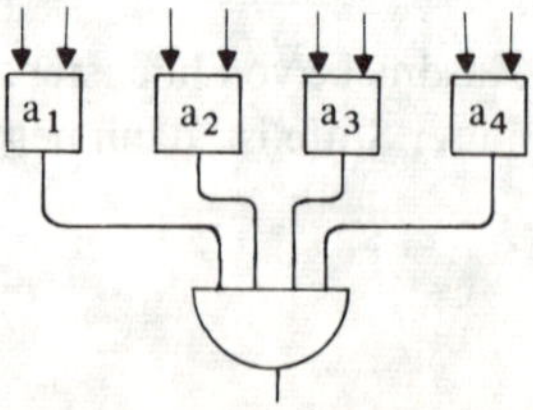

Fig. 2.10

Wir erklären nun, wann ein Boolescher Ausdruck Boolesches Polynom heißt. Im nächsten Abschnitt geben wir dann Regeln an, die es erlauben, jeden Booleschen Ausdruck in ein Polynom überzuführen.

$a \in \mathbf{B}(X)$ heißt *Boolesches Monom* über X, wenn

$$a = x_1^{r_1} \dots x_k^{r_k}$$

ist mit $x_1, \dots, x_k \in X$ und $(r_1, r_2, \dots, r_k) \in B^k$ oder wenn $a = L$ oder $a = 0$ ist. k heißt die Länge von a. Es ist $l(a) = k$ für $k \geqslant 2$. Ist $k = 1$, dann ist $l(a) = 0$. Aus der Definition folgt $l(a) \leqslant n$ für alle Booleschen Monome. Ein Boolesches Monom über X_n heißt *vollständig*, wenn $l(a) = n$ ist; hierin ist X_n eine n-elementige Menge. $p \in \mathbf{B}(X)$ heißt *Boolesches Polynom* über X, wenn gilt:

$$p = (a_1 \cup a_2 \cup \dots \cup a_m)$$

und wenn $a_1, \dots, a_m$ Monome über X sind.

Ein Boolesches Polynom über X_n heißt *vollständig*, wenn alle Monome des Polynoms vollständig sind und jedes Monom höchstens einmal auftritt oder wenn $p = 0$ ist.

1.2.3 Normalformen für Boolesche Ausdrücke

Wir erklären auf $\mathbf{B}(X)$ eine Äquivalenzrelation „$\longleftrightarrow$" bezüglich der wir Normalformen angeben werden. Wir definieren zunächst Relationen (R1) bis (R5), die in Analogie zu den Axiomen (A1) bis (A5) stehen. Wir bezeichnen diese Relationen mit „$\leftarrow - \rightarrow$". Die oben angekündigte Relation „$\longleftrightarrow$" erhalten wir aus diesen, indem wir sie in geeigneter Weise fortsetzen. Seien $a_1, \dots, a_k \in \mathbf{B}(X)$. Wir definieren:

(R1) $(a_1 \cup a_2 \cup \dots \cup a_k) \leftarrow - \rightarrow (a_{p_1} \cup a_{p_2} \cup \dots a_{p_k})$

$(a_1 \cdot a_2 \dots \cdot a_k) \leftarrow - \rightarrow (a_{p_1} \cdot a_{p_2} \cdot \dots \cdot a_{p_k})$,

$i \rightarrow p_i$ ist eine Permutation.

(R2) $((a_1 \cup \dots \cup a_k) \cup (a_{k+1} \cup \dots \cup a_m)) \leftarrow - \rightarrow (a_1 \cup \dots \cup a_m)$,

$((a_1 \cdot \dots \cdot a_k) \cdot (a_{k+1} \cdot \dots \cdot a_m)) \leftarrow - \rightarrow (a_1 \cdot \dots \cdot a_m)$,

(R3) $((a_1 \cdot a_2) \cup a_1) \leftarrow - \rightarrow a_1$,

$((a_1 \cup a_2) \cdot a_1) \leftarrow - \rightarrow a_1$ ·

(R4) $(a_1 \cdot (a_2 \cup a_3)) \leftarrow\!-\!\rightarrow ((a_1 \cdot a_2) \cup (a_1 \cdot a_3))$,

$(a_1 \cup (a_2 \cdot a_3)) \leftarrow\!-\!\rightarrow ((a_1 \cup a_2) \cdot (a_1 \cup a_3))$.

(R5) $((a_1 \cdot \overline{a}_1) \cup a_2) \leftarrow\!-\!\rightarrow a_2$,

$((a_1 \cup \overline{a}_1) \cdot a_2) \leftarrow\!-\!\rightarrow a_2$.

(R6) $(a_1 \cup \overline{a}_1) \leftarrow\!-\!\rightarrow L$,

$(a_1\, \overline{a}_1) \leftarrow\!-\!\rightarrow 0$.

Man erkennt, daß (R3) bis (R5) wörtlich mit (A3) bis (A5) übereinstimmen. (R1) und (R2) sind „Folgerelationen" von (A1) und (A2), wenn man die a_i als Elemente einer Booleschen Algebra interpretiert. Die Abweichung in diesen beiden Relationen von den Axiomen rührt daher, daß wir nicht nur für die binären Operationen der Booleschen Algebra Bauelemente besitzen, sondern auch für deren Verallgemeinerungen k_j, d_j für $j = 3, 4, \ldots$

(R6) führt 0 und L als Symbole für das 0- und 1-Element der Booleschen Algebra ein.

Wir definieren nun: „$\longleftrightarrow$" ist der symmetrische, transitive und algebraische Abschluß von „$\leftarrow\!-\!\rightarrow$" auf $\mathbf{B}(X)$. Das soll folgendes heißen:

1. Die Relation $\longleftrightarrow$ stimmt mit $\leftarrow\!-\!\rightarrow$ überein für die Fälle, für die letztere definiert ist.

2. Es gilt aber weiter:

   Aus $a \longleftrightarrow b$ folgt $b \longleftrightarrow a$,

   aus $a \longleftrightarrow b$ und $b \longleftrightarrow c$ folgt $a \longleftrightarrow c$,

   aus $a_1 \longleftrightarrow a_1', \ldots, a_k \longleftrightarrow a_k'$

folgt

$$(a_1 \cup \ldots \cup a_k) \longleftrightarrow (a_1' \cup \ldots \cup a_k') \quad \text{und}$$

$$(a_1 \cdot \ldots \cdot a_K) \longleftrightarrow (a_1' \cdot \ldots \cdot a_k') \quad \text{und}$$

$$\overline{a}_1 \longleftrightarrow \overline{a}_1' .$$

3. Die Relation $\longleftrightarrow$ ist die kleinste Relation mit dieser Eigenschaft. Das soll heißen, daß für jede Relation ρ die 1. und 2. erfüllt, aus $a \longleftrightarrow b$ folgt, daß auch $a \rho b$ erfüllt ist.

Es gilt:

1. $\longleftrightarrow$ existiert und ist eindeutig bestimmt.

2. Jede Relation $a \longleftrightarrow b$ läßt sich aus den erzeugenden Relationen $\leftarrow\!-\!\rightarrow$ in endlich vielen Schritten mittels der Fortsetzungsregeln konstruieren.

3. $\longleftrightarrow$ ist eine *Äquivalenzrelation.*

Wir bezeichnen die Menge der Relationen (R1), . . . , (R6) mit $\mathbf{R}_B$ und sagen auch, a sei kongruent b modulo $\mathbf{R}_B$ ($a \equiv b\,(\mathbf{R}_B)$), falls $a \longleftrightarrow b$ gilt. Die Menge dieser Äquivalenzklassen bezeichnen wir mit $\mathbf{B}(X)/\mathbf{R}_B$.

Hilfssatz 1:

Zu $a \in \mathbf{B}(X_n)$ gibt es ein Boolesches Polynom $p \in \mathbf{B}(X_n)$ mit $a \longleftrightarrow p$.

Beweis: Man zeigt zunächst, wie in 1.2

$$(0 \cup a) \longleftrightarrow a\,, \qquad (L \cdot a) \longleftrightarrow a\,, \qquad (a \cdot a) \longleftrightarrow a\,,$$
$$(0 \cdot a) \longleftrightarrow 0\,, \qquad (L \cup a) \longleftrightarrow L\,, \qquad (a \cup a) \longleftrightarrow a\,,$$

für alle $a \in \mathbf{B}(X_n)$. Unter Verwendung dieser Eigenschaften beweisen wir mittels vollständiger Induktion nach der Stufe der Booleschen Ausdrücke unseren Hilfssatz.

Für die Ausdrücke erster Stufe ist die Behauptung leicht einzusehen. Wir diskutieren die Ausdrücke 2-ter Stufe: Es gibt drei Typen

$$(a_1 \cup \ldots \cup a_k)\,,$$
$$(a_1 \cdot \ldots \cdot a_k)\,,$$
$$\overline{a_1}\,,$$

worin die a_i aus X_n sind. Der erste und dritte Typ stellen direkt Polynome dar. Ist in $(a_1 \cdot \ldots \cdot a_k)$ ein Element 0 enthalten, dann können wir leicht zeigen $(a_1 \cdot \ldots \cdot a_k) \longleftrightarrow 0$; also ist in diesem Fall unsere Behauptung richtig. Enthält das Produkt L, dann zeigt man, daß es $\mathbf{R}_b$-kongruent ist zu dem Produkt, das man aus diesem durch Streichen der Elemente L erhält, falls ein Element ungleich L vorkommt. Im anderen Fall ist es $\mathbf{R}_B$-kongruent zu L. Auch in diesem Fall sind wir fertig.

Seien nun in $(a_1 \cdot \ldots \cdot a_k)$ alle Elemente ungleich L und 0. Durch eine Permutation kann man erreichen, daß gleiche Elemente nebeneinander stehen und die Indizes so geordnet sind, wie wir es für die Monome vorgeschrieben haben. Ersetzen wir nun Produkte von gleichen Elementen durch ein Element des Produktes, dann erhalten wir ein Monom, das zu dem Ausgangsprodukt $\mathbf{R}_B$-kongruent ist. Damit ist die Behauptung für Ausdrücke 2-ter Stufe auch bewiesen.

Enthält das Produkt $x_i\overline{x}_i$ oder $\overline{x}_i x_i$, dann ist es zu 0 $\mathbf{R}_B$-kongruent.

Sei unser Satz für Boolesche Ausdrücke der Stufen 1, 2, . . . k bewiesen.

Ist a ein Ausdruck $(k+1)$-ter Stufe, dann gibt es Ausdrücke $a_1, \ldots, a_m$ von höchstens k-ter Stufe, so daß

$$a = (a_1 \cup \ldots \cup a_m) \quad \text{oder}$$
$$a = (a_1 \cdot \ldots \cdot a_m) \quad \text{oder}$$
$$a = \overline{a}_1$$

ist. Nach Induktionsannahme gibt es Polynome $p_1, \ldots, p_k$ mit $p_1 \longleftrightarrow a_1, \ldots,$ $p_k \longleftrightarrow a_k$. Also gilt:

$$a \longleftrightarrow (p_1 \cup \ldots \cup p_k) \quad \text{bzw.}$$
$$a \longleftrightarrow (p_1 \cdot \ldots \cdot p_k) \quad \text{bzw.}$$
$$a \longleftrightarrow \overline{p}_1$$

Wegen des algebraischen Abschlusses ist die „Vereinigung" von Polynomen wieder zu einem Polynom $\mathbf{R}_B$-kongruent., so daß der erste Fall erledigt ist.

Zum Beweis des zweiten Falles kann man sich auf das Produkt von zwei Polynomen beschränken. Man sieht, daß das Polynom, das man durch Ausmultiplizieren aus den beiden gegebenen erhält, zu dem Ausgangsprodukt $\mathbf{R}_B$-kongruent ist.

Zum Beweis des dritten Falles verwenden wir die Morganformeln, die sich in der Form von Folgerelationen aus unseren Relationen ganz analog wie in 1.2 gewinnen lassen. Wir zeigen weiter:

Hilfssatz 2:

Zu jedem Booleschen Polynom gibt es ein $\mathbf{R}_B$-kongruentes vollständiges Polynom.

Beweis: Sei $a = (a_{i_1}^{r_1} \ldots a_{i_k}^{r_k})$ ein Monom $(k > 0)$. Wir ordnen dem Monom ein vollständiges Polynom $p(a)$ zu: Fehlt in a ein Faktor mit dem Index j, dann bilden wir $p' = (x_j a \cup \overline{x}_j a)$. Man sieht $a \longleftrightarrow p'$. Durch eine Permutation schafft man x_j und $\overline{x}_j$ an die richtige Stelle in den Produkten und hat damit ein Polynom $p'' \longleftrightarrow a$ gewonnen, das nur Monome der Länge $k+1$ enthält. Indem wir auf jedes Monom den gleichen Prozeß wieder anwenden und dieses Verfahren so lange wiederholen, bis jedes Monom die Länge n hat, erhalten wir aus jedem Monom ein Polynom mit lauter vollständigen Monomen, das höchstens das gleiche Monom mehrfach enthält. Beseitigen wir mehrfach vorkommende Monome bis auf je ein Exemplar, dann erhalten wir ein vollständiges Polynom $p(a)$, das zu a äquivalent ist. Wir definieren $p(0) = 0$ und $p(L) = (a_1 \cup a_2 \cup \ldots \cup a_m)$, wo $\{a_1, \ldots,$

$a_m\}$ die Menge der vollständigen Monome von $\mathbf{B}(X_n)$ ist. Ist nun $p = (b_1 \cup \ldots \cup b_k)$ ein beliebiges Polynom, dann bilden wir $(p(b_1) \cup \ldots \cup p(b_k))$ und hieraus leicht ein vollständiges Polynom, das zu dem ursprünglichen Polynom $\mathbf{R}_B$-kongruent ist. Das wollten wir zeigen.

Wir nennen ein zu einem Booleschen Ausdruck a $\mathbf{R}_B$-kongruentes vollständiges Polynom eine *Normalform* zu oder von a. Im nächsten Abschnitt werden wir unter anderem die Eindeutigkeit der Normalform zeigen.

1.2.4 Die Funktionen Boolescher Ausdrücke

Unseren Bereich $\mathbf{B}(X)$ kann man in einem gewissen Sinne als eine (triviale) Algebra auffassen, nämlich als eine Algebra mit der Menge $\mathbf{B}(X)$ und den Operationen $d_2, k_2, d_3, k_3, \ldots, ^-$.

k_i ist eine Abbildung von $(\mathbf{B}(X))^i$ in $\mathbf{B}(X)$. Den Elementen $(a_1, \ldots, a_i)$ wird durch die Operation k_i das Element $(a_1 \cdot \ldots \cdot a_i) \in \mathbf{B}(X)$ zugeordnet. Das entsprechende gilt für d_i und $^-$. Wir haben eine Algebra, für die wir keine Rechenregeln, d.h. keine Axiome zur Verfügung haben. Die im vorigen Abschnitt erklärte Äquivalenzrelation $\longleftrightarrow$ ist eine Äquivalenzrelation, die mit der Struktur der Algebra verträglich ist. Das heißt folgendes: Erklären wir die Operationen der Algebra für die Klassen über die Repräsentanten dieser Klassen, dann ist diese Definition von der Auswahl der Repräsentanten unabhängig. Wir werden sehen, daß $M = (\mathbf{B}(X_n) / \mathbf{R}_B, d_2, k_2, ^-)$ eine Boolesche Algebra ist. Die Zeichen L und 0 haben wir in $\mathbf{B}(X)$ nur aus Abkürzungsgründen eingeführt; sie dienen zur Bezeichnung der beiden entsprechenden Klassen von $\mathbf{B}(X) / \mathbf{R}_B$.

Damit haben wir vorbehaltlich des noch ausstehenden Beweises eine weitere Boolesche Algebra konstruiert, indem wir eine triviale Algebra gebildet haben und diese nach dem Axiomensystem der Booleschen Algebra faktorisierten. Dieses Verfahren ist für andere Algebren in analoger Weise durchführbar.

Die Konstruktion stellt einfach die *formale Fassung des naiven Rechnens in axiomatisch definierten Algebren dar.* Wir haben die Booleschen Ausdrücke eingeführt, um eine formale Beschreibung des Zusammenschaltens von Schaltkreisen einzuführen. Nun stellen wir den Zusammenhang zwischen den „Schaltkreisen" und den durch sie definierten Funktionen her. Sei $\phi' : X \to M$, wo M eine beliebige Boolesche Algebra ist; es sei weiter $\phi'(0) = 0$ und $\phi'(L) = 1$. Wir setzen ϕ' zu einer Abbildung $\phi : \mathbf{B}(X) \to M$ fort, indem wir $\phi / X = \phi'$ setzen und induktiv definieren:

$$\phi((a_1 \cup \ldots \cup a_k)) = \phi(a_1) \cup \ldots \cup \phi(a_k),$$

$$\phi((a_1 \cdot \ldots \cdot a_k)) = \phi(a_1) \cdot \ldots \cdot \phi(a_k),$$

$$\phi(\bar{a}_1) = \overline{\phi(a_1)}.$$

Hierdurch wird ϕ in eindeutiger Weise auf ganz $\mathbf{B}(X)$ fortgesetzt, da die Zerlegung der Elemente von $\mathbf{B}(X)$ in Elementaroperationen eindeutig ist.

ϕ ist also ein Homomorphismus von $\mathbf{B}(X)$ in M, wenn wir davon absehen, daß in $\mathbf{B}(X)$ mehr Operationen als in M definiert sind. Wir bezeichnen ϕ als eine *Einsetzung* oder *Stelle*. Wir betrachten nun speziell die Einsetzungen $\phi : \mathbf{B}(X) \to B = \{0, 1\}$.

Wir definieren auf $\mathbf{B}(X)$ eine weitere Äquivalenzrelation. Sei $D \subset B^n$. $a, b \in \mathbf{B}(X)$ heißen genau dann *D-äquivalent*, wenn für jede Einsetzung $\phi : \mathbf{B}(X) \to B$ mit $(\phi(x_1), \ldots, \phi(x_n)) \in D$ gilt $\phi(a) = \phi(b)$.

Wir schreiben hierfür kurz:

$$a \underset{D}{\equiv} b \; .$$

Ist $D = B^n$, dann schreiben wir nur $a \equiv b$.

Wir verwenden nun die Einsetzungen, um jedem Booleschen Ausdruck a eine Abbildung $f : D \to B$ zuzuordnen. Wir schreiben $f = \psi_D(a)$ und definieren.

$$\psi_D(a) = f \Longleftrightarrow \phi(a) = f(\phi(x_1), \ldots, \phi(x_n))$$

für alle Einsetzungen ϕ mit $(\phi(x_1), \ldots, \phi(x_n)) \in D$. Im Falle $D = B^n$ lassen wir den Index an ψ_D wieder weg.

Hilfssatz 3:

$$\psi_D(x_i)(r_1, \ldots, r_n) = r_i \text{ für } i = 1, \ldots, n,$$
$$\psi_D((a_1 \cup \ldots \cup a_k)) = \psi_D(a_1) \cup \ldots \cup \psi_D(a_k),$$
$$\psi_D((a_1 \cdot \ldots \cdot a_k)) = \psi_D(a_1) \cdot \ldots \cdot \psi_D(a_k),$$
$$\psi_D(\overline{a_1}) = \overline{\psi_D(a_1)}.$$

Die einfache Nachrechnung dieser Behauptungen überlassen wir dem Leser.

Der Hilfssatz 3 zeigt, daß auch ψ_D eine Einsetzung ist, die durch ihre Werte auf X eindeutig bestimmt ist.

Hilfssatz 4:

Es ist $a \underset{D}{\equiv} b$ genau dann, wenn $\psi_D(a) = \psi_D(b)$.

Beweis: Nach Definition von ψ_D gilt:

$$\psi_D(a)(\phi(x_1), \ldots, \phi(x_n)) = \phi(a) \quad \text{und}$$
$$\psi_D(b)(\phi(x_1), \ldots, \phi(x_n)) = \phi(b).$$

Ist also für jede erlaubte Einsetzung $\phi(a) = \phi(b)$, dann ist $\psi_D(a) = \psi_D(b)$. Gilt umgekehrt $\psi_D(a) = \psi_D(b)$, dann folgt auch $a \underset{D}{\equiv} b$.

Wir stellen in 2.5 die Verbindung her zu unserer Relation $\longleftrightarrow$.

1.2.5 Das Syntheseproblem für Schaltkreise mit einem Ausgang

Nun sind wir in der Lage, das Syntheseproblem für Schaltkreise mit einem Ausgang formal vollständig zu fassen. Die Elemente von $\mathbf{B}(X)$ repräsentieren unsere Schaltkreise, die Abbildung $1 : \mathbf{B}(X) \to N_0$ gibt die Kosten des Schaltkreises a an und $\psi_D(a)$ ist seine Funktion, wenn er nur mit Eingangssignalen aus D betrieben werden soll. Also lautet unser Problem:

Man finde zu gegebener Abbildung $f : D \to B$ ein $a \in \psi_D^{-1}(f)$ mit

$$1(a) \leqslant 1(b) \text{ für alle } b \in \psi_D^{-1}(f).$$

Man sieht, daß eine solche Lösung stets existiert. Ist a eine solche Lösung, dann bezeichnen wir a als eine *Boolesche Minimalform* zu f.

Häufig sind die Bauelemente nicht beliebig kombinierbar. So gibt es Bauelemente, bei denen auf eine Konjunktion nur eine Disjunktion folgen darf, während auf eine Disjunktion nur ein Speicherelement folgen darf. Diese technische Gegebenheit wirft die Frage nach den billigsten Realisierungen von Funktionen mittels Polynomen auf. Also lautet unser zweites Problem:

Man finde ein Polynom $p \in \mathbf{B}(X)$ zu f mit folgender Eigenschaft:

$$p \in \psi_D^{-1}(f) \text{ und } 1(p) \leqslant 1(q) \text{ für alle Polynome } q \in \psi_D^{-1}(f).$$

Ist p eine Lösung dieses Problems, dann heißt p ein *Minimalpolynom* zu f.

Ein Element $a \in \psi_D^{-1}(f)$ nennen wir auch eine *Darstellung von f*.

Wir werden zunächst den Zusammenhang zwischen den verschiedenen Darstellungen von f untersuchen.

Hilfssatz 5:

Aus $a \longleftrightarrow b$ folgt $a \equiv b$.

Beweis: Ist $a \leftarrow - \rightarrow b$, dann folgt $\phi(a) = \phi(b)$, da (R1) bis (R6) bei der Abbildung ϕ in die Axione bzw. einfache Folgerungen der Axiome (A1) bis (A5) übergehen. Da die Gleichheitsrelation auch symmetrisch und transitiv ist und da ϕ ein Homomorphismus ist, folgt die Behauptung.

Aus den Hilfssätzen 1, 2 und 5 folgt nun

Hilfssatz 6:

Zu jedem $a \in \mathbf{B}(X)$ gibt es ein vollständiges Polynom p mit $p \equiv a$.

Hilfssatz 7:

Sind p_1 und p_2 vollständige Polynome mit $p_1 \equiv p_2$, dann ist $p_1 = p_2$.

Beweis: Sei $p_1 \neq p_2$, dann gibt es ein vollständiges Monom a, das in p_1 liegt, nicht aber in p_2 oder umgekehrt. Wir dürfen das erstere annehmen. Wir definieren nun die Einsetzung $\phi(x_i) = r_i$ für $i = 1, \ldots, n$, wenn $a = x_1^{r_1} \ldots x_n^{r_n}$ ist. Dann ist $\phi(p_1) = 1$, aber $\phi(p_2) = 0$. Also ist $p_1 \not\equiv p_2$ im Widerspruch zu unserer Voraussetzung. Also gilt $p_1 = p_2$, was zu zeigen war.

Satz 1:

$a \longleftrightarrow b$ ist gleichbedeutend mit $a \equiv b$.

Beweis:

1. Aus $a \longleftrightarrow b$ folgt nach Hilfssatz 5 $a \equiv b$.
2. Sei $a \equiv b$. Nach Hilfssatz 1 und 2 gibt es vollständige Polynome $p_a \longleftrightarrow a$ und $p_b \longleftrightarrow b$. Wenden wir Hilfssatz 5 an, dann haben wir $p_a \equiv a$ und $p_b \equiv b$. Aus Hilfssatz 7 folgt nun $p_a = p_b$ und hieraus wegen der Transitivität von $\longleftrightarrow$ die Behauptung $a \longleftrightarrow b$.

Korollar:

$\psi : \mathbf{B}(X_n) / \mathbf{R}_B \rightarrow \mathbf{S}(B^n)$ ist ein Isomorphismus bezüglich $k_2, d_2, {}^-$. $\mathbf{B}(X_n) / \mathbf{R}_B$ ist also eine freie Boolesche Algebra.

Dieses Korollar beleuchtet wieder den Begriff „frei" sehr schön. Wenn man mit den Elementen von $\mathbf{B}(X)$ so rechnet, wie es die Axiome der Algebra erlauben, dann erhält man eine freie Algebra, die diesen Axiomen genügt. Durch die Einführung von weiteren Relationen, die aus den Axiomen nicht ableitbar sind, können wir zu einer nicht freien Booleschen Algebra gelangen.

Dies erfahren wir im folgenden:

Wir wollen nun die Äquivalenzrelation $\underset{D}{\equiv}$ in entsprechender Weise syntaktisch, d.h. über ein Relationensystem definieren.

Sei

$$R_D = \left. x_1^{r_1} \ldots x_n^{r_n} \underset{D}{\leftarrow - \rightarrow} 0 \mid (r_1, \ldots, r_n) \notin D \right\}.$$

Wir setzen $\mathbf{R}_D = \mathbf{R}_B \cup R_D$ und definieren die Äquivalenzrelation $\underset{D}{\longleftrightarrow}$ auf ganz $\mathbf{B}(X)$, indem wir den symmetrischen, transitiven und algebraischen Abschluß von $\underset{D}{\leftarrow - \rightarrow}$ bilden.

Satz 2:

Aus $a \underset{D}{\longleftrightarrow} b$ folgt $a \underset{D}{\equiv} b$ und umgekehrt.

Beweis: Nach Hilfssatz 4 ist $a \underset{D}{\equiv} b$ äquivalent zu $\psi_D(a) = \psi_D(b)$. Nun ist genau dann $\psi_D(x_1^{r_1} \ldots x_n^{r_n}) = 0$, wenn $(r_1, \ldots, r_n) \notin D$ ist.

1. Es gilt also:

$$\psi_D(\mathbf{R}_D) \text{ ist eine Menge von Identitäten in } \mathbf{S}(D).$$

Daher geht auch die Relation $a \underset{D}{\longleftrightarrow} b$ bei Anwendung von ψ_D in eine Identität in $\mathbf{S}(D)$ über und aus $a \underset{D}{\longleftrightarrow} b$ folgt $a \underset{D}{\equiv} b$, womit der erste Teil unseres Satzes bewiesen ist.

2. Aus $a \equiv b$ folgt $a \underset{D}{\equiv} b$ und aus $a \longleftrightarrow b$ folgt $a \underset{D}{\longleftrightarrow} b$.

Nun gibt es zu a und b vollständige Polynome $p_a \longleftrightarrow a$ und $p_b \longleftrightarrow b$. Aus der Transitivität und der Symmetrie der Relationen und der vorigen Bemerkung ergibt sich $p_a \underset{D}{\longleftrightarrow} p_b$.

Wegen Teil 1 des Beweises wissen wir nun:

$\psi_D(p_a) = \psi_D(p_b)$. Sei c ein Monom, das nicht zugleich in beiden Polynomen vorkommt. Dann gilt $\psi_D(c) = 0$, also ist $c \underset{D}{\leftarrow - \rightarrow} 0$. Durch Anwendung der Relationen aus R_D können wir also aus beiden Polynomen alle nichtgemeinsamen

Monome entfernen. Also gilt $p_a \underset{D}{\longleftrightarrow} p_b$. Aus der Symmetrie und Transitivität von $\underset{D}{\longleftrightarrow}$ folgt nun die Behauptung unseres Satzes.

Korollar:

Es ist $\mathbf{B}(X) / \mathbf{R}_D$ isomorph zu $\mathbf{S}(D)$.

Die zu den Axiomen hinzugekommenen Relationen bewirken, daß diese Algebra im allgemeinen nicht frei ist.

Wir stellen noch einen Zusammenhang zwischen den Minimalformen einer auf $D \subset B^n$ und einer auf ganz B^n definierten Funktion her.

Satz 3:

Seien $f_1, \ldots, f_k$ alle Fortsetzungen der Abbildung $f : D \to B$ zu auf ganz B^n definierten Abbildungen; a_i sei eine Minimalform, p_i ein Minimalpolynom zu f_i, a sei Minimalform zu f und p Minimalpolynom zu f. Dann gilt:

$$l(a) = \mathrm{Min}\{l(a_1), \ldots, l(a_k)\},$$
$$l(p) = \mathrm{Min}\{l(p_1), \ldots, l(p_k)\}.$$

Den trivialen Beweis überlassen wir dem Leser. Hat man also ein Verfahren zur Bestimmung von Minimalformen bzw. Minimalpolynomen zu auf ganz B^n definierten Funktionen, dann hat man von einem gewissen Standpunkt aus auch ein Verfahren, unsere Minimalisierungsprobleme für jede Schaltfunktion zu lösen. Vom praktischen Standpunkt aus ist dies jedoch keine Lösung. Betrachten wir ein vorkommendes Beispiel, das wir später ausführlich behandeln werden. Es soll ein Dezimaladdierwerk gebaut werden. Die Dezimalziffern werden durch vier binäre Ziffern dargestellt. Bei einem Serienparalleladdierwerk, um das es sich handelt, hat man eine Schaltfunktion, die auf einer Menge $D \subset B^9$ definiert ist. (Für zwei Ziffern je vier Stellen und eine weitere binäre Stelle für den Übertrag.) D enthält 200 Punkte, B^9 enthält 512 Punkte. Also lassen unsere Schaltfunktionen, für jede Aufgabe 5 Stück, je 2^{312} verschiedene Fortsetzungen zu, die man unmöglich alle durchprobieren kann.

Wir wollen noch ein einfaches Verfahren angeben, jeder Schaltfunktion ein vollständiges Polynom zuzuordnen, das sie darstellt. Wir haben schon benutzt:

$\phi(x_1^{r_1} \ldots x_n^{r_n}) = 1$ genau dann, wenn $\phi(x_i) = r_i$ für alle i ist. Wir identifizieren in Zukunft das Symbol 0 mit dem 0-Element der Booleschen Algebra und L mit dem 1-Element. Ist $f : B^n \to B$ gegeben, dann gilt:

Hilfssatz 8:

Sei $p = \bigcup_{r_i = 0,1} f(r_1, \ldots, r_n) x_1^{r_1} \ldots x_i^{r_i} \ldots x_n^{r_n}$, dann gilt

$$\psi(p) = f.$$

Ist f nur auf einer Teilmenge D von B^n definiert, dann wähle man als Fortsetzung z.B. die Funktion, die auf allen nicht zu D gehörigen Punkten den Wert 0 hat, und stelle diese Funktion in obiger Weise dar. Das erhaltene Polynom ist dann auch eine Darstellung der gegebenen Funktion.

Beweis: Sei ϕ eine Einsetzung mit $\phi(x_i) = r_i$. Dann gilt:

$$\phi(p) = \bigcup_{s_i = 0,1} \phi(f(s_1, \ldots, s_n))\, \phi(x_1^{s_1} \ldots x_n^{s_n}) = f(r_1, \ldots, r_n).$$

1.2.6 Ein Beispiel

Wir wiederholen das in der Einleitung schon diskutierte Lampenbeispiel und zeigen etwas mehr als dort.

Eine Lampe soll von vier verschiedenen Stellen aus ein- und ausgeschaltet werden können. Jeder Schalter hat zwei Schalterstellungen, die Lampe hat zwei Betriebsstellungen (an = 1, aus = 0). Der Betriebszustand der Lampe soll durch die Schalterstellungen eindeutig bestimmt werden; es soll also kein „Gedächtnis"-Element verwendet werden. Man kann nicht von vornherein sicher sein, ob diese Aufgabe eine Lösung hat. Setzt man aber unsere Forderungen in eine Tabelle um, dann hat man sogleich eine Lösung. Mit x_i bezeichnen wir den Zustand des i-ten Schalters, mit $f(x), x = (x_1, \ldots, x_4)$ den Betriebszustand der Lampe.

x_1	x_2	x_3	x_4	$f(x)$
0	0	0	0	0
1	0	0	0	1
0	1	0	0	1
0	0	1	0	1
0	0	0	1	1
1	1	0	0	0
1	0	1	0	0
1	0	0	1	0
0	1	1	0	0
0	1	0	1	0
0	0	1	1	0
1	1	1	0	1
1	1	0	1	1
1	0	1	1	1
0	1	1	1	1
1	1	1	1	0

Wir machen den links stehenden Ansatz:

Den Wert von (0, 0, 0, 0) legen wir auf 0 fest. Dadurch werden die Werte für die anderen Schaltstellungen eindeutig bestimmt. Denn ändert sich die Anzahl der Einsen in dem Quadrupel um 1, dann muß die Lampe wegen unserer Forderungen in einem anderen Betriebszustand sein. Entsprechend haben wir in unserer Tabelle die Quadrupel zu Blöcken mit je gleich vielen Einsen zusammengefaßt. In benachbarten Blöcken ist die Lampe in jeweils anderem Be triebszustand, so daß unsere Tabelle eine Lösung des Problems enthält. Nun ist für die so dargestellte Funktion ein Minimalpolynom zu finden. Mittels Hilfssatz 8 sind wir in der Lage, ein vollständiges Polynom aus ψ^{-1} (f) anzugeben:

$$p = x_1\bar{x}_2\bar{x}_3\bar{x}_4 \cup \bar{x}_1 x_2 \bar{x}_3\bar{x}_4 \cup \bar{x}_1\bar{x}_2 x_3 \bar{x}_4 \cup \bar{x}_1\bar{x}_2\bar{x}_3 x_4$$
$$\cup\ \bar{x}_1 x_2 x_3 x_4 \cup x_1 \bar{x}_2 x_3 x_4 \cup x_1 x_2 \bar{x}_3 x_4 \cup x_1 x_2 x_3 \bar{x}_4 \ .$$

Dieses Polynom ist zugleich *das Minimalpolynom.* Man sieht das so:

Sei p' ein zweites Polynom, das f darstellt. Ist a ein Monom, von p', das in p nicht vorkommt, dann bilden wir p (a) wie in Hilfssatz 2; p (a) ist das vollständige Polynom, das man aus a erhält, indem man a mit $x_i \cup \bar{x}_i$ multipliziert für jede fehlende Unbestimmte i und den so erhaltenen Ausdruck ausmultipliziert. Sämtliche Monome von p (a) müssen in p liegen, da es zu f nur ein vollständiges Polynom gibt, da $D = B^4$ ist. Nun hat p (a) folgende Eigenschaft: ist b ein Monom von p (a), das die Unbestimmte x_i im Gegensatz zu a enthält, dann enthält p (a) auch das Monom b', das man aus b erhält, wenn man den i-ten Faktor von b negiert. Damit enthält p (a) zwei Monome, die vollständig sind und sich nur in einer Stelle unterscheiden. In p gibt es aber kein Monom, das ein zu sich „benachbartes" Monom enthält. Also ist p (a) = a und a auch in p. Also $p' = p$. Es gibt also zu f nur ein einziges Polynom, das f darstellt, nämlich p. Also ist p *das* Minimalpolynom von f. Wir veranschaulichen das Polynom durch ein „Schaltbild".

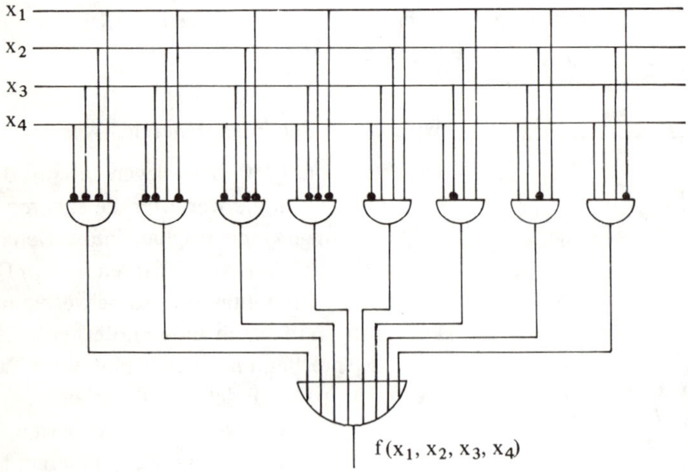

Fig. 2.11

1.2.7 Aufgaben

1. Sei $f: B^2 \to B$ durch das Polynom $x\bar{y} \cup \bar{x}y$ definiert.
   a) Man zeige, daß das Polynom Minimalpolynom ist.
   b) Man gebe die Minimalformen zu f an.
2. Sei wie in Aufgabe 4 in 1.10 $a + b = \bar{a}b \cup a\bar{b}$.
   Man behandle unser Beispiel aus 2.6 mit dem Bausteinsystem $\{+, \cap, {}^{-}\}$.
3. Sei $+$ wie im vorigen Beispiel definiert. $(B, +, \cap, {}^{-})$ ist isomorph zu dem Körper $GF(2)$.
   a) Man gebe ein Verfahren an, die Booleschen Polynome in Polynome über $GF(2)$ zu verwandeln. $P(p)$ sei das dabei dem Polynom p zugeordnete Polynom über $GF(2)$.
   b) Man gebe ein Verfahren an, das den Polynomen P über $GF(2)$ ein Polynom $p(P)$ in $\mathbf{B}(X)$ zuordnet.
   c) Sei $p \longleftrightarrow p'$. Wie hängen $P(p)$ und $P(p')$ zusammen?
   d) Sei P ein lineares Polynom. Man charakterisiere $p(P)$.
4. Seien $x^1, \ldots, x^m \in B^n$. Man konstruiere ein Interpolationspolynom P mit $P(x^j) = 1$ für $j = 1, \ldots, m$.
5. Man zeige $(\mathbf{B}(X), k_2, d_2, {}^{-})$ ist eine freie Boolesche Algebra.

1.3 Ermittlung von Minimalpolynomen zu Funktionen $f: D \to B$

Das Verfahren, das wir hier schildern, geht in seiner einfachsten Form auf Quine zurück. Verbesserungen wurden von *Urbano*, *Muller* und besonders auch durch *McClusky* angegeben. In einer mehr geometrischen Form wurde dieses Verfahren von *Roth* dargestellt, der Monome aus k Faktoren durch $(n-k)$-dimensionale Würfel im Rand des n-dimensionalen Einheitswürfels beschreibt. *Roth* hat das *Quine*sche Verfahren in dieser geometrischen Terminologie in verschiedenen Richtungen weiterentwickelt. Wir werden dieses geometrische Modell nur zu Veranschaulichungen hier und da heranziehen.

1.3.1 Die Primimplikanten einer Funktion

Ein *Implikant* der Schaltfunktion $f: D \to B$ ist ein Monom a mit $\psi_D(a) \leqslant f$ und $\psi_D(a) \neq 0$. Ein Implikant a von f heißt *Primimplikant* von f, wenn für jeden

Implikanten a' von f mit $\psi_D(a) \leqslant \psi_D(a')$ folgt $a = a'$. Ein Monom a' heißt *Teilmonom* des Monoms a, wenn man a' aus a durch Streichen von Faktoren erhalten kann, oder wenn $a = a'$ ist. Im ersten Fall heißt das Teilmonom *echt*.

Hilfssatz 1:

Sind a und a' Monome und ist a Implikant von $\psi_D(a')$, dann ist a' Teilmonom von a.

Beweis: Wir zeigen, daß jeder Faktor von a' in a liegt. Sei x_i^r Faktor von a'. Sei $a = x_{i_1}^{r_1} \ldots x_{i_k}^{r_k}$. Wir wählen eine Einsetzung ϕ mit $\phi(x_{i_t}) = r_t \ (1 \leqslant t \leqslant k)$.

1. Fall: $i = i_j$ für ein geeignetes j. Ist $r \neq r_j$, dann ist $\phi(x_i^r) = 0$ und damit auch $\phi(a') = 0$, während $\phi(a) = 1$ ist. Das ist ein Widerspruch zu unserer Voraussetzung $\psi_D(a) \leqslant \psi_D(a')$. Also: ist $i = i_j$, dann ist auch $r = r_j$.

2. Fall: $i \neq i_j$ für $j = 1, \ldots, k$. Dann können wir ϕ für x_i noch frei wählen. Wir setzen $\phi(x_i) = r' \neq r$. Wieder folgt $\phi(a) = 1$ und $\phi(a') = 0$. Also, es gibt ein j mit $i = i_j$.

Aus Fall 1 und Fall 2 folgt die Behauptung.

Auf entsprechende Weise zeigt man:

Hilfssatz 2:

Ist a' Teilmonom von a, dann ist a Implikant von $\psi_D(a')$. $l(a)$ ist die Anzahl der Faktoren von a für $l(a) > 1$. Aus beiden Hilfssätzen ergibt sich also

Hilfssatz 3:

Ist a Implikant von f mit $l(a) \geqslant 2$ und ist a nicht Primimplikant von f, dann gibt es ein Teilmonom a' von a mit $l(a') < l(a)$ und $\psi_D(a') \leqslant f$. Hat a nur einen Faktor bei sonst gleichen Voraussetzungen, dann ist a Primimplikant von f.

Satz 1:

Ist $p = a_1 \cup a_2 \cup \ldots \cup a_m$ ein Minimalpolynom zu f, dann sind die a_i Primimplikanten von f.

Beweis: Sei etwa a_1 nicht Primimplikant von f und $l(a_1) \geqslant 2$. Dann gibt es nach Hilfssatz 3 ein Teilmonom a_1' von a_1 mit $l(a_1') < l(a_1)$ und $\psi_D(a_1) \leqslant \psi_D(a_1')$ und a_1' ist Implikant von f. Setzen wir $p' = a_1' \cup a_2 \cup \ldots \cup a_m$, dann ist

$$\psi_D(p) \leqslant \psi_D(p') \leqslant f .$$

Wegen $\psi_D(p) = f$ ist auch $\psi_D(p') = f$. Da in diesem Fall $l(p) > l(p')$ gilt, ist p kein Minimalpolynom, was der Voraussetzung widerspricht. Also ist a_1 Primimplikant. Es bleibt der Fall $l(a_1) < 2$ zu diskutieren.

a_1 enthalte nur einen Faktor. Ist a_1 nicht Primimplikant, dann ist 1 Implikant von f, das heißt aber, daß $f = 1$ ist. In diesem Fall muß aber $m > 1$ sein, so daß $l(p) \geqslant 1$ ist. $p = 1$ ist aber auch Polynom zu f und es ist $l(1) = 0$. p ist daher kein Minimalpolynom von f im Gegensatz zur Voraussetzung. Also auch in diesem Fall ist a_1 Primimplikant. Ist $a_1 = 1$, dann ist $p = 1$ und damit a_1 Primimplikant. Damit haben wir alle Fälle diskutiert und unseren Satz bewiesen.

1.3.2 Ermittlung der Primimplikanten

Sei

$$f : D \to B, \qquad D \subset B^n .$$

Wir definieren:

$$\mathbf{Pol}(f) := \bigcup_{\substack{(\alpha_1, \ldots, \alpha_n) \notin D \\ \text{oder } f(\alpha_1, \ldots, \alpha_n) = 1}} x_1^{\alpha_1} \ldots x_n^{\alpha_n}$$

Bezeichnung: Die Werte des **Pol** (f) bei Einsetzung der Tupel $\alpha \notin D$ bezeichnet man als Redundanzen. Sie können den Wert 0 oder 1 annehmen, je nachdem, welchen Wert man zum Minimisieren des Polynoms besser verwenden kann. Im folgenden wird für die Redundanzen nur der Wert 1 angenommen.

Pol (f) ist ein vollständiges Polynom mit

$$\psi_D(\mathbf{Pol}(f)) = f$$

Für jedes Polynom $p \in \psi_D^{-1}(f)$ gilt

$$\psi(p) \leqslant \psi_D(\mathbf{Pol}(f)) .$$

Also unter allen Fortsetzungen von f zu einer Abbildung $f' : B^n \to B$ ist $\psi(\mathbf{Pol}(f))$ dadurch ausgezeichnet, daß $\psi(\mathbf{Pol}(f))$ auf jedem nicht zu D gehörigen Punkt von B^n den Wert 1 hat.

Hilfssatz 4:

a ist genau dann Primimplikant von $f : D \to B$, wenn a Primimplikant von $\psi(\mathbf{Pol}(f))$ ist mit $\psi_D(a) \neq 0$.

Beweis: Sei a Implikant von f. Dann gilt $\psi_D(a) \leqslant f$. Das heißt, daß für jede Einsetzung ϕ mit $(\phi(x_1), \ldots, \phi(x_n)) \in D$

$$\phi(a) = 1 \Rightarrow f(\phi(x_1), \ldots, \phi(x_n)) = 1$$

Für diese Einsetzung gilt aber auch:

$$\phi(\mathbf{Pol}(f)) = 1 .$$

Ist ϕ eine Einsetzung mit $(\phi(x_1), \ldots, \phi(x_n)) \notin D$, dann gilt stets $\phi(\mathbf{Pol}(f)) = 1$.

Also gilt für jede Einsetzung ϕ mit $\phi(a) = 1$ auch $\phi(\mathbf{Pol}(f)) = 1$.

Also ist a Implikant von $\psi(\mathbf{Pol}(f))$.

Ist a Implikant von $\psi(\mathbf{Pol}(f))$ mit $\psi_D(a) \neq 0$, dann ist a auch Implikant von f.

Ist nämlich ϕ eine Einsetzung aus D mit $\phi(a) = 1$, dann ist $\phi(\mathbf{Pol}(f)) = 1$ und auch $f(\phi(x_1), \ldots, \phi(x_n)) = 1$.

Ist a Implikant von f und a′ Teilmonom von a, dann ist $\psi_D(a') \neq 0$.

Also ist jeder Primimplikant von f auch Primimplikant von $\psi(\mathbf{Pol}(f))$ und umgekehrt jeder Primimplikant a von $\psi(\mathbf{Pol}(f))$ mit $\psi_D(a) \neq 0$ Primimplikant von f.

Wir geben nun ein Verfahren an, für Abbildungen $f : B^n \to B$, sämtliche Primimplikanten zu bestimmen.

Aufgrund unseres vorigen Hilfssatzes haben wir damit auch eine Lösung des allgemeinen Falles erreicht. Das Verfahren besteht in der sukzessiven Bestimmung aller Implikanten der Länge $n-1, n-2, \ldots$ Hierbei findet man die gesuchten Primimplikanten.

Hilfssatz 5:

Sind ux und $v\bar{x}$ Implikanten von f, wobei x nicht in u und $\bar{x}$ nicht in v vorkommen, dann ist auch $u \cdot v$ Implikant von f, falls $u \cdot v \neq 0$ ist.

Beweis: Sei $u = u_1 w$ und $v = v_1 w$, so daß u_1 und v_1 keine Variable gemeinsam haben. w kann hierin auch die Einheit L sein.

Dann gilt für jede Einsetzung ϕ mit $\phi(u_1) = 1, \phi(v_1) = 1$ und $\phi(w) = 1$

$$\phi(ux) = 1 \quad \text{oder} \quad \phi(v\overline{x}) = 1 .$$

Daraus folgt für jede dieser Einsetzungen

$$f(\phi(x_1), \ldots, \phi(x_n)) = 1.$$

Also ist uv Implikant von f.

Korollar:

Sind ux und $u\overline{x}$ Implikanten von f, dann ist auch u Implikant von f.

Hilfssatz 6:

Ist u Implikant von f und enthält u nicht die Variable x, dann sind ux und $u\overline{x}$ Implikanten von ψ **(Pol** (f)). Gilt $\psi_D(ux) \neq 0$, dann ist ux Implikant von f, gilt $\psi_D(u\overline{x}) \neq 0$, dann ist $u\overline{x}$ Implikant von f.

Mindestens eines der Monome ux, $u\overline{x}$ ist Implikant von f.

Der Beweis ergibt sich wieder durch die Diskussion der Einsetzungen.

Daraus folgen weiter die beiden folgenden Hilfssätze.

Hilfssatz 7:

u ist genau dann Implikant der Länge k von $f : B^n \to B$, wenn es zwei Implikanten ux und $u\overline{x}$ der Länge $k + 1$ von f gibt.

Hilfssatz 8:

Ist u Implikant von $f : B^n \to B$ und gibt es keinen Implikanten u′ von f der gleichen Länge wie u, so daß es eine Variable x gibt mit $u = u_1 x, u' = u_1 \overline{x}$, dann ist u Primimplikant von f.

Wir beschreiben das Quinesche Verfahren.

Sei $L^0 = \{u \mid u \text{ Monom in } \mathbf{Pol}(f)\}$.

$P^0 = \phi$

Wir definieren induktiv

$$L^i = \{u \mid \text{es gibt } x \in X_n \text{ mit } ux \in L^{i-1} \text{ und } u\bar{x} \in L^{i-1}\}$$
$$P^i = P^{i-1} \cup \{u \in L^{i-1} \mid \text{es gibt kein } u' \in L^{i-1} \text{ und keine Variable } x \text{ mit } u = u_1 x \text{ und } u' = u_1 \bar{x}\}$$

Das Verfahren endet mit P^i, falls $L^i = \phi$.

Satz 2 (Quine):

Das Quinesche Verfahren endet für $f : B^n \to B$ nach spätestens $n + 1$ Schritten. Bricht das Verfahren mit $i = k$ ab, dann enthält P^k genau die Primimplikanten von f.

Der Beweis folgt unmittelbar aus den beiden vorhergehenden Hilfssätzen.

Rationalisierung des Verfahrens nach einem Vorschlag von McCluskey.

Um die Anzahl der Vergleiche von Monomen gleicher Länge zu reduzieren, die das Verfahren von *Quine* erfordert, sortieren wir die Monome, die die gleichen Variablen enthalten, nach einem Vorschlag von *McCluskey*.

Wir definieren für

$$u = x_{i_1}^{\epsilon_1} \ldots x_{i_k}^{\epsilon_k}$$

$$|u| = \epsilon_1 + \epsilon_2 + \cdots + \epsilon_k .$$

Zwei Monome u_1, u_2, die die gleichen Variablen enthalten, heißen *benachbart*, falls $|u_1| = |u_2| \pm 1$ ist.

Benachbarte Monome u_1, u_2 lassen sich also unter Umständen mit geeigneten Variablen auf die Form

$$u_1 = ux, \qquad u_2 = u\bar{x}$$

bringen. Umgekehrt sind Elemente u_1, u_2, die sich so schreiben lassen, natürlich benachbart.

Also verlangt das Quinesche Verfahren nur den Vergleich benachbarter Elemente. Deshalb sortieren wir die Listen stets nach Monomen u mit gleichen Variablen und diese unter sich nach |u|.

Wir führen das Verfahren an einem Beispiel vor:

Sei f durch die folgende Tabelle gegeben:

	x_1	x_2	x_3	x_4	f
0	0	0	0	0	1
1	0	0	0	1	1
2	0	0	1	0	0
3	0	0	1	1	1
4	0	1	0	0	1
5	0	1	0	1	1
6	0	1	1	0	0
7	0	1	1	1	x
8	1	0	0	0	1
9	1	0	0	1	x
10	1	0	1	0	1
11	1	0	1	1	0
12	1	1	0	0	x
13	1	1	0	1	x
14	1	1	1	0	1
15	1	1	1	1	0

Die Punkte von B^4, auf denen f nicht definiert ist, sind in der Zeile der Funktionswerte mit x gekennzeichnet.

Wir legen uns die Liste L^0 für ψ (**Pol**(f)) an;

Die Funktionstabelle hierfür trägt dort, wo in dieser Tabelle ein x steht, eine 1. Wir notieren nur die Exponenten der Variablen. Durch Querstriche trennen wir die Liste in Gruppen von Monomen u mit |u| = const.

L^0	x_1	x_2	x_3	x_4	
	0	0	0	0	·
	0	0	0	1	·
	0	1	0	0	·
	1	0	0	0	·
	0	0	1	1	·
	0	1	0	1	·
	1	0	0	1	·

L^1	x_1	x_2	x_3	x_4	
	0	0	0	–	·
	0	–	0	0	·
	–	0	0	0	·
	0	0	–	1	·
	0	–	0	1	·
	–	0	0	1	·
	0	1	0	–	·

Fortsetzung der Tabellen auf der nächsten Seite.

L^0:

x_1	x_2	x_3	x_4	
1	0	1	0	·
1	1	0	0	·
0	1	1	1	·
1	1	0	1	·
1	1	1	0	·

L^1:

x_1	x_2	x_3	x_4	
–	1	0	0	·
1	0	0	–	·
1	–	0	0	·
0	–	1	1	·
0	1	–	1	·
–	1	0	1	·
1	–	0	1	·
1	–	1	0	·
1	1	0	–	·
1	1	–	0	·

$P^1 = \phi$

Anmerkung: Die wegfallenden x_i ($i = 1, \ldots, 4$) werden mit einem Strich (–) bezeichnet.

L^2:

x_1	x_2	x_3	x_4	
0	–	0	–	·
–	0	0	–	·
~~0~~	–	~~0~~	–	·
–	~~0~~	~~0~~	–	·
–	–	0	0	·
0	–	–	1	Primimplikant
~~0~~	–	–	~~1~~	·
–	–	0	1	·
–	–	~~0~~	~~1~~	·
–	1	0	–	·
–	~~1~~	~~0~~	–	·
1	–	0	–	·
1	–	–	0	Primimplikant
~~1~~	–	–	~~0~~	·

Mehrfach auftretende Tupel werden bis auf ein Exemplar gestrichen

$P^2 = \phi$

L^3:

x_1	x_2	x_3	x_4	
–	–	0	–	Primimplikant
–	–	~~0~~	–	·
–	–	~~0~~	–	·

$P^3 = \{ \bar{x}_1 x_4,\ x_1 \bar{x}_4 \}$

$L^4 = \phi$

$P^4 = \{ \bar{x}_1 x_4,\ x_1 \bar{x}_4,\ \bar{x}_3 \}$

Die Primimplikanten von $\psi(\mathbf{Pol}(f))$ sind also die Elemente von P^4.

Um die Primimplikanten von f zu bestimmen, haben wir festzustellen, welche der Monome durch ψ_D nicht auf 0 abgebildet werden. Hierzu genügt es, Einsetzungen aus D anzugeben, die die entsprechenden Monome auf 1 abbilden.

Es ist

$$\phi_1(x_1, x_2, x_3, x_4) = (0, 0, 0, 0) \in D \quad \text{und}$$
$$\phi_1(\overline{x}_3) = 1 ,$$
$$\phi_2(x_1, x_2, x_3, x_4) = (0, 0, 1, 1) \in D \quad \text{und}$$
$$\phi_2(\overline{x}_1 x_4) = 1 ,$$
$$\phi_3(x_1, x_2, x_3, x_4) = (1, 0, 1, 0) \in D \quad \text{und}$$
$$\phi_3(x_1 \overline{x}_4) = 1 .$$

Also sind alle Primimplikanten von $\psi(\mathbf{Pol}(f))$ auch Primimplikanten von f.

Um das Beispiel abzuschließen, fragen wir auch nach den Minimalpolynomen von f.

Es ist $\phi_1(\overline{x}_1 x_4) = \phi_1(x_1 \overline{x}_4) = 0$. Also kommt in jedem Minimalpolynom von f auch $\overline{x}_3$ vor.

Es ist $\phi_2(\overline{x}_3) = \phi_2(x_1 \overline{x}_4) = 0$. Also kommt in jedem Minimalpolynom von f $\overline{x}_1 x_4$ vor.

Es ist $\phi_3(\overline{x}_3) = \phi_3(\overline{x}_1 x_4) = 0$. Also kommt in jedem Minimalpolynom von f $x_1 \overline{x}_4$ vor.

Daher hat f genau ein Minimalpolynom:

$$p = \overline{x}_3 \cup x_1 \overline{x}_4 \cup \overline{x}_1 x_4 .$$

Das Sortieren ist deshalb von besonderem Vorteil, da bei dem Reduktionsprozeß beim Vergleich benachbarter Klassen nur Elemente gleicher Klasse gewonnen werden, so daß man bis auf das Sortieren nach Variablen mit einem einmaligen Sortiervorgang auskommt.

Eine genaue Abschätzung über die Anzahl der Operationen, die das Quinesche Verfahren mit und ohne Sortieren erfordert, gibt es meines Wissens noch nicht.

Es gibt zahlreiche Vari ten dieses Verfahrens, die zum Beispiel nicht jeden Implikanten ermitteln, sond etwas gezielter vorgehen. Es existieren allerdings für dieses Verfahren noch keine Vergleiche über den Zeitgewinn gegenüber dem hier beschriebenen Verfahren. Man kann die Untersuchung solcher Abschätzungen als eine der wichtigsten und wohl auch schwierigsten Aufgaben der Minimisierungstheorie von Schaltkreisen ansehen.

1.3.3 Ermittlung der Minimalpolynome

1.3.3.1 Formulierung des Minimisierungsproblems als Problem der ganzzahligen linearen Optimierung

Wir gehen nun davon aus, daß wir die Primimplikanten von $f: D \to B$ ermittelt haben, und fragen nun nach einem Verfahren zur Bestimmung der Minimalpolynome von f.

Hierzu definieren wir eine Matrix, die *Primimplikantentafel* von f genannt wird.

Wir denken uns hierzu die vollständigen Monome von f und die Primimplikanten von f irgendwie durchnumeriert.

Es seien also $p_1, \ldots, p_N$ die Primimplikanten und $m_1, \ldots, m_K$ die vollständigen Monome von f.

Wir definieren die (N, K)-Matrix $A(f) = (a_{ik})$ durch die Festsetzung:

$$a_{ik} = \begin{cases} 0 & \text{falls } p_i \cdot m_k \equiv 0 \\ 1 & \text{sonst} \end{cases}$$

Zur Verdeutlichung betrachten wir die Implikantentafel des vorigen Beispiels.

	Mnme / PI	m_0 0000	m_1 0001	m_3 0011	m_4 0100	m_5 0101	m_8 1000	m_{10} 1010
$P_1 = \bar{x}_3$	−−0−	1	1	0	1	1	1	0
$P_2 = x_1\bar{x}_4$	1−−0	0	0	0	0	0	1	1
$P_3 = \bar{x}_1 x_4$	0−−1	0	1	1	0	1	0	0

Es gilt offensichtlich:

Hilfssatz 9:

Ist ϕ eine Einsetzung mit $\phi(m_k) = 1$, dann ist $\phi(p_i) = a_{ik}$.

Hilfssatz 10:

Sind $p_1, \ldots, p_N$ die Primimplikanten von f, dann gilt:

(*) $p_{i_1} \cup \ldots \cup p_{i_s} \in \psi_D^{-1}(f) \Leftrightarrow a_{i_1} + \ldots + a_{i_s} \geqslant (1, 1, \ldots, 1)$;

hierin ist

$$a_{i_j} = (a_{i_j 1}, \ldots, a_{i_j k}) \text{ ein Zeilenvektor aus } A(f).$$

Eine Auswahl von Zeilen aus A(f), für die (*) gilt, heißt eine *Überdeckung* von $e = (1, \ldots, 1) \in B^K$.

Das Auffinden eines Polynomes aus Primimplikanten, das f definiert, ist also äquivalent mit dem Auffinden der Überdeckungen von e.

Der Primimplikant p_i verursache die Kosten $L(p_i)$.

Wir setzen: $c_i = L(p_i) + 1$.

und können damit eine Optimierungsaufgabe formulieren, die zu unserer Minimisierungsaufgabe äquivalent ist.

Sei $A = A(f)$. Wir suchen $\varphi = (\varphi_1, \ldots, \varphi_K) \in B^K$ mit

$$\varphi \cdot A \geqslant e \text{ und } \Sigma\, \varphi_i c_i = \text{Minimum}.$$

Interpretiert man die Boolesche 0 bzw. Boolesche 1 als 0 bzw. 1 in N_0, so erhält man ein ganzzahliges Optimierungsproblem.

Gesucht wird $\varphi \in N_0^K$ mit $\varphi \cdot A \geqslant e$ und $\Sigma\, \varphi_i c_i = \text{Minimum}$.

Leider hilft diese Umformulierung uns nicht viel, da die Verfahren der „ganzzahligen linearen Programmierung“ zwar schon lange eifrig untersucht werden, doch bis jetzt ohne einen wirklich durchschlagenden Erfolg. Wir greifen unser Problem deshalb direkt an und führen es nach einigen von *Urbano* und *Muller* zuerst angegebenen Reduktionsschritten auf ein systematisches Probierverfahren von *McCluskey* zurück.

1.3.3.2 Die Reduktion der Matrix

Definition: Der Kern von A besteht aus den Zeilen a_i von A mit mindestens einer Komponente $a_{ik} = 1$ für die $\sum_{j=1}^{N} a_{jk} = 1$ gilt.

Das heißt, daß in der k-ten Spalte genau eine 1 steht.

Es gilt offenbar:

Hilfssatz 11:

In jeder Überdeckung von e ist der Kern von A enthalten.

In unserem Beispiel umfaßt der Kern alle Zeilen, so daß deshalb genau ein Minimalpolynom existiert.

Der Kern einer Matrix läßt sich leicht bestimmen. Die Entfernung des Kernes von A und aller der Spalten aus A, in denen eine Zeile des Kernes eine 1 hat, heißt eine *Reduktion 1. Art* der Matrix.

Erhält man also A' aus A durch eine Reduktion 1. Art, dann ist der Kern von A' leer.

Wir betrachten eine zweite Reduktion:

Seien

$$a'_i = \begin{pmatrix} a_{1i} \\ \vdots \\ a_{Ni} \end{pmatrix} \quad \text{und} \quad a'_j = \begin{pmatrix} a_{1j} \\ \vdots \\ a_{Nj} \end{pmatrix}$$

Spalten von A mit $a'_i \leqq a'_j$, worin „$\leqq$" komponentenweise zu verstehen ist.

Hilfssatz 12:

Geht A' aus A durch die Entfernung von a'_j hervor, dann haben $\varphi A = e$, $\Sigma \varphi_i c_i = \text{Min.}$ und $\varphi A' = e'$, $\Sigma \varphi_i c_i = \text{Min.}$ die gleichen Lösungen.

Beweis: Jede Auswahl von Zeilen aus A, die die i-te 1 überdeckt, überdeckt auch die j-te 1 von e. Also ist die durch die j-te Komponente gegebene Bedingung überflüssig.

Wir nennen das Entfernen von Spalten von A, die andere Spalten von A überdecken, *Reduktionen 2. Art.* A heißt nach zweiter Art reduziert, wenn A keine Reduktion 2. Art zuläßt.

Diese beiden Reduktionen sind völlig unabhängig von der Kostenfunktion. Wir betrachten nun eine dritte Art der Reduktion, deren Anwendbarkeit von A und c abhängt.

Seien a_i, a_j Zeilen von A mit $a_i \leqslant a_j$ und $c_i \geqslant c_j$. A' sei die Matrix, die man aus A durch Entfernung der Zeile a_i erhält.

Wir sagen: A' geht aus A durch eine *Reduktion 3. Art* hervor.

A heißt reduziert nach 3. Art, wenn keine Reduktion dritter Art auf A anwendbar ist.

Hilfssatz 13:

Man erhält eine Lösung des zu A gehörigen Problems, indem man zu einer Lösung des zu A′ gehörigen Problems $\varphi_i = 0$ hinzufügt.

Beweis: Hat man eine Lösung des A-Problemes, das die Zeile a_i verwendet, dann kann man, ohne die Kosten zu erhöhen, a_i durch a_j ersetzen. Hierdurch erhält man eine Lösung des A′-Problems.

Definition:

A heißt reduziert, wenn auf A keine Reduktion 1. oder 2. oder 3. Art anwendbar ist. A′ heißt eine zu A gehörige reduzierte Matrix, wenn man A′ aus A durch Anwendung der drei Reduktionstypen erhalten kann und wenn A′ reduziert ist. An Beispielen sieht man, daß die reduzierten Matrizen nicht eindeutig bestimmt sind. Eine Matrix, die i-reduziert ist, kann nach einer Reduktion anderer Art wieder i-reduzierbar werden.

Beispiel: Die Kosten in der Spalte c sind willkürlich gewählt. Die „Nullen" sind nicht eingetragen.

c		1	2	3	4	5	6	7	8	9	10	11	12	13	14	15	16
5	1	1				1											
5	2		1				1										
5	3			1				1									
5	4				1				1								
5	5					1				1							
5	6						1				1						
5	7							1				1					
5	8								1				1				
5	9									1				1			
5	10										1				1		
5	11											1				1	
5	12												1				1
5	13													1	1	1	1

(Zeilen 1–4:) fällt weg wegen Reduktion 1. Art

(Zeilen 5–7:) fällt weg wegen Reduktion 3. Art

(Spalten 1–7:) fällt weg wegen Reduktion 1. Art

Kern $= \{1, 2, 3, 4\}$.

Die nach erster Art reduzierte Matrix liegt in dem stark umrandeten großen Kästchen rechts unten. Diese Matrix ist auch nach zweiter Art reduziert. Reduktion dritter Art der Restmatrix ist möglich:

$$a_5 \leqslant a_9, \quad a_6 \leqslant a_{10}, \quad a_7 \leqslant a_{11}, \quad a_8 \leqslant a_{12}$$
$$c_5 = c_9, \quad c_6 = c_{10}, \quad c_7 = c_{11}, \quad c_8 = c_{12}$$

Es bleibt uns nach dieser Reduktion die Matrix A'.

	9	10	11	12	13	14	15	16
9	1				1			
10		1				1		
11			1				1	
12				1				1
13					1	1	1	1

Kern A' $= \{9, 10, 11, 12\}$

Nach dieser Reduktion bleibt uns nur eine leere Matrix. Wir haben eine Minimallösung gefunden, die aus den Zeilen $\{1, 2, 3, 4, 9, 10, 11, 12\}$ besteht.

Bemerkenswert ist, daß die Zeile mit der größten Anzahl von Einsen und den geringsten Kosten in keiner Minimallösung vorkommt.

Veranschaulicht man sich diese Matrix durch einen Graphen, indem man die Spalten durch Punkte repräsentiert und die Zeilen mit zwei Einsen durch Strecken und die mit vier Einsen durch Rechtecke, dann erhält man das bekannte Roth'sche Männlein.

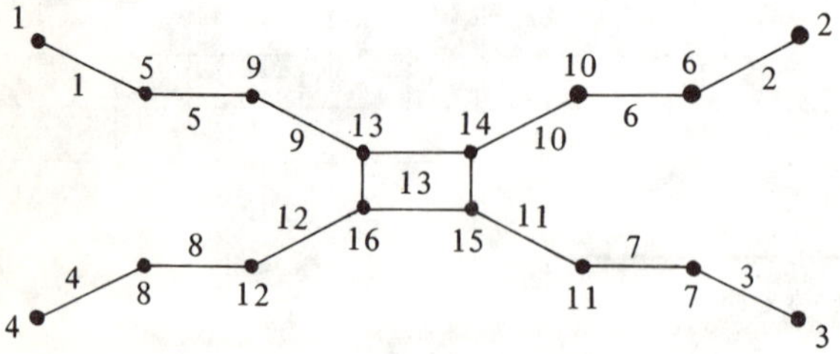

Fig. 3.1

Wir verfolgen die Reduktion in dem Männlein.

Die erste Reduktion liefert:

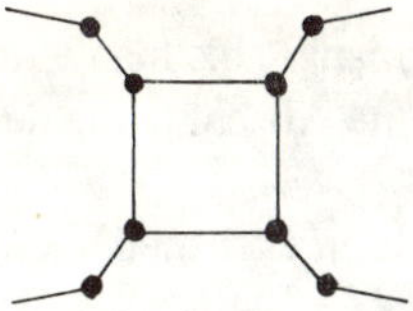

Fig. 3.2

Die zweite Reduktion liefert:

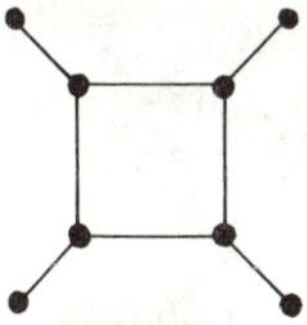

Fig. 3.3

Die dritte Reduktion löst das Männlein vollkommen auf.

Bemerkung:

Es gibt Abbildungen $f : B^6 \to B$, die gerade das Roth'sche Männlein als Implikantentafel haben. Es gibt aber keine solche Funktion $f : B^5 \to B$.

Wir schließen diesen Absatz mit einem sehr nützlichen Satz, dessen Beweis wir dem Leser überlassen.

Satz 3:

Ist A_{red} eine zu A gehörige reduzierte Matrix und φ' nicht Lösung des zu A_{red} gehörigen Problems, dann gibt es keine Lösung φ des A-Problems, die φ' fortsetzt.

Man kann diesen Satz verwenden, um lästige Fallunterscheidungen in dem im nächsten Abschnitt skizzierten Verfahren zu vermeiden.

1.3.3.3 Die Lösung des reduzierten Problemes

Wir lösen das reduzierte Problem durch ein systematisches Probierverfahren in Verbindung mit der in 1.1.3.2 besprochenen Reduktionstechnik, die uns Fallunterscheidungen spart.

Man wählt eine Zeile willkürlich aus und entfernt diese Zeile und alle Spalten, die in dieser Zeile eine Eins haben, aus der Matrix.

Dann wendet man auf diese Matrix das Reduktionsverfahren an.

Diese beiden Schritte wiederholt man so lange, bis man eine Überdeckung erhält. die Kosten dieser Überdeckung bilden eine Abschätzung der Kosten der Minimallösung nach oben.
Man verwendet sie, um das Probierverfahren eventuell abzukürzen.

Die Lösung dieser Optimierungsaufgaben erfordert schon für Funktionen $f : B^n \rightarrow B$ mit $n \sim 10$ den Einsatz von elektronischen Rechenanlagen.

Wir geben zum Abschluß dieses Abschnittes noch eine Formulierung dieser Aufgabe, die von *McCluskey* stammt.

Wir ordnen jedem Monom m eine Disjunktion

$$(y_1^{(m)} \cup \ldots . \cup y_{k_m}^{(m)})$$

zu, worin k_m die Anzahl der Zeilen ist, die das Monom m überdecken, und $y_i^{(m)}$ von oben gezählt die i-te dieser Zeilen bezeichnet.

Nun bildet man das Produkt

$$\prod_m (y_1^{(m)} \cup \ldots .. \cup y_{k_m}^{(m)})$$

Multipliziert man dieses Produkt aus, dann erhält man in jedem Summanden des Polynoms eine Überdeckung.

Dieses Ausmultiplizieren ist natürlich praktisch nicht durchführbar. Man wird so vorgehen, daß man während des Ausmultiplizierens schon möglichst viele Teilprodukte als zu nicht optimalen Lösungen gehörig erkennt und ausscheidet.

Es handelt sich hierbei um eine andere Beschreibung des systematischen Probierens, das allerdings auf einen Teil des vorhin besprochenen Reduktionsschrittes verzichtet und das einen erheblichen Speicheraufwand erfordert. Es hat den Vorteil, daß es alle Lösungen liefert.

Wir betrachten ein Beispiel mit mehreren optimalen Lösungen. Dabei verzichten wir auf die explizite Angabe der Schaltfunktion und der Implikantentafel und bedienen uns der Veranschaulichung des Sachverhaltes durch einen *Graphen*.

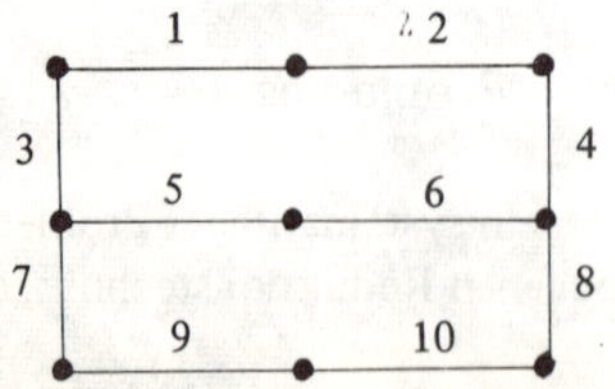

Fig. 3.4

Die Punkte des Graphen stellen wieder die Monome, die Strecken die Primimplikanten dar, deren Gewichte sämtlich gleich 1 seien.

Die Matrix ist reduziert. Wir nehmen probeweise die Zeile 1 heraus und erhalten nach der entsprechenden Reduktion der Matrix

Fig. 3.5

Unser Verfahren liefert nun der Reihe nach

{1, 4} {1, 4}

Fig. 3.6

{1, 4, 5, 10}

{1., 4, 5, 10, 7} oder {1, 4, 5, 10, 9} Dies sind vollständige Überdeckungen des Graphen.

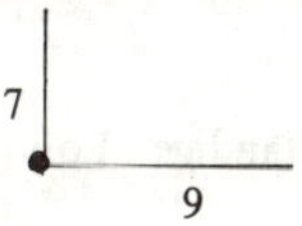

Fig. 3.7

Beginnt man mit anderen Zeilen, so erhält man weitere Lösungen; ausgehend von 5 erhält man der Reihe nach

{5} {5} {5, 1, 9}

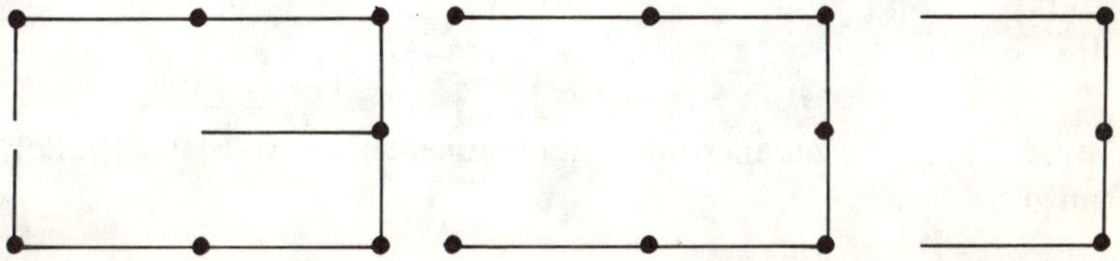

Fig. 3.8

$\{5, 1, 9\}$ $\{5, 1, 9, 4, 8\}$

Fig. 3.9

Hieran ist *bemerkenswert,* daß das Verfahren, wenn es mit 5 gestartet wird, eine Lösung liefert, die von der ersten verschieden ist, obwohl 5 in dieser Lösung vorkommt.

Wenn man die Kosten geeignet wählt, kann man erreichen, daß das erste Ergebnis keine Lösung darstellt, wohl aber das zweite Ergebnis. Dies Beispiel zeigt, daß man also eine naheliegende Vereinfachung des Verfahrens nicht vornehmen kann, nämlich das Probierverfahren mit Zeilen, die schon in einer Zwischenlösung vorkommen, nicht mehr zu starten.

1.3.3.4 Zusammenhangskomponenten von Polynomen

Zwei vollständige Monome a und b heißen *benachbart,* wenn sie sich in genau einer Variablen unterscheiden.

Zwei Monome a und b des vollständigen Polynoms heißen in p *verbunden,* wenn es eine Folge $a_1, a_2, \ldots, a_n$ von Monomen von p gibt mit $a = a_1$, $a_n = b$ und a_i, a_{i+1} sind benachbart für $i = 1, \ldots, n-1$.

Die Klassen der untereinander verbundenen Monome des vollständigen Polynomes p heißen die *Zusammenhangskomponenten* von p.

Interpretiert man diese Monome aus X_n als Eckpunkte des n-dimensionalen Würfels mit B^n als Eckpunkten, dann entsprechen die Zusammenhangskomponenten des Polynomes den Zusammenhangskomponenten des Graphen aus den Punkten von B^n, wo f gleich 1 ist, und den Strecken, die zu den Implikanten der Länge $n-1$ von p gehören.

Man findet ohne weiteres:

Satz 4:

Sind $p_1, \ldots, p_m$ die Zusammenhangskomponenten des vollständigen Polynomes p, dann gilt:

(1) $p_i \cdot p_k = 0, \quad p = p_1 \cup \ldots \cup p_m$

(2) Sind $q_1, \ldots, q_m$ Minimalpolynome zu $\psi(p_1), \ldots, \psi(p_m)$, dann ist $q = q_1 \cup \ldots \cup q_m$ ein Minimalpolynom zu $\psi(p)$.

Dieser Satz sagt, daß man mitunter eine Minimisierungsaufgabe durch Zerlegung in die Zusammenhangskomponenten sehr viel übersichtlicher gestalten kann.

1.3.4 Hinreichende Kriterien für Minimalpolynome

Manchmal ist man in der Lage, das Minimalpolynom oder die Primimplikanten direkt anzugeben, und braucht dann einen Beweis dafür, daß man richtig geraten hat. Zu diesem Zweck stellen wir hier einige *hinreichende Kriterien* zusammen und wenden sie auf Beispiele von allgemeinem Interesse an.

1.3.4.1 Kriterien

Wir zeigen zunächst einige Hilfssätze, die nur technische Bedeutung haben:

Hilfssatz 14:

$p \in \mathbf{B}(X_n)$ sei ein Polynom der Form
$p = x(u_1 \cup \ldots \cup u_r) \cup \overline{x}(v_1 \cup \ldots \cup v_s)$
Für je zwei Einsetzungen ϕ_1, ϕ_2, die sich nur auf der Variablen x unterscheiden, sei $\phi_1(p) = \phi_2(p)$.

Dann gilt: $p \equiv \bigcup_{i,j=1}^{r,s} u_i v_j$

Beweis: 1. Sei ϕ eine beliebige Einsetzung mit $\phi(p) = 1$. Wir zeigen, daß dann auch $\phi\left(\bigcup_{i,j=1}^{r,s} u_i v_j\right) = 1$ ist.

o.B.d.A sei $\phi(u_1 \cup \ldots \cup u_r) = 1$. Wir bestimmen zu ϕ eine Einsetzung ϕ_1 mit

$$\phi_1(x) = \phi(\overline{x})$$
$$\phi_1(y) = \phi(y) \qquad \text{für } y \in X_n,\ y \neq x.$$

Nach Voraussetzung gilt dann $\phi_1(p) = 1$, aber

$$\phi_1(x(u_1 \cup \ldots \cup u_r)) = 0$$

Also ist $\phi_1 (v_1 \cup \ldots . \cup v_s) = 1$
und daher $\phi (v_1 \cup \ldots . \cup v_s) = 1$

Dann gibt es aber $u_i, v_j (i \in [1:r], j \in [1:s])$ mit $\phi(u_i) = 1 = \phi(v_j)$ und daher muß $u_i v_j \not\equiv 0$ sein und es gilt:

$$\phi\left(\bigcup_{i,j=1}^{r,s} u_i v_j\right) = 1$$

2. Sei umgekehrt $\phi\left(\bigcup_{i,j=1}^{r,s} u_i v_j\right) = 1$.

Dann zeigen wir, daß $\phi(p) = 1$ ist.
Es gibt u_i, v_j mit $\phi(u_i \cdot v_j) = 1$ und daher

$$\phi(u_i) = \phi(v_j) = 1$$

Dann haben wir aber

$$1 = \phi(x u_i \cup \overline{x} v_j) \leqslant \phi(p) .$$

also: $\phi(p) = 1$.
Damit ist der Hilfssatz gezeigt.

Folgerung:

Sei $p \in \mathbf{B}(X_n)$ ein Polynom der Form:

$$p = x(u_1 \cup \ldots \cup u_r) \cup \overline{x}(v_1 \cup \ldots \cup v_s) \cup q$$

wobei q die Variable x nicht enthält.
p genüge den Voraussetzungen von Hilfssatz 14.
Dann gilt

$$p \equiv \bigcup_{i,j=1}^{r,s} u_i v_j \cup q$$

Beweis: Sei ϕ eine Einsetzung. Ist $\phi(q) = 0$, dann schließe man wie im Beweis von Hilfssatz 14. Ist $\phi(q) = 1$, dann ist die Behauptung sofort klar.

Hilfssatz 15:

Sei $p \in \mathbf{B}(X_n)$ ein Polynom. a sei Primimplikant von $\psi(p)$ und komme in p nicht vor.

Dann gibt es Monome ux, $v\bar{x}$ in p mit

$$aux \not\equiv 0$$
$$av\bar{x} \not\equiv 0 \qquad \text{und}$$
$$u \cdot v \not\equiv 0$$

Beweis: $b_1, \ldots, b_k$ seien die Monome von p, für die $a \cdot b_i \not\equiv 0$ ist. Wir haben also eine Darstellung $a \cdot p = ab_1 \cup \ldots \cup ab_k$.

1. $k \geqslant 1$: d.h. Es gibt solche Monome:

   Wäre $a \cdot p \equiv 0$, dann können wir eine Einsetzung ϕ mit $\phi(a) = 1$ und daher $\phi(p) = 1$ wählen und erhalten

$$1 = \phi(a) \cdot \phi(p) = \phi(a \cdot p) = \phi(0) = 0$$

2. *Wir zeigen*: Es gibt b_i, b_j $(i, j \in [1 : k])$ und ein $x \in X_n$, welches nicht in a vorkommt mit

$$b_i = xu$$
$$b_j = \bar{x}v$$

also $aux \not\equiv 0$

und $av\bar{x} \not\equiv 0$

Wäre das falsch, dann könnten wir eine Einsetzung ϕ_1 mit folgenden Eigenschaften wählen:

$$\phi_1(a) = 1$$

Damit ist ϕ_1 für alle Variablen y festgelegt, für die y^ϵ in a vorkommt.

Da a Primimplikant ist und nicht in p vorkommt, gibt es in jedem $b_i (i \in [1 : k])$ mindestens eine Variable $y \in X_n$, die nicht in a vorkommt. Ist y^ϵ in b_i, dann kommt nach Annahme $\overline{y^\epsilon}$ in keinem b_j vor. Wir setzen $\phi_1(y^\epsilon) = 0$ und erhalten

$$1 = \phi_1(a) = \phi_1(a \cdot p) = \phi_1(ab_1 \cup \ldots \cup ab_k) = 0$$

Das ist aber ein Widerspruch.

3. Nach 2. hat a eine Darstellung

$$a \equiv a \cdot p = x(au_1 \cup \ldots \cup au_r) \cup \bar{x}(av_1 \cup \ldots \cup av_r) \cup q$$

wobei $x, \bar{x}$ in q nicht mehr vorkommt.

Nach Hilfssatz 14 gilt nun:

$$0 \not\equiv x(au_1 \cup \ldots \cup au_r) \cup \bar{x}(av_1 \cup \ldots \cup av_r) \equiv \bigcup_{i,j=1}^{r,s} u_i v_j$$

Also gibt es i_0, j_0 mit $u_{i_0} \cdot v_{j_0} \not\equiv 0$

Damit ist der Hilfssatz bewiesen. Eine unmittelbare Folgerung ist die folgende Aussage:

Hilfssatz 16:

Ist $p \in \mathbf{B}(X_n)$ ein Polynom, in dessen Monomen für alle $x \in X_n$ entweder nur x oder nur $\bar{x}$ vorkommt, oder für je zwei Monome $ux, v\bar{x}$ von p gelte stets $u \cdot v \equiv 0$.

Dann enthält p sämtliche Primimplikanten von $\psi(p)$.

Wir können nun hinreichende Kriterien dafür angeben, daß ein Polynom genau seine Primimplikanten enthält.

Satz 5:

Erfüllt $p \in \mathbf{B}(X_n)$ (1) und (2), dann enthält p genau die Primimplikanten von $\psi(p)$.

(1) Ist $x_i \in X_n$, dann kommt in den Monomen von p entweder nur x_i oder $\bar{x}_i$ vor oder für alle Monome $ux, v\bar{x}$ von p gilt: $u \cdot v = 0$.

(2) Kein Monom von p ist Teilmonom eines anderen Monoms von p.

Der Beweis folgt unmittelbar aus Hilfssatz 16!

Satz 6: *(Quine)*

Jedes Polynom $p \in \mathbf{B}(X_n)$ kann durch Anwendung der Relationen $(Q_1), (Q_2)$ in ein Polynom q überführt werden, das als Monome genau die Primimplikanten von $\psi(p)$ enthält.

$$(Q_1): ux \cup v\bar{x} = ux \cup v\bar{x} \cup uv$$

$$(Q_2): uv \cup u = u$$

Beweis: Sei a Primimplikant von $\psi(p)$, und a komme nicht in p vor. Es gelte:

$$a \equiv ap \equiv ab_1 \cup \ldots \cup ab_k$$

wobei $ab_i \neq 0$ und x eine Variable ist, die in $p_1 = b_1 \cup \ldots \cup b_k$ aber nicht in a vorkommt. (Eine solche gibt es.)

Dann erfüllt p_1 die Voraussetzungen von Hilfssatz 14, und man kann die Relation Q_1 anwenden. Durch Wiederholung dieses Verfahrens erhält man schließlich ein Polynom

$$p_k = \tilde{p} \cup p_k' .$$

wobei $\tilde{p}$ keine Variable mehr enthält, die nicht auch in a vorkommt.

Nach Hilfssatz 14 ist außerdem $\tilde{p} = p_k'$. Da a Primimplikant ist, kann man nach Q_2 $\tilde{p}$ durch a ersetzen, also

$$p_k = a \cup p_k' .$$

Dieses Verfahren führt man für jeden Primimplikanten von $\psi(p)$ durch, der nicht in p liegt, und erhält schließlich ein Polynom, das alle Primimplikanten von $\psi(p)$ enthält.

Interessanter als das Verfahren ist die folgende Charakterisierung, die man daraus gewinnen kann.

Korollar:

Sei $p \in \mathbf{B}(X_n)$ ein Polynom. Die Monome von p sind genau dann die Primimplikanten von $\psi(p)$, wenn jede Anwendung von Q_1 zu Monomen u, v führt, für die $u \cdot v = 0$ ist oder die mittels Q_2 beseitigt werden können.

Wir geben nun noch eine Verallgemeinerung von Satz 6 an.

Satz 7:

Sei $p \in \mathbf{B}(X_n)$ ein Polynom. p besteht genau dann aus den Primimplikanten von $\psi_D(p)$, wenn folgendes gilt:

(1) p enthält genau die Primimplikanten von $\psi(p)$, und es ist $\psi_D(a) \neq 0$ für alle Monome a aus p.

(2) für $q = \bigcup_{\epsilon \notin D} x_1^{\epsilon_1} \ldots . x_n^{\epsilon_n}$ führt jede Anwendung von Q_1 auf ein Paar von Monomen ux^ϵ aus p und $v\bar{x}^\epsilon$ aus q zu einem Monom $u \cdot v$, das mittels Q_2' beseitigt werden kann, oder für das $\psi_D(u \cdot v) = 0$ gilt.

$$(Q_2') : u \cup v \underset{D}{\equiv} u, \qquad \text{Länge}(u) \leqslant \text{Länge}(v) .$$

1.3.5 Minimalpolynome für einige Klassen von Schaltfunktionen

Sei $s_k^n : B^n \to B$
definiert durch

$$s_k^n(\alpha_1, \ldots, \alpha_n) = 1 \Leftrightarrow \Sigma\, \alpha_i \geqslant k\,.$$

S_k^n heißt *Schwellenfunktion.*
Man erkennt ohne weiteres:

$$\psi(p_k^n) = s_k^n\,.$$

mit $p_k^n = \bigsqcup_{1 \leqslant i_1 < \ldots < i_k \leqslant n} x_{i_1} \ldots . x_{i_k}\,.$

Satz 8:

p_k^n ist das Minimalpolynom von s_k^n.

Beweis:

1. p_k^n enthält nur nichtnegierte Variablen. Hieraus folgt nach Satz 5, daß in p_k^n jeder Primimplikant von s_k^n vorkommt.

   Da kein Monom von p_k^n in einem anderen des Polynoms echt enthalten ist, ist auch jedes Monom von p_k^n ein Primimplikant.
2. Jedes Monom von p_k^n ist wesentlich;
   Setzt man nämlich

   $$\phi(x_{i_r}) = 1 \text{ für } r = 1, \ldots, k$$
   $$\phi(x_j) = 0 \text{ für } j \neq i_1, \ldots, i_k,$$

   dann gilt:

   $$\phi(x_{i_1} \ldots x_{i_k}) = 1$$

   und

   $$\phi(x_{s_1} \ldots x_{s_k}) = 0 \text{ für } \{s_1, \ldots, s_k\} \neq \{i_1, \ldots, i_k\}$$

Wir betrachten ein zweites Beispiel, welches eine Verallgemeinerung des ersten Beispiels darstellt.

Sei

$$s = s^k_{(a_1, \ldots, a_n, -b_1, \ldots, -b_m)} : B^{n+m} \to B$$

für $a_i,\ b_i \in \mathbb{N}$.

gegeben durch

$$s(\alpha_1, \ldots, \alpha_n, \beta_1, \ldots, \beta_m) = 1$$

$$\Longleftrightarrow \quad \sum_{i=1}^{n} \alpha_i a_i - \sum_{i=1}^{n} \beta_i b_i \geqslant k$$

Satz 9:

Das Polynom

$$p = p^k_{(a_1, \ldots, a_n, -b_1, \ldots, -b_m)} := \cup\, x_{i_1} \cdot \ldots \cdot x_{i_p} \cdot \bar{y}_{j_1} \cdot \ldots \cdot \bar{y}_{j_r}$$

worin die Vereinigung über alle Indizes genommen wird, die (1), (2) und (3) erfüllen, ist das Minimalpolynom von s.

(1) $\sum_{s=1}^{p} a_{i_s} - \sum_{t \notin \{j_1, \ldots, j_r\}} b_t \geqslant k,$

(2) $\sum_{\substack{s=1 \\ s \neq s'}}^{p} a_{i_s} - \sum_{t \notin \{j_1, \ldots, j_r\}} b_t < k$ für jedes $s' :\in \{1, \ldots, p\}$,

(3) $\sum_{s=1}^{p} a_{i_s} - \sum_{t \notin \{j_1, \ldots, j_r\}} b_t - b_{j_l} < k$

für $l \in \{1, \ldots, r\}$.

Beweis:

1. $\psi(p) = s$

   Sei $s(\alpha_1, \ldots, \alpha_n, \beta_1, \ldots, \beta_m) = 1$

   Dann ist auch für

   $a = x_1 \ldots x_n \cdot \bar{y}_1 \ldots \bar{y}_m$

   $\phi(a) = 1$ für $\phi(x_i) = \alpha_i,\ \phi(y_j) = \beta_j$.

Erfüllt a die Bedingungen (1), (2), (3), dann kommt a in p vor, und wir haben $\phi(p) = 1$.

Kommt a nicht in p vor, d.h. erfüllt a (2) oder (3) nicht, dann können wir aus a durch Streichen von Faktoren ein Monom a' erhalten, das in p liegt. Nun gilt für dieselbe Einsetzung ϕ auch $\phi(a') = 1$ und also $\phi(p) = 1$..

Ist umgekehrt für eine Einsetzung $\phi(p) = 1$, dann gibt es ein Monom a von p mit $\phi(a) = 1$. Da die Exponenten des Monomes (1) erfüllen, gilt auch:

$$s(\phi(x_1), \ldots, \phi(x_n), \phi(y_1), \ldots, \phi(y_m)) = 1 .$$

2. Wir zeigen, daß p Minimalpolynom ist.

a) Die Variablen x kommen stets nicht-negiert, die Variablen y stets negiert vor. Kein Monom ist Abschnitt eines anderen Monomes. Also ist jedes Monom von p Primimplikant von s, und jeder Primimplikant von s ist in p auch enthalten.

b) Jedes Monom von p ist wesentlich. Das heißt, es gibt zu jedem Monom a von p eine Einsetzung ϕ mit $\phi(a) = 1$, aber $\phi(a') = 0$ für $a \neq a'$, a' Monom von p.

Sei $a = x_{i_1} \ldots x_{i_j} \bar{y}_{k_1} \ldots \bar{y}_{k_r}$ aus p.

Wir wählen ϕ, so daß gilt:

$$\phi(a) = 1$$

$$\phi(x_i) = 0 \qquad \text{für } i \notin \{i_1, \ldots, i_j\} .$$

$$\phi(y_i) = 1 \qquad \text{für } i \notin \{k_1, \ldots, k_r\} .$$

Man erkennt, daß ϕ unsere Forderung erfüllt.

Aus diesem Satz folgt

Satz 10:

Es gibt Schaltfunktionen f, die sich nicht als verallgemeinerte Schwellenfunktion schreiben lassen.

Beweis: Wir haben gesehen, daß die Schwellenfunktionen genau ein Minimalpolynom haben. Wir haben aber schon gesehen, daß es Schaltfunktionen mit mehreren Minimalpolynomen gibt.

Wir wenden Satz 8 an, um für die in Rechenmaschinen häufig vorkommende Abfrage: $a \geqslant b$?

$$\text{für} \quad a = \sum_{i=0}^{n-1} \alpha_i 2^i, \qquad b = \sum_{i=0}^{n-1} \beta_i 2^i$$

ein optimales Polynom p anzugeben.

Bezeichnung: $p = p_{a \geqslant b}$, $\quad f_{a \geqslant b} = f_{\geqslant}$

Sei also

$$f_{\geqslant}(\alpha_1, \ldots, \alpha_n, \beta_1, \ldots, \beta_n) = 1 \Longleftrightarrow a \geqslant b .$$

Wir haben in der Bezeichnung unserer vorigen Aufgabe

$$a_i = 2^{i-1}, \quad b_i = 2^{i-1} \quad \text{für } i = 1, \ldots, n, \; k = 0 .$$

Wir erhalten so für $n = 2$ das Polynom

$$p_{\geqslant}^{(2)} = x_2 \bar{y}_2 \cup \bar{y}_2 \bar{y}_1 \cup \bar{y}_2 x_1 \cup x_2 \bar{y}_1 \cup x_2 x_1$$

Das allgemeine Bildungsgesetz erkennt man besser aus der folgenden rekursiven Definition von $f_{\geqslant}$.

Es ist

$$f_{\geqslant}^{(1)} = \psi(\bar{y}_1 \cup x_1)$$
$$f_{\geqslant}^{(n)} = \psi(x_n \bar{y}_n) \cup \psi(\bar{y}_n \cup x_n) \cdot f_{\geqslant}^{(n-1)}$$

für $n > 1$.

Hierin gibt der obere Index in $f^{(n)}$ die verwendete Stellenzahl an.

Durch direkte Auswertung der Rekursionformel erhält man das Minimalpolynom; man erhält nämlich durch diese Rekursion die x-Variablen stets mit Exponent 1 und die y-Variablen stets mit Exponent 0. Keins der Monome ist in einem anderen enthalten. Also jedes Monom, das man so erhält, ist ein Primimplikant von $f_{\geqslant}^{(n)}$.

Ebenso erkennt man aus der Rekursionsformel leicht, daß jedes Monom wesentlich ist.

Die Rekursionsformel erlaubt es uns, die Kosten des Minimalpolynomes $p_{\geqslant}^{(n)}$ effektiv anzugeben. Wir setzen:

$$L_n = L(p_{\geqslant}^{(a)}) \text{ und } K_n = K(p_{\geqslant}^{(n)}), \text{ worin}$$

K(p) die Anzahl der Monome von p angibt.

Man hat $L_1 = 2$ $K_1 = 2$

$L_2 = 15$ $K_2 = 5$

aus der Rekursionsformel entnimmt man

$$L_n = 3 + 2\,K_{n-1} + 2\,L_{n-1}$$
$$K_n = 1 + 2\,K_{n-1}$$

für $n \geqq 2$.

Man findet als explizite Darstellung:

$$K_n = 3 \cdot 2^{n-1} - 1$$

und

$$L_n = \left(1 + \frac{3}{2}n\right)\ 2^n - 1$$

wie man durch Induktion leicht nachprüft.

Damit erhalten wir folgenden Satz:

Die Kosten des Minimalpolynoms für $f_{\gtrless}^{(n)}$ sind

$$L_n = \left(1 + \frac{3}{2}n\right)\ 2^n - 1$$

Wir berechnen nun das Minimalpolynom für den Übertrag U_n bei der Addition n-stelliger Dualzahlen:

Es gilt für

$$r_n = (x_n\, y_n) \cup (x_n \cup y_n) \cdot r_{n-1} \quad \text{für} \quad n > 1$$
$$r_1 = x_1 \cdot y_1\,.$$

$$\psi\,(r_n) = U_n$$

Für das durch diese Rekursionsformel bestimmte Polynom, das wir wieder mit r_n bezeichnen wollen, gilt:

1. r_n enthält keine negativen Variablen.
2. Kein Monom ist in einem anderen enthalten.
3. Jedes Monom ist wesentlich.

Das letztere erkennt man, indem man z.B. zuerst $\phi\,(x_n) = \phi\,(y_n) = 1$ und $\phi\,(y_i) = \phi\,(x_i) = 0$ für $i = 1, \ldots, n-1$ setzt; dann betrachtet man die Fälle

$$\phi(x_n) = 1, \quad \phi(y_n) = 0 \quad \text{und} \quad r_{n-1} \text{ wie vorher } r_n$$
$$\phi(x_n) = 0, \quad \phi(y_n) = 1 \quad \text{und} \quad r_{n-1} \text{ wie vorher } r_n .$$

Jede Einsetzung dieser Art macht genau ein Monom zu 1.

Wir schätzen $L(r_n)$ ab.

Die Rekursionsformel für r_n geht durch die Ersetzung von y_n durch $\overline{y}_n$ in die für $f_{\geqslant}$ über.

Also ergibt sich für r_n die gleiche Kostenfunktion wie für $f_{\geqslant}^{(n)}$.

Man sieht, daß der Aufwand exponentiell mit der Stellenzahl wächst.

Für die in Rechenanlagen üblichen Wortlängen von z.B. $n = 32$ ist eine Realisierung von r_n in disjunktiven Normalformen nicht möglich.

Wir betrachten zum Abschluß des Paragraphen dieses Beispiel noch von einer anderen Seite. Wir werden später hierauf zurückkommen.

Sei $X_{2n} \doteq \{x_1, \ldots, x_n, y_1, \ldots, y_n\}$ wie oben und es sei

$$k_i = x_i y_i, \; d_i = x_i \cup y_i \text{ für } i = 1, \ldots, n .$$

Mittels dieser Polynome hat man

$$r_n \equiv k_n \cup d_n \cdot r_{n-1}, \; r_1 = k_1$$

Man findet

$$r_n \equiv k_n \cup d_n \cdot k_{n-1} \cup d_n d_{n-1} k_{n-2} \cup \ldots \cup d_n \cdot \ldots \cdot d_2 k_1$$

Man erkennt aus unseren Sätzen, daß das Polynom

$$\widetilde{r}_n \equiv k_n \cup d_n \cdot k_{n-1} \cup \ldots \cup d_n \cdot \ldots \cdot d_2 k_1$$

ein Minimalpolynom ist, falls die k_i und d_i als freie Variablen aufgefaßt werden. Die k_i, d_i sind aber nicht frei, denn es gilt aufgrund dieser Definition

$$\overline{d}_i \cdot k_i = 0$$

Das bedeutet, daß dieses Polynom nicht auf ganz B^{2n} definiert ist. Wir bestimmen den Definitionsbereich, indem wir die Abbildung:

$$g : B^{2n} \to B^{2n}$$

betrachten, die durch das kartesische Produkt

$$\psi(k_n) \times \psi(d_n) \times \ldots \ldots \times \psi(k_1) \times \psi(d_1)$$

bestimmt ist.

(d_i, k_i) nimmt die Werte $(0, 0)$, $(1, 0)$, $(1, 1)$ an, wenn (x_i, y_i) über alle möglichen Werte variiert. Der Wert $(0, 1)$ wird nicht angenommen. Man sieht, die durch d_i, k_i erzeugte Boolesche Algebra kann auch als Faktoralgebra der freien Booleschen Algebra aus 4^n Elementen nach der Relation $\overline{d}_i\, k_i \equiv 0$ definiert werden.

Man erhält als Bild unter g gerade

$$D = D'^n \subset B^{2n} \text{ mit } D' = \{(0, 0), (1, 0), (1, 1)\}$$

Hieraus folgt für

$$h : B^{2n} \to B \text{ mit } h(\alpha) = 1 \Longleftrightarrow \alpha \in \overline{D}$$

$$h = \psi\Big(\bigcup_{c=1}^{n} \overline{d}_i\, k_i\Big)$$

Nun wenden wir Satz 6 in leicht modifizierter Form an, indem wir die Monome $d_i u$ aus r_n mit den Monomen $\overline{d}_i v = \overline{d}_i\, k_i$ vergleichen.

Man erhält:

$$u \cdot v = d_n \cdot \ldots \cdot d_{i+1} \cdot k_i \cdot d_{i-1} \cdot \ldots \cdot k_{n-k}$$

Nun ist

$$\psi_D (d_n \cdot \ldots \cdot d_{i+1} \cdot k_i \cdot d_{i-1} \cdot \ldots \cdot k_{n-k}) \leqslant \psi_D (d_n \cdot \ldots \cdot d_{n-k+1} \cdot k_{n-k})$$

Satz 11:

r_n ist Minimalpolynom des Übertrags relativ zur Basis $\{d_i, k_i \mid i = 1, \ldots, n\}$

Es ist damit natürlich nicht gezeigt, daß diese in zwei Stufen gewonnene Realisierung des Übertrages unter allen zweistufigen Realisierungen optimal ist.

Es ergibt sich aber leicht, daß diese Darstellung auch optimal ist, wenn man die Basis noch durch Hinzunahme der Polynome $g_i = x_i\, \overline{y}_i \cup \overline{x}_i\, y_i$ für $i = 1, \ldots, n$ vergrößert.

1.3.6 Übungsaufgaben

1. Man dualisiere das Quine'sche Verfahren zu Ermittlung einer konjunktiven Minimalform.

2. Seien an Stelle von Konjunktionen und Disjunktionen die Bausteine

 etc.

gegeben und die Negation. Man zeige, daß unter der Voraussetzung

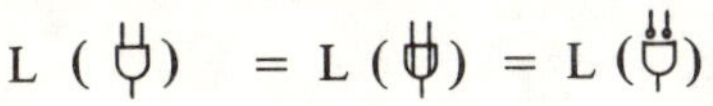

und L( ) = 0 jedes Minimalpolynom in eine optimale zweistufige Darstellung über  übergeführt werden kann. Bei der Zählung der Stufen werden die Negationen nicht mitgezählt.

3. Man berechne die Minimalpolynome der zweiten Komponente der Addition mod 5 bei natürlicher Codierung.

4. Man vergleiche Minimalpolynome bei verschiedenen Kostenfunktionen.

a) 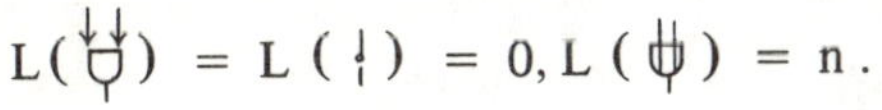

b) 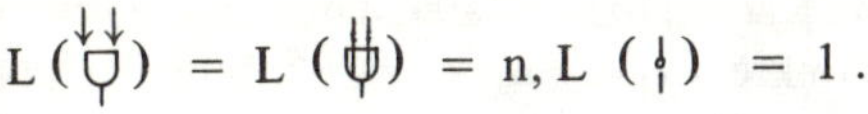

n ist hier die Zahl der Eingänge eines Bausteins.
Hiervon ist b) wesentlich leichter als a).

5. Man beweise die Bemerkung vor Satz 3.

1.4 Diagramme

Für Schaltfunktionen mit wenigen Argumenten oder sehr symmetrische Typen von Schaltfunktionen empfiehlt es sich, Diagramme zu benutzen. Das sind Graphen oder Matrizen, die so angelegt sind, daß man Nachbarschaftsbeziehungen von Punkten auf B^n gut erkennen kann. Hierzu gehören die Diagramme von *Veitch, Karnaugh* und *Händler*. Der Kreisgraph von *Händler* ist für das Auffinden von Primimplikanten gut brauchbar. Er hat den Nachteil, daß er schwierig zu zeichnen ist. Diesen Nachteil kann man allerdings durch die Verwendung von Schablonen verringern.

Wir werden hier nur die Diagramme von *Veitch* und *Karnaugh* heranziehen, da sie für einige Anwendungen besondere Vorzüge besitzen.

Man sollte sich nicht auf *ein* Diagramm festlegen, sondern sich stets bemühen, solche Diagramme zu wählen, in denen besondere Eigenschaften der zu behandelnden Funktionen gut zum Ausdruck kommen.

1.4.1 Das Diagramm von Karnaugh

Dieses Diagramm ist bis zu $n = 4$ besonders gut geeignet, da sich in ihm Nachbarschaften von Monomen dann besonders gut erkennen lassen.

Das Diagramm ist eine Matrix (Tafel), deren Zeilen und Spaltennumerierung wie unten angegeben gewählt ist.

	0	0	1	1	x_1
	0	1	1	0	x_2
0 0					
0 1					
1 1					
1 0					
x_3 x_4					

Allgemein wird der i-ten Reihe eine Codierung von i im Graycode zugeordnet.

Dieser Code wird weiter unten definiert.

Identifiziert man gegenüberliegende Kanten dieser Tafel, dann sind die zu zwei verschiedenen Feldern gehörigen Punkte $(\alpha_1, \alpha_2, \alpha_3, \alpha_4) \in B^4$ genau dann benachbart, wenn auch diese Punkte auf dem Einheitswürfel benachbart sind.

Statt einer allgemeinen Erklärung besprechen wir nur einige Beispiele mit diesem Diagramm.

1.4.2 Beispiele: Zähler und Addierer in verschiedenen Codes

Es soll ein *Zähler* im *Gray-Code* gebaut werden.

Der Gray-Code ist eine binäre Zahlendarstellung mit der Eigenschaft, daß sich die Darstellungen von aufeinanderfolgenden Zahlen in nur einer Stelle unterscheiden. Wir geben die Zahlendarstellung im Gray-Code für die Zahlen 0 bis 15:

i	c (i)	i	c (i)
0	0000	8	1100
1	0001	9	1101
2	0011	10	1111
3	0010	11	1110
4	0110	12	1010
5	0111	13	1011
6	0101	14	1001
7	0100	15	1000

Dieser Code hat die Eigenschaft, daß er an den stark ausgezogenen Trennlinien zwischen den Zeilen 1, 2 und 3, 4 und 7, 8 und 15, 16 usw. bzgl. der letzten bzw.

der beiden letzten bzw. der drei letzten bzw. der vier letzten Stellen durch Spiegelung in sich übergeführt werden kann, wenn man 16 mit der 0 identifiziert. Man sieht, daß man diesen Code beliebig weit fortsetzen kann.

Der Bau eines Zählers mod 16 im Gray-Code besteht für uns in der Angabe von Realisierungen von Schaltfunktionen, die bei der Eingabe von $c(i)$ als Ergebnis $c(i+1)$ produzieren.

Wir verwenden zur Definition dieser Schaltfunktion:

$$c_k(i+1) = f_k(c(i)), \quad c(i) = (c_1(i), c_2(i), c_3(i), c_4(i))$$

c_4	0 0	0 1	1 1	1 0
($x_1 x_2$ \ $x_3 x_4$)				
0 0	1	1	0	0
0 1	0	0	1	1
1 1	1	1	0	0
1 0	0	0	1	1

Wir haben benachbarte Einsen eingerahmt. Man entnimmt als Primimplikanten direkt:

$$\bar{x}_1\bar{x}_2\bar{x}_3, \ \bar{x}_1 x_2 x_3, \ x_1 x_2 \bar{x}_3, \ x_1\bar{x}_2 x_3$$

Da jeder Primimplikant wesentlich ist, erhalten wir als Minimalpolynom für c_4

$$p_4 = \bar{x}_1\bar{x}_2\bar{x}_3 \cup \bar{x}_1 x_2 x_3 \cup x_1 x_2 \bar{x}_3 \cup x_1 \bar{x}_2 x_3$$

c_3	0 0	0 1	1 1	1 0
($x_1 x_2$ \ $x_3 x_4$)				
0 0	0	1	1	1
0 1	0	0	0	1
1 1	0	1	1	1
1 0	0	0	0	1

Wir haben in diesem Beispiel wesentlich mehr Nachbarn.

Unter anderem sind die oberste und unterste 1 in der letzten Spalte benachbart. Man entnimmt als Primimplikanten:

$$x_3\bar{x}_4, \ \bar{x}_1\bar{x}_2 x_4, \ \bar{x}_1\bar{x}_2 x_3, \ x_1 x_2 x_4, \ x_1 x_2 x_3$$

Hierin sind die Implikanten

$x_3\bar{x}_4$, $\bar{x}_1\bar{x}_2 x_4$ und $x_1 x_2 x_4$

wesentlich. Also ergibt sich als einziges Minimalpolynom

$$p_3 = x_3\bar{x}_4 \cup \bar{x}_1\bar{x}_2 x_4 \cup x_1 x_2 x_4$$

c_2	0 0	0 1	1 1	1 0
($x_1 x_2$ \ $x_3 x_4$)				
0 0	0	0	0	1
0 1	1	1	1	1
1 1	1	1	1	0
1 0	0	0	0	0

Wir entnehmen aus dem Diagramm die Primimplikanten

$$\bar{x}_1 x_3 \bar{x}_4, \ \bar{x}_1 x_2, \ x_2\bar{x}_3, \ x_2 x_4 .$$

Hierin sind $x_1 x_3 x_4$, $x_2 x_3$, $x_2 x_4$ wesentlich. Wir erhalten also genau ein Minimalpolynom für c_2:

$$p_2 = \bar{x}_1 x_3 \bar{x}_4 \cup x_2\bar{x}_3 \cup x_2 x_4$$

$x_1\,x_2$ \ $x_3\,x_4$ (c_1)	0 0	0 1	1 1	1 0
0 0	0	0	0	0
0 1	1	0	0	0
1 1	1	1	1	1
1 0	0	1	1	1

Wir entnehmen die wesentlichen Primimplikanten und erhalten als eindeutig bestimmtes Minimalpolynom

$$p_1 = x_2 \bar{x}_3 \bar{x}_4 \cup x_1 x_4 \cup x_1 x_3$$

Für $n > 4$ ist es nicht mehr möglich, alle Nachbarschaften auf B^n in Nachbarschaften in einem ebenen Diagramm zu verwandeln.

Ein Addierwerk mod 4 im Gray-Code

Wir tragen in das Karnaugh-Diagramm zunächst die Summen ein und erhalten daraus die beiden folgenden Diagramme für die einzelnen Komponenten.

$x_1\,x_2$ \ $y_1\,y_2$	0 0	0 1	1 1	1 0
0 0	0	1	2	3
0 1	1	2	3	0
1 1	2	3	0	1
1 0	3	0	1	2

$x_1\,x_2$ \ $y_1\,y_2$	0 0	0 1	1 1	1 0
0 0	0	1	1	0
0 1	1	1	0	0
1 1	1	0	0	1
1 0	0	0	1	1

ergibt z_2

$x_1\,x_2$ \ $y_1\,y_2$	0 0	0 1	1 1	1 0
0 0	0	0	1	1
0 1	0	1	1	0
1 1	1	1	0	0
1 0	1	0	0	1

ergibt z_1

Man entnimmt als Minimalpolynom z_1 bzw. z_2 für die erste bzw. für die zweite Stelle

$$z_1 = \bar{x}_1 \bar{x}_2 y_1 \cup \bar{x}_1 x_2 y_2 \cup x_1 x_2 \bar{y}_1 \cup x_1 \bar{x}_2 \bar{y}_2$$

$$z_2 = \bar{x}_1 \bar{x}_2 y_2 \cup \bar{x}_1 x_2 \bar{y}_1 \cup x_1 x_2 \bar{y}_2 \cup x_1 \bar{x}_2 y_1$$

Die Minimalpolynome sind nicht eindeutig bestimmt. Z.B. sind auch die Polynome z'_1, z'_2, die man aus z_1 bzw. z_2 durch Vertauschung von x_i mit y_i erhält, Minimalpolynome. Man bemerkt weiter, daß es kein Minimalpolynom gibt, das gegenüber der Vertauschung von x_i und y_i invariant ist.

Ein Addierwerk mod 8 im Gray-Code

Die dezimalen Summen werden analog zum Addierwerk mod 4 in die Matrix eingetragen. Wir erhalten dann der Reihe nach die folgenden Diagramme für die erste, zweite und dritte Komponente.

Aus Gründen der Übersichtlichkeit unterschlagen wir im folgenden überall die Abbildungen ψ_D.

Berechnung von c_1:

$y_1\ y_2\ y_3$ \ x_1	0	0	0	0	1	1	1	1
x_2	0	0	1	1	1	1	0	0
x_3	0	1	1	0	0	1	1	0
0 0 0	0	0	0	0	1	1	1	1
0 0 1	0	0	0	1	1	1	1	0
0 1 1	0	0	1	1	1	1	0	0
0 1 0	0	1	1	1	1	0	0	0
1 1 0	1	1	1	1	0	0	0	0
1 1 1	1	1	1	0	0	0	0	1
1 0 1	1	1	0	0	0	0	1	1
1 0 0	1	0	0	0	0	1	1	1

Sei $f_1 = f_1^{(0,0)}(x_2, y_2, x_3, y_3)$ die Schaltfunktion, die durch den linken oberen Quadranten gegeben ist. Analog seien $f_1^{(0,1)}$, $f_1^{(1,1)}$, $f_1^{(1,0)}$ der Reihe nach die Schaltfunktionen, die durch die Quadranten links unten, rechts unten, rechts oben definiert sind.

Man erkennt die Relationen:

$$\begin{aligned} f_1^{(0,1)}(x_2, y_2, x_3, y_3) &= \overline{f_1^{(0,0)}}(x_2, \overline{y}_2, x_3, y_3) \\ f_1^{(1,1)}(x_2, y_2, x_3, y_3) &= f_1^{(0,0)}(\overline{x}_2, \overline{y}_2, x_3, y_3) \\ f_1^{(1,0)}(x_2, y_2, x_3, y_3) &= \overline{f_1^{(0,0)}}(\overline{x}_2, y_2, x_3, y_3) \end{aligned}$$

Hieraus ergibt sich:

$$c_1 = (x_1 \oplus y_1) \oplus f_1^{(0,0)}(x_1 \oplus x_2, y_1 \oplus y_2, x_3, y_3)$$

Wegen

$$f_1^{(0,0)} = (x_2\, y_2 \cup x_2\, \overline{x}_3\, y_3 \cup x_3\, y_2\, \overline{y}_3)$$

erhält man das folgende Schaltbild:

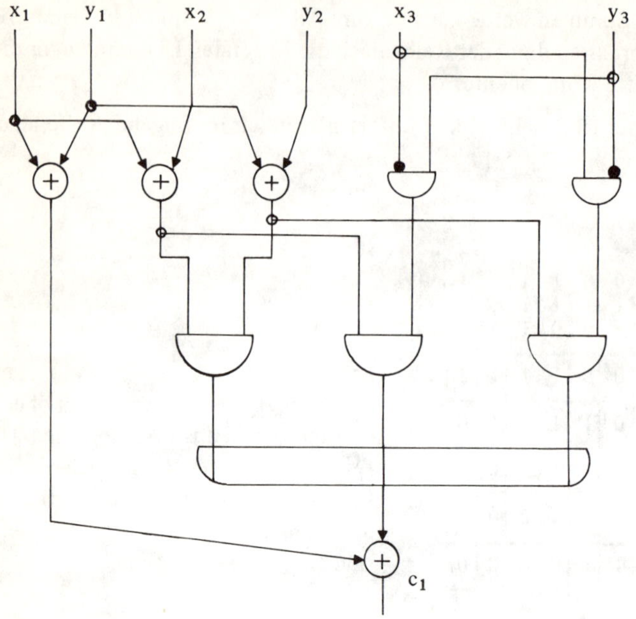

Berechnung von c_2

$y_1\,y_2\,y_3$ \ $x_1\,x_2\,x_3$	000	001	011	010	110	111	101	100
0 0 0	0	0	1	1	1	1	0	0
0 0 1	0	1	1	1	1	0	0	0
0 1 1	1	1	1	1	0	0	0	0
0 1 0	1	1	1	0	0	0	0	1
1 1 0	1	1	0	0	0	0	1	1
1 1 1	1	0	0	0	0	1	1	1
1 0 1	0	0	0	0	1	1	1	1
1 0 0	0	0	0	1	1	1	1	0

Die Berechnungen hier verstehen sich in Analogie zu der Konstruktion der Realisierung von c_1. Wir erhalten hier:

$$f_2^{(0,1)}(x_2, y_2, x_3, y_3) = \overline{f_2^{(0,0)}}(x_2, \overline{y}_2, x_3, y_3)$$

$$f_2^{(1,1)}(x_2, y_2, x_3, y_3) = f_2^{(0,0)}(\overline{x}_2, \overline{y}_2, x_3, y_3)$$

$$f_2^{(1,0)}(x_2, y_2, x_3, y_3) = \overline{f_2^{(0,0)}}(\overline{x}_2, y_2, x_3, y_3)$$

Man entnimmt aus dem Diagramm leicht

$$f_2^{(0,0)} = ((x_2 \oplus y_2) \cup x_2\, y_3 \cup x_3\, y_2 \cup\ x_3\, y_3)$$

Hieraus erhalten wir:

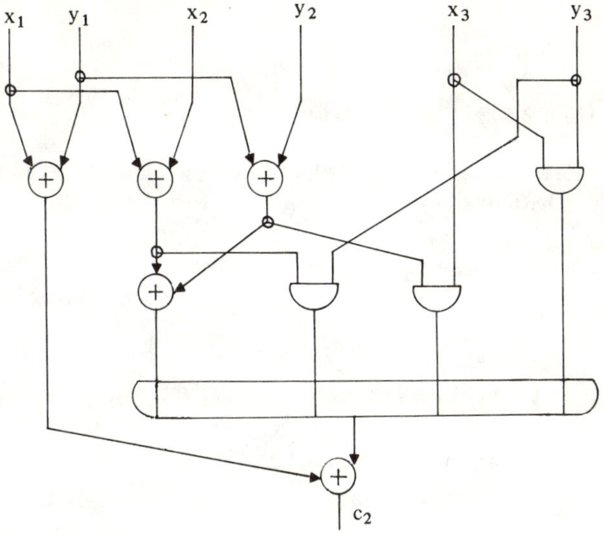

Berechnung von c_3

			0	0	0	0	1	1	1	1	x_1
			0	0	1	1	1	1	0	0	x_2
			0	1	1	0	0	1	1	0	x_3
0	0	0	0	1	1	0	0	1	1	0	
0	0	1	1	1	0	0	1	1	0	0	
0	1	1	1	0	0	1	1	0	0	1	
0	1	0	0	0	1	1	0	0	1	1	
1	1	0	0	1	1	0	0	1	1	0	
1	1	1	1	1	0	0	1	1	0	0	
1	0	1	1	0	0	1	1	0	0	1	
1	0	0	0	0	1	1	0	0	1	1	
y_1	y_2	y_3									

Bei analoger Bezeichnung wie unter c_1 und c_2 erhalten wir hier:

$$f_3^{(0,1)}(x_2, y_2, x_3, y_3) = f_3^{(0,0)}(x_2, \overline{y}_2, x_3, y_3)$$
$$f_3^{(1,1)}(x_2, y_2, x_3, y_3) = f_3^{(0,0)}(\overline{x}_2, \overline{y}_2, x_3, y_3)$$
$$f_3^{(1,0)}(x_2, y_2, x_3, y_3) = f_3^{(0,0)}(\overline{x}_2, y_2, x_3, y_3)$$

Also ergibt sich hier:

$$f_3 = f_3^{(0,0)}(x_1 \oplus x_2, y_1 \oplus y_2, x_3, y_3)$$

Wir berechnen eine Realisierung von $f_3^{(0,0)}$, indem wir auch für diese Funktion ihre Symmetrieeigenschaften ausnutzen:

$$f_3^{(0,0)} = (x_2 \oplus y_2) \oplus ((x_2 \oplus x_3) \cup (y_2 \oplus y_3)) .$$

Also haben wir:

$$c_3 = (x_1 \oplus x_2 \oplus y_1 \oplus y_2) \oplus ((x_1 \oplus x_2 \oplus x_3) \cup (y_1 \oplus y_2 \oplus y_3))$$

Wir stellen auch diese Realisierung durch ein Schaltbild dar:

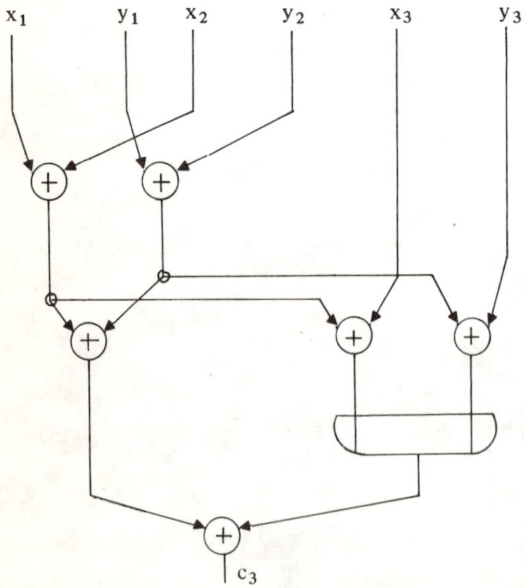

Man sieht, daß die gemeinsame Realisierung dieser drei Schaltfunktionen billiger ist als die Summe der drei getrennten Realisierungen, da $x_1 \oplus y_1, x_1 \oplus x_2, y_1 \oplus y_2$ in der gemeinsamen Realisierung nur einmal erzeugt werden müssen.

Beispiel einer Addition mod 4 im Dualsystem

Wir erhalten die beiden Karnaugh-Diagramme:

c_2					
	x_1	0	0	1	1
	x_2	0	1	1	0
0	0	0	1	1	0
0	1	1	0	0	1
1	1	1	0	0	1
1	0	0	1	1	0
y_1	y_2				

c_1					
	x_1	0	0	1	1
	x_2	0	1	1	0
0	0	0	0	1	1
0	1	0	1	0	1
1	1	1	0	1	0
1	0	1	1	0	0
y_1	y_2				

$$
\begin{aligned}
c_2 &= \psi(y_2\,\overline{x}_2 \cup \overline{y}_2\,x_2) = x_2 \oplus y_2 \\
c_1 &= \psi(\overline{y}_1\,\overline{x}_1\,y_2\,x_2 \cup x_1\,y_1\,x_2\,y_2 \cup \overline{x}_1\,y_1\,(\overline{y}_2 \cup \overline{x}_2) \cup x_1\,\overline{y}_1\,(\overline{y}_2 \cup \overline{x}_2)) \\
&= \psi(\overline{x_1 \oplus y_1}) \cup (x_2\,y_2) \cup (x_1 \oplus y_1) \cup (\overline{x_2\,y_2}) \\
&= \psi(x_1 \oplus y_1 \oplus (x_2\,y_2)) .
\end{aligned}
$$

Durch den Vergleich mit der Lösung dieser Aufgabe unter Verwendung des Veitch-Diagrammes sehen wir, daß das Karnaugh-Diagramm hierfür weniger angemessen ist. Dies rührt daher, daß die lineare Funktion $c + j = \text{konst.}$ in dem Karnaugh-Diagramm bei Verwendung des Dualsystems nicht als „Gerade" erscheint.

1.4.3 Das Veitch-Diagramm und Beispiele: Zähler und Multiplizierer

Kodiert man die Zeilen- und Reihenindizes der Matrizen im Dualsystem, dann erhält man das Veitch-Diagramm.

Wir behandeln einige Beispiele:

Ein Zähler mod 10 im 3-Exzeß-Code

Wir codieren die Zahlen wie folgt:

0	0011
1	0100
2	0101
3	0110
4	0111
5	1000
6	1001
7	1010
8	1011
9	1100

Dieser Code wird häufig in Dezimalrechenwerken verwendet, da jede Zahl in diesem Code durch stellenweise Negation in ihr Neunerkomplement übergeht. Z.B.: ist $3 + 6 = 9$, $3 \longleftrightarrow 0110$, $6 \longleftrightarrow 1001$ und $\overline{0110} = 1001$.

Wir tragen die Schaltfunktionen für die vier Komponenten in 4 x 4 Veitch-Diagramme ein.

c_1		0	0	1	1	x_1
		0	1	0	1	x_2
0	0	x	0	1	0	
0	1	x	0	1	x	
1	0	x	0	1	x	
1	1	0	1	1	x	
x_3	x_4					

c_2		0	0	1	1	x_1
		0	1	0	1	x_2
0	0	x	1	0	0	
0	1	x	1	0	x	
1	0	x	1	0	x	
1	1	1	0	1	x	
x_3	x_4					

c_3		0	0	1	1	x_1
		0	1	0	1	x_2
0	0	x	0	0	1	
0	1	x	1	1	x	
0	1	x	1	1	x	
1	1	0	0	0	x	
x_3	x_4					

c_4		0	0	1	1	x_1
		0	1	0	1	x_2
0	0	x	1	1	1	
0	1	x	0	0	x	
1	0	x	1	1	x	
1	1	0	0	0	x	
x_3	x_4					

In die Felder, auf denen unsere Schaltfunktion nicht definiert ist, tragen wir x ein. Man entnimmt leicht als Minimalpolynom

$$p_1 = x_1\,\overline{x}_2 \cup x_2\,x_3\,x_4\,, \qquad p_2 = \overline{x}_1\,\overline{x}_3 \cup \overline{x}_1\,\overline{x}_4 \cup \overline{x}_2\,x_3\,x_4$$
$$p_3 = \overline{x}_3\,x_4 \cup x_3\,\overline{x}_4 \cup x_1\,x_2\,, \quad p_4 = \overline{x}_4$$

mit $c_i = \psi_D\,(p_i)$, $i = 1, 2, 3, 4$ und D enthält genau die 10 Viertupel des 3-Exzeß-Codes.

Man erkennt, daß die Nachbarfelder im Veitch-Diagramm meist nicht benachbart sind im Sinne unserer für Monome eingeführten Definition. Dies macht den Gebrauch für $n = 4$ etwas schwerfälliger. Für größere n überwiegt der Vorteil der einfacheren Gesetzmäßigkeit im Auffinden aller Nachbarn eines Feldes.

Die Multiplikation in $\mathbb{Z}_7$ bei natürlicher Codierung der Zahlen

Wir schreiben uns zunächst die Multiplikationstabelle auf.

				0	1	2	3	4	5	6		
				0	0	0	0	1	1	1	1	x_1
				0	0	1	1	0	0	1	1	x_2
				0	1	0	1	0	1	0	1	x_3
0	0	0	0	0	0	0	0	0	0	0		
1	0	0	1	0	1	2	3	4	5	6		
2	0	1	0	0	2	4	6	1	3	5		
3	0	1	1	0	3	6	2	5	1	4		
4	1	0	0	0	4	1	5	2	6	3		
5	1	0	1	0	5	3	1	6	4	2		
6	1	1	0	0	6	5	4	3	2	1		
	1	1	1									
	y_1	y_2	y_3									

Man erkennt, daß diese Codierung folgende Eigenschaften hat, wenn a (i) die Codierung der Zahl $i = o, \ldots, 6$ ist. $a(-i) = \overline{a}(i)$ für $i = 1, \ldots, 6$.

Damit folgt aus den Rechenregeln:

$$i \cdot k = k \cdot i$$
$$(-i) \cdot k = -(ik) = i \cdot (-k)$$
$$(-i) \cdot (-k) = ik$$

$$\left.\begin{aligned} f(a, b) &= f(b, a) \text{ für alle } a, b \\ f(\bar{a}, b) &= \bar{f}(a, b) = f(a, \bar{b}) \\ f(\bar{a}, \bar{b}) &= f(a, b) \end{aligned}\right\} \quad \text{für } a \neq a(0), \ b \neq b(0),$$

Wir definieren nun:

$$f_0 : B^6 \longrightarrow B,$$

indem wir in dieser Matrix die Elemente mit den Indizes (0, 4), (0,5), (0, 6) und (4, 0), (5, 0), (6, 0) gleich 7 setzen, ebenso die Elemente (7, 0), (7, 1) (7, 2), (7, 3) und (0, 7), (1, 7), (2, 7), (3, 7), die außerhalb des Definitionsbereiches von f liegen. Die restlichen Elemente außerhalb des Definitionsbereiches von f setzen wir gleich 0. Dann gelten die obigen Symmetrierelationen ohne Einschränkung für f_0. Damit haben wir:

$$f = \psi(\overline{\bar{x}_1 \bar{x}_2 \bar{x}_3} \cdot \overline{\bar{y}_1 \bar{y}_2 \bar{y}_3}) f_0 \mid D,$$

wo D der Definitionsbereich von f ist.

Weiter gilt, wenn f_1 die durch den Quadranten oben links definierte Funktion ist

$$\begin{aligned} f_0(x, y) = {} & \psi(\bar{x}_1 \bar{y}_1) f_1(x_2, x_3, y_2, y_3) \cup \psi(x_1 \cdot y_1) f_1(\bar{x}_2, \bar{x}_3, \bar{y}_2, \bar{y}_3) \\ & \cup \psi(x_1 \bar{y}_1) \bar{f}_1(\bar{x}_2, \bar{x}_3, y_2, y_3) \cup \psi(\bar{x}_1 y_1) \bar{f}_1(x_2, x_3, \bar{y}_2, \bar{y}_3) \end{aligned}$$

Hieraus folgt weiter:

$$f_0(x, y) = x_1 \oplus y_1 \oplus f_1(x_1 \oplus x_2, x_1 \oplus x_3, y_1 \oplus y_2, y_1 \oplus y_3).$$

Wir berechnen die drei Komponenten $f_1^{(1)}, f_1^{(2)}$ und $f_1^{(3)}$ von f_1.

$f_1^{(3)}$	0	0	1	1	x_2
	0	1	0	1	x_3
0 0	0	0	0	0	
0 1	0	1	0	1	
1 0	0	0	0	0	
1 1	0	1	0	0	
y_2 y_3					

$$\begin{aligned} f_1^{(3)} &= \psi((\bar{x}_2 \cup \bar{y}_2)(x_3 y_3)) \\ &= \psi(\overline{x_2 y_2} \, x_3 y_3) \end{aligned}$$

$f_1^{(2)}$		0	0	1	1	x_2
		0	1	0	1	x_3
0	0	0	0	0	0	
0	1	0	0	1	1	
1	0	0	1	0	1	
1	1	0	1	1	1	

$$f_1^{(2)} = \psi\,(x_2\, y_3 \cup y_2\, x_3)$$

$f_1^{(1)}$		0	0	1	1	x_2
		0	1	0	1	x_3
0	0	0	0	0	0	
0	1	0	0	0	0	
1	0	0	0	1	1	
1	1	0	0	1	0	
y_2	y_3					

$$\begin{aligned} f_1^{(1)} &= \psi\,(x_2\, y_2\, (\overline{x}_3 \cup \overline{y}_3)) \\ &= \psi\,(x_2\, y_2\, \overline{x_3\, y_3}) \end{aligned}$$

f enthält also noch weitere Symmetrien. Vertauscht man nämlich die Indizes 2 und 3, dann geht $f_1^{(1)}$ in $f_1^{(3)}$ und $f_1^{(3)}$ in $f_1^{(1)}$ und $f_1^{(2)}$ in $f_1^{(2)}$ über. Wir haben damit die folgende Realisierung für die Multiplikation in $\mathbb{Z}_7$. (Siehe Abbildung auf S. 130).

1.4.4 Aufgaben

1. Realisiere einen Zähler mod 120, der in jedem dritten Takt auf einem Ausgang a und in jedem fünften Takt auf einem Ausgang b eine 1 ausgibt.
2. Ein Schieberegister besteht aus einer linearen Anordnung von Flip-Flops mit einem ersten und letzten Element, dem Eingabe-Flip-Flop und dem Ausgabe-Flip-Flop. Bei jedem Takt wird ein Signal in das Eingabe-Flip-Flop aufgenommen, von jedem Flip-Flop an das Folge-Flip-Flop weitergegeben und ein Signal am Ausgabe-Flip-Flop abgegeben. Man „simuliere" ein Schieberegister durch einen Speicher mit zyklischem Adressenzähler.
3. Man realisiere eine Umschlüsselung von dreistelligen Dezimalzahlen, deren Ziffern natürlich codiert sind, in Dualzahlen.
4. Man gebe für 3. eine generelle Lösung mittels eines Schaltwerkes.

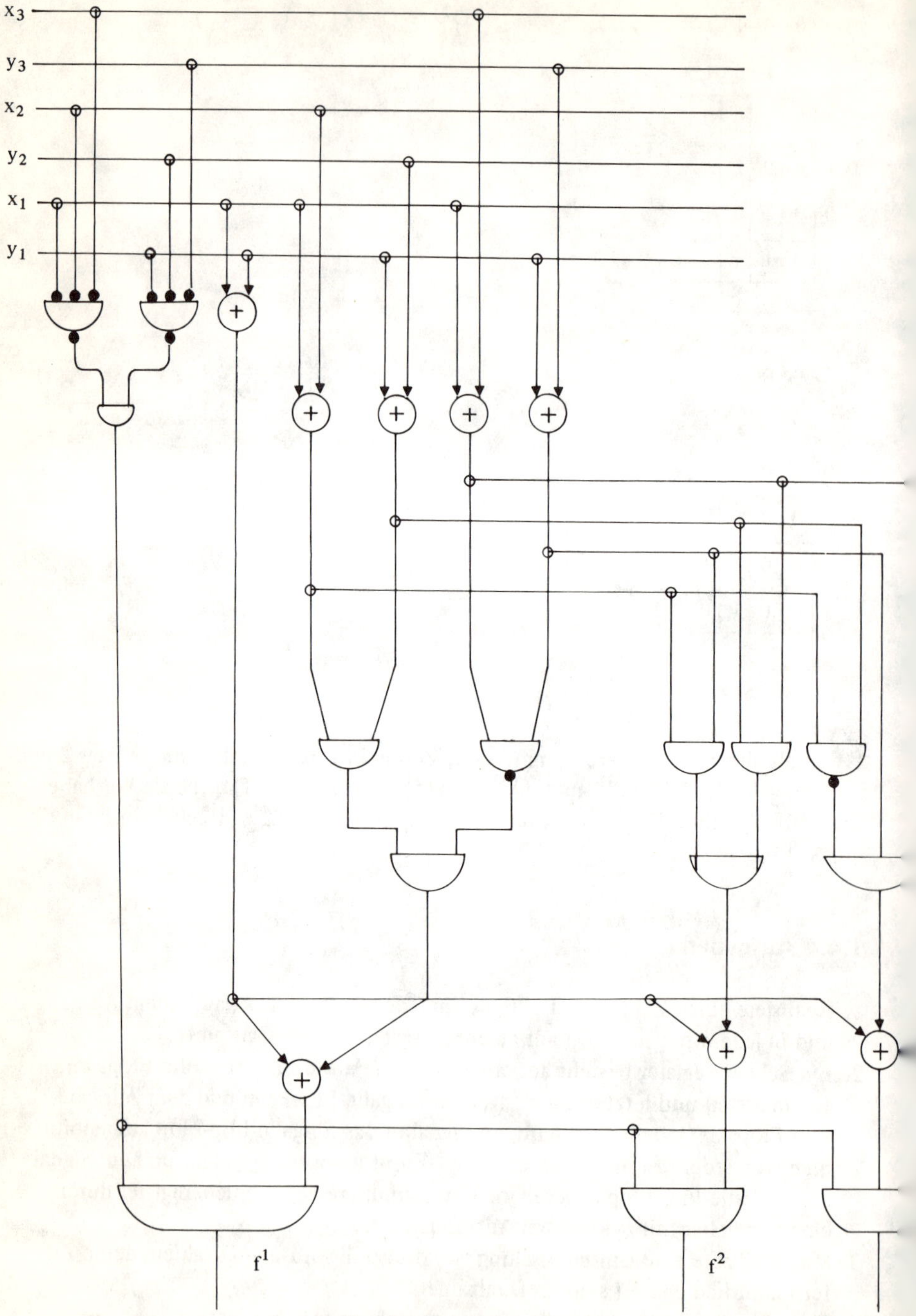
x3
y3
x2
y2
x1
y1
f1
f2

1.5 Spezielle Funktionsklassen und Invarianten

1.5.1 G-symmetrische Funktionen

Wir stellen in diesem Abschnitt einige vorläufige Ergebnisse über symmetrische Funktionen zusammen. Wir betrachten zunächst die Abbildungen

$$\{\sigma_{ik} \mid 1 \leqslant i < k \leqslant n\}$$

mit

$$\sigma_{ik}(\alpha_1, .., \alpha_i, .., \alpha_k, .., \alpha_n) = (\alpha_1, .., \alpha_k, .., \alpha_i, .., \alpha_n)$$

für $\alpha = (\alpha_1, .., \alpha_n) \in B^n$; d.h. σ_{ik} vertauscht die i-te Komponente mit der k-ten Komponente.

Weiter die Abbildungen

$$\{\nu_i \mid i = 1, .., n\}$$

mit

$$\nu_i(\alpha_1, .., \alpha_i, .., \alpha_n) = (\alpha_1, .., \overline{\alpha}_i, .., \alpha_n);$$

ν_i ersetzt also die i-te Komponente durch ihr Komplement. Wir bezeichnen die durch die σ_{ik} und ν_i erzeugte Gruppe mit $\mathbb{P}_n$. $\mathbb{P}_n$ enthält offensichtlich die Gruppe aller Permutationen von n Variablen, d.h. die symmetrische Gruppe S_n als Untergruppe.

Indem wir definieren

$$\sigma(f) = f \circ \sigma \quad \text{für } f \in \mathbf{S}_n \text{ und } \sigma \in \mathbb{P}_n$$

machen wir $\mathbb{P}_n$ zu einer Untergruppe der Automorphismengruppe $G(\mathbf{S}_n)$. Hierzu sehe man 1.1.9

Definition: $f \in \mathbf{S}(D)$, $D \subset B^n$ heißt G-symmetrisch für $G \subset \mathbb{P}_n$, falls $\sigma(f) = f$ ist für alle $\sigma \in G$ und wenn D unter G fest bleibt.

Ohne Beschränkung der Allgemeinheit kann man annehmen, daß G eine Gruppe ist, da aus f G-symmetrisch folgt, daß f auch $\langle G \rangle$-symmetrisch ist, wo $\langle G \rangle$ die durch G erzeugte Untergruppe von $\mathbb{P}_n$ bezeichnet.

Wir können aus den im vorigen Abschnitt behandelten Beispielen sehen, daß man die G-Invarianz und darüber hinaus auch Transformationseigenschaften von Schaltfunktionen unter G mit Vorteil für die Schaltkreissynthese ausnutzen kann. Hierauf werden wir in einem späteren Abschnitt ausführlich eingehen. Hier stellen wir einige Ergebnisse von McClusky und Shannon zusammen.

Definition: f heißt total symmetrisch, wenn f S_n-symmetrisch ist.

Definition: Sei $\epsilon = (\epsilon_0, \epsilon_1, \ldots, \epsilon_n)$, $\epsilon \in B^{n+1}$. Wir definieren $s_\epsilon: B^n \to B$

durch

$$s_\epsilon(\alpha_1, \ldots, \alpha_n) = 1 \Longleftrightarrow \epsilon_{\Sigma\alpha_i} = 1 .$$

Wir betrachten einige Beispiele:

Beispiel 1:

$$n = 2,\ f = \psi(\bar{x}_1 \bar{x}_2)$$

Es ist

$$f = s_{(1,0,0)} \text{ da } f(\alpha_1, \alpha_2) = 1 \Longleftrightarrow \alpha_1 + \alpha_2 = 0$$

Beispiel 2:

$$n = 2,\ f = x_1 \oplus x_2$$

Es ist

$$f = s_{(0,1,0)} \text{ da } f(\alpha_1, \alpha_2) = 1 \Longleftrightarrow \Sigma\alpha_i = 1$$

Beispiel 3:

$$n = 3,\ f = \psi(\bar{x}_1 \bar{x}_2 x_3 \cup x_1 \bar{x}_2 \bar{x}_3 \cup \bar{x}_1 x_2 \bar{x}_3 \cup x_1 x_2 x_3)$$

Es ist

$$f = s_{(0,1,0,1)} \text{ da } f(\alpha_1, \alpha_2, \alpha_3) = 1 \Longleftrightarrow \Sigma\alpha_i = 1 \text{ oder } = 3$$

Beispiel 4:

Wir betrachten unser „Lampenbeispiel" aus der Einleitung und sehen, daß diese Schaltfunktion gerade $s_{(0,1,0,1,0)}$ ist.

Satz 1 (von *Shannon*):

$f \in \mathbf{S}_n$ ist genau dann total-symmetrisch, wenn es ein $\epsilon \in B^{n+1}$ gibt mit

$$f = s_\epsilon$$

Beweis: Daß s_ϵ für $\epsilon \in B^n$ total-symmetrisch ist, ist trivial. Wir haben also nur die umgekehrte Richtung des Satzes zu zeigen.
Wir wählen $\alpha^0, \ldots, \alpha^n \in B^n$ mit

$$\sum_{l=1}^{n} \alpha_l^i = i \text{ für } i = 0, \ldots, n\,.$$

Nun setzen wir

$$\epsilon_i = f(\alpha^i)\,.$$

Wir zeigen:

$$f = s_\epsilon \text{ mit } \epsilon = (\epsilon_0, \ldots, \epsilon_n)$$

Es ist nach Definition von ϵ

$$f(\alpha^i) = s_\epsilon(\alpha^i)$$

Nun ist f totalsymmetrisch nach Voraussetzung und s_ϵ nach Teil 1 des Satzes.

Ist $\alpha \in B^n$ beliebig und ist $\sum_{j=1}^{n} \alpha_j = i$ dann gibt es eine Permutation $\sigma \in S_n$ mit $\sigma(\alpha) = \alpha^i$.
Also ist:

$$f(\alpha) = f(\alpha^i) = s_\epsilon(\alpha^i) = s_\epsilon(\alpha), \text{ was zu zeigen war.}$$

Als Sonderfall von Hilfssatz 19 aus 1.1 erhalten wir:

Satz 2

Die Menge der G-symmetrischen Schaltfunktionen von **S** (D) bildet eine Boolesche Algebra.

Die folgenden Identitäten sind mitunter nützlich.

Satz 3

(1) $\overline{s_\epsilon} = s_{\overline{\epsilon}}$

(2) $s_\epsilon \circ \nu = s_{\epsilon'}$

mit $\nu = \nu_1 \circ \ldots . \circ \nu_n$ und $\epsilon'_i = \epsilon_{n-i}$ für $i = 0, \ldots, n$

(3) $s_\epsilon \circ s_\eta = s_{\epsilon \cdot \eta}$

(4) $s_\epsilon \cup s_\eta = s_{\epsilon \cup \eta}$

Man erkennt aus (1), (3), (4), daß die Abbildung

$$\epsilon \longrightarrow s_\epsilon$$

ein Isomorphismus der Booleschen Algebra B^n in die Boolesche Algebra der total-symmetrischen Schaltfunktionen darstellt.

Wenn man testen möchte, ob eine Schaltfunktion total symmetrisch ist, dann genügt es, die Invarianz von f für ein Erzeugendensystem von S_n zu testen.

S_n läßt sich bekanntlich durch eine Transposition und den „zyklischen Shift" erzeugen, d.h. z.B.: durch die Abbildungen $\sigma_{1,2}$ und $\vec{\sigma}$ mit $\vec{\sigma}(\alpha_1, \ldots, \alpha_n) =$
$= (\alpha_2, \ldots, \alpha_n, \alpha_1)$.

Hieraus folgt:

Satz 4 (von *Povarov*):

f ist genau dann total symmetrisch, wenn f $\{\sigma_{1,2}, \vec{\sigma}\}$ -symmetrisch ist.

Wir kommen nun zu den Minimalpolynomen von symmetrischen Funktionen.

Satz 5 (von *McCluskey*):

Ist a Primimplikant von f und ist f G-symmetrisch, dann ist auch σ (a) Primimplikant von f für $\sigma \in G$. Hierin ist σ (a) in naheliegender Weise zu verstehen.

Beweis: Ohne Beschränkung der Allgemeinheit können wir annehmen, daß G eine Gruppe ist. Ist für eine Einsetzung $\phi(\sigma(a)) = 1$, dann gilt für die Einsetzung $\phi' = \phi \circ \sigma$ trivialerweise $\phi'(a) = 1$. Da a Implikant von f ist, folgt auch $f(\phi'(x)) = 1$. Nun ist f auch unter σ^{-1} invariant. Also gilt auch

$$1 = f \circ \sigma^{-1}(\phi'(x)) = f(\sigma^{-1} \circ \phi \circ \sigma(x)) = f(\phi(x)) .$$

Also ist $\sigma(a)$ Implikant von f.

$\sigma(a)$ ist Primimplikant. Wäre nämlich $\sigma(a)$ nicht Primimplikant, dann gäbe es ein echtes Teilmonom b von $\sigma(a)$, das auch Implikant von f ist. Nach dem schon bewiesenen Teil des Satzes folgt dann, daß auch $\sigma^{-1}(b)$ Implikant von f ist. $\sigma^{-1}(b)$ ist aber echtes Teilmonom von a, was im Widerspruch dazu steht, daß a Primimplikant ist.

Satz 6 (von *McCluskey*):

Ist f G-symmetrisch und liegt der Primimplikant a im Kern von f, dann liegt auch $\sigma(a)$ für $\sigma \in G$ im Kern von f.

Beweis: Liegt a im Kern von f, dann gibt es genau eine Einsetzung aus dem Definitionsbereich von f mit $\phi(a) = 1$. Nun permutiert aber G die Einsetzungen. Gibt es also für ein Monom k Einsetzungen ϕ aus dem Definitionsbereich von f mit $\phi(a) = 1$, dann gibt es auch k Einsetzungen dieser Art für $\sigma(a)$. Hieraus folgt unmittelbar die Behauptung des Satzes.

Ebenso zeigt man:

Satz 7 (von *McCluskey*):

Ist p ein Minimalpolynom zu f, ist f G-symmetrisch, dann ist auch $\sigma(p)$ für $\sigma \in G$ Minimalpolynom zu f.

Definition: $F \subset D$ heißt *Fundamentalbereich* von G in D, wenn (1) und (2) gilt:

(1) Zu jedem $\alpha \in D$ gibt es ein $\beta \in F$ und ein $\sigma \in G$ mit $\sigma(\alpha) = \beta$.

(2) Sind $\alpha_1, \alpha_2 \in F$ und gibt es ein $\sigma \in G$ mit $\sigma(\alpha_1) = \alpha_2$, dann ist $\alpha_1 = \alpha_2$.

Betrachtet man die Äquivalenzklassen von Punkten, die die Gruppe G jeweils aus einem Punkt erzeugt, dann ist ein Fundamentalbereich also gerade ein Repräsentantensystem dieser Äquivalenzklassen.

Satz 8:

Sei F Fundamentalbereich von $G \subset \mathbb{P}_n$ in D. $f : D \to B$ sei G-symmetrisch und es sei

$$D' = F \cup \{\alpha \in D \mid f(\alpha) = 0\}$$

und

$$g_f = f/D' .$$

Ist M die Menge der Primimplikanten von g_f, dann ist

$$M_f = \{\sigma(a) \mid a \in M, \sigma \in G\}$$

die Menge der Primimplikanten von f.

Der Beweis dieses Satzes ist eine einfache Folgerung aus dem ersten Satz von *McClusky*.

Wir bestimmen als Anwendungsbeispiel die Primimplikanten von s_ϵ.

Zunächst bestimmen wir ein F. Man erkennt sofort, daß

$$F = \{(0, \ldots, 0), (1, 0, \ldots, 0), \ldots\ldots, (1, \ldots, 1)\}$$

ein Fundamentalbereich von S_n in B^n ist.

Ist $\epsilon_i = 0, \epsilon_{i+1} = \ldots = \epsilon_{i+k} = 1, \epsilon_{i+k+1} = 0$, dann ist

$$a_{i,k} = x_1 \ldots x_i \, x_{i+1} \, \overline{x}_{i+k+1} \ldots \overline{x}_n$$

Primimplikant von g_{s_ϵ}, wie man durch Anwendung unserer Kriterien aus dem vorigen Abschnitt erkennt.

Man erhält so auch alle Primimplikanten.

Wir erhalten hieraus den

Satz 9:

Sei $\epsilon \in B^n$ und $1 \leqslant i_1 < k_1 \leqslant i_2 < k_2 \leqslant \ldots \leqslant i_j < k_j \leqslant n$

eine Folge natürlicher Zahlen mit

$\epsilon_h = 0$ für $1 \leqslant h \leqslant i_1, k_1 \leqslant h \leqslant i_2, \ldots, k_{j-1} \leqslant h \leqslant i_j$

und $k_j \leqslant h \leqslant n$

und $\epsilon_h = 1$ sonst.

Dann ist

$$p = \bigcup_{\sigma \in S} \bigcup_{m=1}^{j} \sigma(a_{i_m, k_m})$$

das einzige Minimalpolynom von s_ϵ.

Beweis: Wir wissen, daß die $\sigma(a_{i_m, k_m})$ die Primimplikanten von s_ϵ sind. Man sieht, daß a_{i_m, k_m} wesentlich ist für $m = 1, \ldots, j$. Also sind nach dem vorhergehenden Satz alle diese Primimplikanten wesentlich, womit wir unseren Satz bewiesen haben.

Eine Verallgemeinerung dieser Aussage ist der folgende Satz, der jedoch nach dem bisher Gesagten keines Beweises mehr bedarf.

Satz 10:

Sei f G-symmetrisch, F ein Fundamentalbereich von G und g_f wie oben definiert.

Ist M die Menge der Primimplikanten von g_f und sind die Primimplikanten in M alle wesentlich, dann ist

$$p = \bigcup_{\sigma \in G} \bigcup_{a \in M} \sigma(a)$$

das einzige Minimalpolynom von f.

Man kann aus den Symmetrieeigenschaften weiteren Nutzen ziehen. Es gilt nämlich der folgende

Satz 11:

Sei $f : D \to B$ G-symmetrisch und p_1 Minimalpolynom von g_f. Dann gilt für

$$p = \bigcup_{\sigma \in G} \sigma(p_1)$$

$$\psi_D(p) = f;$$

das heißt: p ist eine Darstellung von f.

Dieses Polynom wird im allgemeinen kein Minimalpolynom sein. Es gilt aber:

Satz 12:

Sei $f : D \to B$ G-symmetrisch und für die Menge M der Primimplikanten von g_f gelte, daß $\sigma(a) \notin M$ ist für $\sigma \neq 1$, $\sigma \in G$.

Weiter sei p_1 Minimalpolynom von g_f und

$$p = \bigcup_{\sigma \in G} \sigma(p_1).$$

Entfernt man aus p ein Monom, dann stellt das Restpolynom nicht mehr f dar.

Beweis: Sei $\sigma(a)$ in p überflüssig. Dann gibt es Primimplikanten $a_1, \ldots, a_k$ von g_f und $\sigma_1, \ldots, \sigma_k \in G$ so daß

$$\sigma(a) \subset \sigma_1(a_1) \cup \ldots \cup \sigma_k(a_k).$$

Dies ist äquivalent mit der Aussage

$$a \subset \sigma^{-1}\sigma_1(a_1) \cup \ldots \cup \sigma^{-1}\sigma_k(a_k).$$

Es gibt dann ein j, so daß $\sigma^{-1}\sigma_j(a_j)$ Punkte aus F überdeckt. Dann ist aber $\sigma^{-1}\sigma_j(a_j)$ Primimplikant von g_f. Nach Voraussetzung ist dann $\sigma^{-1}\sigma_j = 1$.

Da dieser Schluß für jedes Monom $\sigma^{-1}\sigma_e(a_e)$ gilt, das Punkte von F überdeckt, folgt, daß a in p_1 überflüssig ist. p_1 ist aber Minimalpolynom.

Hieraus folgt unser Satz.

Ebenso zeigt man:

Satz 13:

$f : D \to B$ sei G-symmetrisch und es gebe ein Minimalpolynom p von f, das unter G invariant ist. Dann gibt es ein Minimalpolynom p_1 von g_f mit

$$p = \bigcup_{\sigma \in G} \sigma(p_1).$$

Beweis: Wir nehmen eine Repräsentantenmenge der Monome von p, die F überdecken; dies Polynom sei p'.

Dann gilt

$$p_f = \bigcup_{\sigma \in G} \sigma(p') \text{ stellt } f \text{ dar}.$$

Aus den Voraussetzungen des Satzes folgt, daß jedes Monom von p so genau einmal erzeugt wird.

Ist p_f nicht minimal, dann gibt es ein Polynom p_1, das g_f billiger realisiert.

Nun folgt

$$q = \bigcup_{\sigma \in G} \sigma(p_1)$$

realisiert f und ist billiger als p im Widerspruch zu unserer Voraussetzung.

Beispiel: Addition von n Summanden

Wir betrachten diese Addition nur für eine Binärstelle. Die vollständige Addition führe man nach Vorbild des *v. Neumann*'schen Addierwerkes durch.

Wir definieren also eine Schaltfunktion

$$f : B^n \to B^k$$

mit

$$k = [\log_2 n] + 1 .$$

Sei

$$\eta^{(i)}_{k-1}\, \eta^{(i)}_{k-2} \ldots \eta^{(i)}_0 \text{ für } i = 0, \ldots, n-1$$

die Darstellung von i als Dualzahl.

Setzt man

$$f_e = s_{\epsilon_e},\ \epsilon_e = (\eta^{(0)}_e, \ldots, \eta^{(n-1)}_e) \text{ für } e = 0, \ldots, k-1$$

so gilt für

$$\eta_e = f_e(\alpha_1, \ldots, \alpha_n) \quad e = 0, \ldots, k-1$$

$$\eta_{k-1} \ldots \eta_0 \text{ ist Dualdarstellung von } \sum_{i=1}^{n} \alpha_i$$

Für n = 7 ist dies eine vom Aufwand her noch vertretbare Möglichkeit, die Multiplikation durch Zusammenfassung von je 7 Summanden rascher zu erledigen.

Man kann diese Ergebnisse in verschiedener Hinsicht verschärfen, aber eine systematische Untersuchung dieser Fragen gibt es noch nicht.

Diese Ergebnisse können ausgedehnt werden auf Funktionen, die durch „Vorschalten" einer Transformation der Form

$$\tau = \nu_{i_1} \circ \ldots \circ \nu_{i_j}$$

in eine G-symmetrische Funktion übergeführt werden.

Definition:

Ist $\tau \in \mathbb{P}$ und $f : D \to B$ und ist $\tau(f)$ G-symmetrisch, dann nennen wir f $G \cdot \tau$-symmetrisch.

Ist $\tau \in G$, dann ist f G-symmetrisch, und wir haben den alten Fall vor uns.

Der folgende Satz erlaubt es uns, die vorigen Ergebnisse auf G-symmetrische Funktionen zu übertragen:

Satz 14:

Ist a Primimplikant, p Minimalpolynom und q der Kern von $f : D \to B$, und ist $\tau \in \mathbb{P}$, dann ist $\tau(a)$ Primimplikant, $\tau(p)$ Minimalpolynom und $\tau(q)$ Kern von $\tau(f)$.

Den einfachen Beweis überlassen wir dem Leser.

Aufgabe:

Realisiere ein Dezimaladdierwerk im Stibitzcode auf folgende Weise. Man bestimme eine Gruppe, unter der sich die Dezimaladdition in einfacher Weise transformiert. Man bilde den Definitionsbereich in einem geeignet gewählten Fundamentalbereich der Gruppe ab, realisiere auf dem Fundamentalbereich die Addition und korrigiere das Resultat entsprechend der Transformation in den Fundamentalbereich.

1.5.2 Monotone Funktionen

Wir betrachten eine zweite spezielle Klasse von Schaltfunktionen, deren Minimalpolynome wir charakterisieren und die wir umgekehrt durch ihre Minimalpolynome charakterisieren können.

$f: B^n \to B^k$ heißt *monoton* $\Longleftrightarrow$

$$\alpha \leqslant \beta \Rightarrow f(\alpha) \leqslant f(\alpha)$$

$f: B^n \to B^k$ heißt τ*-Monoton*, wenn es ein

$$\tau = \nu_{i_1} \circ \ldots \circ \nu_{i_j} \in G \text{ gibt },$$

so daß $f \circ \tau$ monoton ist.

Man kann τ-monotone Funktionen durch die Negation einiger Komponenten in monotone Funktionen verwandeln.

Ein Monom $a = x_{0_1}^{\epsilon_1} \ldots x_{i_n}^{\epsilon_n}$ mit $\epsilon_1 = \ldots = \epsilon_k = 1$ heißt *positiv*.

Hilfssatz 1:

$f: B^n \to B$ monoton, a Primimplikant von f. Dann ist a positiv.

Beweis: Sei a Primimplikant von f und a nicht positiv, d.h., wir können schreiben:

$$a = \bar{x} \cdot a'$$

Sei ϕ eine Einsetzung mit $\phi(a) = 1$ und es sei ϕ' eine Einsetzung mit

$$\phi'(y) = \begin{cases} \phi(y) & \text{für } y \not\equiv x \\ \phi(y) & \text{für } y \equiv x \end{cases}$$

Wegen $\phi(x_1, \ldots, x_n) \leqslant \phi'(x_1, \ldots, x_n)$ folgt wegen der Monotonie von f $f(\phi'(x_1, \ldots, x_n)) = 1$, d.h.: es ist auch a' Implikant von f. Dies steht aber im Widerspruch zur Annahme, daß a Primimplikant von f ist. Also ist in der Tat jeder Primimplikant von f positiv.

Hilfssatz 2:

Ist $f: B^n \to B$ monoton und ist a Primimplikant von f, dann ist a wesentlich, d.h. a liegt im Kern von f.

Beweis: Sei ϕ eine Einsetzung mit $\phi(a) = 1$ und $\phi(x) = 0$ für $x \in X_n$ und x nicht in a. Ist b ein beliebiger Primimplikant und gilt $\phi(b) = 1$, dann folgt wegen des vorhergehenden Hilfssatzes, daß b Teilmonom von a ist. Da a Primimplikant ist, ist $a = b$. Also gilt $\phi(b) = 0$ für alle Primimplikanten b von f mit $b \neq a$. Das heißt aber gerade, daß a im Kern liegt.

Hieraus folgt der

Satz 15:

Ist $f : B^n \to B$ monoton, dann besitzt f genau ein Minimalpolynom p. Dieses p enthält genau die Primimplikanten von f und jeder Primimplikant von f ist wesentlich.

Korollar:

Sei $f : B^n \to B$ und $p \in \mathbf{B}(X_n)$ ein Polynom mit $\psi(p) = f$. Ist p negationsfrei und ist kein Monom von p Teilmonom eines anderen Monomes von p, dann ist p das Minimalpolynom von f.

Aus dem obigen Satz folgt der

Satz 16:

Ist $f : B^n \to B$ τ-monoton, dann ist jeder Primimplikant von f wesentlich. f besitzt genau ein Minimalpolynom.

Beweis: Aus dem obigen Satz folgt die Behauptung für $f \circ \tau$. Ist $a = x_{i_1}^{\eta_1} \ldots x_{i_k}^{\eta_k}$ Primimplikant von f, und ist $(\delta_1, \ldots, \delta_n) = \tau^{-1}(\eta_1, \ldots, \eta_n)$, dann ist $a_\tau = x_{i_1}^{\delta_1} \ldots x_{i_k}^{\delta_k}$ Primimplikant von $f \circ \tau$.

Man erhält so auch alle Primimplikanten von $f' = f \circ \tau$, da τ^{-1} die Primimplikanten von f' in Primimplikanten von f überführt.

Weiter führt τ den Kern von f in den Kern von f' über, und τ^{-1} tut das gleiche in umgekehrter Richtung. Hieraus folgt aber die Behauptung des Satzes.

Es gilt die Umkehrung des Satzes.

Satz 17:

Sei $f : B^n \to B$ und jeder Primimplikant von f liege im Kern. Dann ist f τ-monoton für ein geeignetes τ, falls aus xa und $\bar{x}b$ Primimplikanten von f'' folgt, daß $a \cdot b \not\equiv 0$ ist.

Beweis: Seien $a = xa'$ und $b = \bar{x}b$ Primimplikanten von f. Dann ist auch $a'b'$ Implikant von f, falls $a' \cdot b' \not\equiv 0$ ist. Es gibt also einen Primimplikanten c von f, der Teilmonom von $a' \cdot b'$ ist. Nun folgt für jede Einsetzung ϕ mit $\phi(a'b') = 1, \phi(xa') = 1$ oder $\phi(\bar{x}b') = 1$. Also ist c nicht wesentlich. Also folgt, jede Variable kommt entweder nur negiert oder nur unnegiert vor, oder es gilt in diesem Fall stets $a'b' = 0$.

Im ersten Fall sind wir offenbar fertig, der zweite Fall kommt aufgrund der Voraussetzung nicht vor.

Satz 18:

Es gibt monotone Funktionen, die nicht Schwellenfunktionen sind.

Beweis: Wir betrachten für $n = 4$ das Polynom

$$p = x_1x_2 \cup x_3x_4$$

Man sieht, daß $\psi(p)$ monoton ist.

Wir versuchen, p als Schwellenfunktion zu schreiben und machen für $f = \psi(p)$ den Ansatz:

$$f(\alpha_1, \alpha_2, \alpha_3, \alpha_4) = 1 \Longleftrightarrow \sum_{i=1}^{4} m_i\alpha_i \geqslant k$$

Es muß dann gelten

$$m_1 + m_2 \geqslant k$$

$$m_3 + m_4 \geqslant k$$

$$m_1 + m_3 < k$$

$$m_2 + m_4 < k$$

Aus Zeile 1 und 3 bzw. 3 und 4 folgt:

$$m_2 - m_3 > 0$$

$$m_3 - m_2 > 0$$

Also gibt es keine Schwellenfunktion, die f darstellt.

Spezielle Schwellenfunktionen, nämlich die Funktion s_k^n, spielen im Zusammenhang mit der Erkennung von Radarsignalen eine praktische Rolle.

Man findet sie auch in biologischen Systemen realisiert. Ihre technische Realisierung als Baustein ist im allgemeinen Fall mit großen Schwierigkeiten verbunden.

Ohne an dieser Stelle auf Einzelheiten einzugehen, teilen wir durch die Angabe eines Schaltbildes die Verwendung von Schwellenelementen bei der Entstörung von Radarsignalen mit:

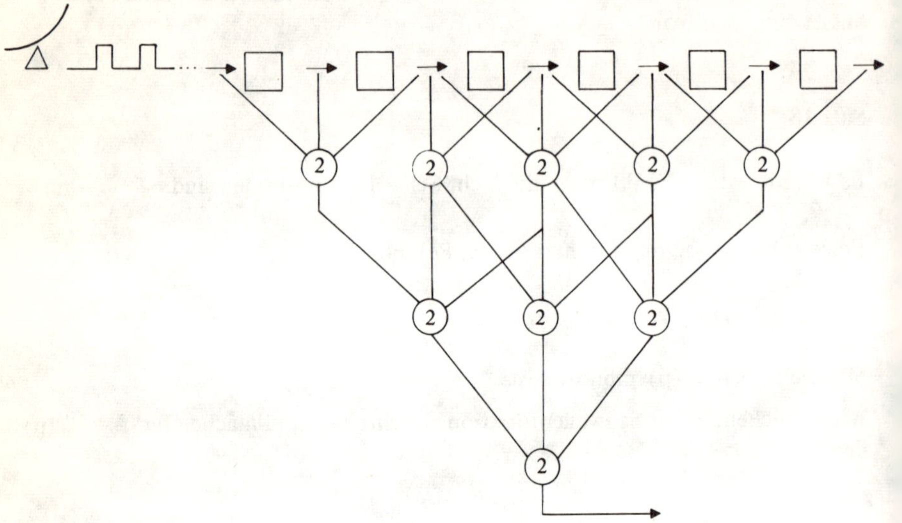

Hierin bedeutet das Symbol oben links ein Digitalradar, die Elemente —□— sind Verzögerungselemente, die Funktion s_2^3 bezeichnen wir durch

Man prüft an Beispielen leicht nach, daß diese Schaltung binäre Signalfolgen in dem Sinne glättet, daß sie Blöcke von ‚Einsen' und Blöcke von ‚Nullen', die nicht zu stark gestört sind, regeneriert.

Eine genauere Diskussion dieser ‚Filter' bei gegebenem Störverhalten findet man in der Dissertation von *O. Spaniol* an der Universität des Saarlandes.

Diese ‚Symmetrischen Digitalfilter' erfüllen die Relationen, die durch das vorige und das folgende Bild veranschaulicht werden. Man erhält nämlich bei geeigneten Anfangsbedingungen für unendliche Folgen aus dem vorigen und dem folgenden Filter die gleichen Ergebnisse:

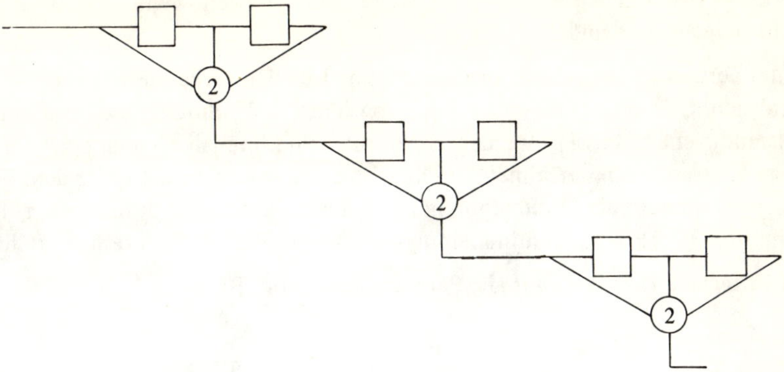

Wir formulieren zum Abschluß dieses Abschnittes eine Beziehung zwischen den Schwellenfunktionen und den symmetrischen Funktionen.

Hilfssatz 3:

Sei

$$\epsilon_0 = \ldots = \epsilon_{i-1} = 0\,,\ \epsilon_{i+1} = \ldots = \epsilon_k = 1\,,\ \epsilon_{k+1} = \ldots = \epsilon_n = 0.$$

Es gilt dann für $\epsilon = (\epsilon_1, \ldots, \epsilon_n)$

$$s_\epsilon = s_i^n \cdot s_k^{\overline{n}}$$

Hieraus ergibt sich:

Satz 19:

Jede symmetrische Schaltfunktion ist Vereinigung von 2-stelligen Produkten von Schwellenfunktionen.

1.5.3 Chow-Parameter

Wir betrachten einige Invarianten von Schaltfunktionen gegenüber G-Symmetrien. Man kann hoffen, durch solche Invarianten die Entscheidung darüber, ob eine

Funktion G-symmetrisch ist oder nicht, zu beschleunigen, wenn diese Invarianten leicht berechenbar sind.

Weiter verwendet man diese Invarianten, um Tabellenwerke für Minimalpolynome anzulegen. Dies gelingt für einige Funktionsklassen, die durch diese Invarianten vollständig charakterisiert werden. Sucht man ein Minimalpolynom einer Funktion dieser Klassen, dann berechnet man ihre Invarianten und findet unter dem Wert dieser Invarianten ein Minimalpolynom verzeichnet, das man durch eine τ-Transformation ($\tau \in \mathbb{P}$) in ein Minimalpolynom der gegebenen Funktion überführt.

Die einfachste Invariante für alle Permutationen von B^n ist

$$\int_D f = \text{card}\{\alpha \in D \mid f(\alpha) = 1\}.$$

Hierfür kann man auch schreiben

$$\int_D f = \sum_{\alpha \in D} f(\alpha).$$

Offensichtlich gilt

Hilfssatz 4:

Ist τ eine Permutation von B^n, dann ist

$$\int_{\tau^{-1}(D)} f \circ \tau = \int_D f$$

Hilfssatz 5:

Sind $f, g : D \to B$ Schaltfunktionen, dann gilt

$$\int_D f \cup g = \int_D f + \int_D g - \int_D fg$$

$$\int_D f \oplus g = \int_D f + \int_D g - 2 \int_D fg$$

Wir schreiben auch

$$C_0(f) = \int_D f$$

Wir interessieren uns nun besonders für die Größen

$$C_i(f) = \int_D (x_i - \overline{x}_i) f = \int_D x_i f - \int_D \overline{x}_i f$$

$\int_D x_i f$ ist die Anzahl der Punkte $x \in D$ mit der Komponente $x_i = 1$, auf denen $f(x)$ den Wert 1 annimmt. Analog interpretiert man $\int_D \overline{x}_i f$ so, daß sich $C_i(f)$ als Differenz der Anzahl der 1-Stellen von f auf der $x_i = 1$-Seite und der $x_i = 0$-Seite von D erweist.

Wir setzen

$$\mathbb{C}(f) = (C_1(f), \ldots, C_n(f)) .$$

Ist n_i die Anzahl der Komponenten von $\mathbb{C}(f)$, deren Wert den Betrag $|C_i(f)|$ hat, dann setzen wir

$$\mathbb{C}_m(f) = \{(|C_i(f)|, n_i) | i = 1, \ldots, n\} .$$

$\mathbb{C}_m(f)$ heißt *Chow-Parameter* von f.

Wir wollen nun untersuchen, wie sich $\mathbb{C}_m(f)$ transformiert, wenn wir die Funktionen transformieren.

Wir schreiben dabei, wie früher schon:

$$\tau(f) := f \circ \tau .$$

Sei

$$\nu_i : B^n \to B^n$$

mit

$$\nu_i(\alpha_1, \ldots, \alpha_n) = (\alpha_1, \ldots, \overline{\alpha}_i, \ldots, \alpha_n) \text{ für } i = 1, \ldots, n .$$

Es ist

$$\nu_i \circ \nu_i = 1 \text{ d.h. } \nu_i = \nu_i^{-1} .$$

Also haben wir

$$\int_{\nu_i^{-1}(D)} x_l \, (f \circ \nu_i) = \int_D \nu_i(x_l) f = \begin{cases} \int_D x_l f & \text{für } i \neq l \\ \int_D \overline{x}_i f & \text{für } i = l \end{cases}$$

Also ist

$$C_l(\nu_i(f)) = \begin{cases} C_l(f) & \text{für } l \neq i \\ -C_i(f) & \text{für } l = i \end{cases}$$

Wir vereinbaren nun:

$$\nu_i(m_1, \ldots, m_n) = (m_1, \ldots, -m_i, \ldots, m_n)$$

für $(m_1, \ldots, m_n) \in Z^n$.
Damit können wir schreiben

$$\mathbb{C}(\nu_i(f)) = \nu_i(\mathbb{C}(f)) \text{ für } i = 1, \ldots, n.$$

Ist τ_{ij} die Vertauschung der i-ten und j-ten Komponente von $x \in B^n$ oder $x \in Z^n$, dann rechnet man ebenso nach

$$\mathbb{C}(\tau_{ij}(f)) = \tau_{ij}(\mathbb{C}(f)).$$

Da $\{\nu_i, \tau_{ij} | i, j = 1, \ldots, n\}$ die Gruppe $\mathbb{P}$ erzeugen, gilt

Satz 20:

Ist $f: D \to B, D \in B^n$ und $\tau \in \mathbb{P}$, dann gilt

$$\mathbb{C}(\tau(f)) = \tau(\mathbb{C}(f))$$

und

$$\mathbb{C}_m(\tau(f)) = \mathbb{C}_m(f)$$

Also $\mathbb{C}_m(f)$ ist eine Invariante unter $\mathbb{P}$.

Korollar 1:

Ist $\tau(f) = f$, dann ist

$$\mathbb{C}(\tau(f)) = \mathbb{C}(f).$$

Die Frage nach der Umkehrung des Satzes ist meines Wissens nicht behandelt worden.

Die Umkehrung sollte lauten:

Ist $\mathbb{C}(f)$ invariant unter der Gruppe $G \subset \mathbb{P}$, dann gilt dies auch für f.

Diese Frage ist trivialerweise positiv zu beantworten für alle Schaltfunktionen, die durch $\mathbb{C}(f)$ eindeutig charakterisiert werden. Es gilt aber offenbar

Korollar 2:

Ist f G-symmetrisch, dann ist

$$\mathbb{C}^{-1}(\mathbb{C}(f)) \cap S(D)$$

invariant unter G.

Das heißt nicht, daß die Elemente der Menge der Schaltfunktionen mit $\mathbb{C}(g) = \mathbb{C}(f)$ G-symmetrisch sein müssen, sondern nur, daß diese Menge unter G invariant ist.

Korollar 3:

Für totalsymmetrische Funktionen gilt

$$\mathbb{C}(f) = C \cdot e \quad \text{mit} \quad e = (1, \ldots, 1) \in Z^n$$

Aus dem Hilfssatz 5 folgt unmittelbar

Hilfssatz 6:

$$\mathbb{C}(f \cup g) = \mathbb{C}(f) + \mathbb{C}(g) - \mathbb{C}(fg)$$
$$\mathbb{C}(f \oplus g) = \mathbb{C}(f) + \mathbb{C}(g) - 2\,\mathbb{C}(fg)$$

Von besonderem Interesse ist der Sonderfall $fg = 0$, für den wir die Additivität haben:

(1) $\mathbb{C}(f \oplus g) = \mathbb{C}(f) + \mathbb{C}(g)$

(2) $\mathbb{C}(f \cup g) = \mathbb{C}(f) + \mathbb{C}(g)$

Hieraus folgt insbesondere

(3) $\mathbb{C}(g) = \mathbb{C}(gf) + \mathbb{C}(g\overline{f})$.

Dies gibt uns die Möglichkeit, die Differenz der Chow-Parameter zweier Funktionen abzuschätzen.

Korollar:

$$\mathbb{C}(f \oplus g) \equiv \mathbb{C}(f) + \mathbb{C}(g) \pmod 2 ,$$

das heißt: $\mathbb{C}$ ist modulo 2 linear bzgl. $\oplus$.

Setzen wir

$$\mathbb{C}_2 : \mathbf{S}(D) \to Z_2$$

mit

$$\mathbb{C}_2(f) = r, \; r \in \{0, 1\}^n , \; r = \mathbb{C}(f) \pmod 2 ,$$

dann haben wir wieder eine Invariante, die zwar wesentlich schwächer ist als $\mathbb{C}(f)$, deren Eigenschaften aber wesentlich leichter zu übersehen sind. Die Mehrdeutigkeiten von $\mathbb{C}_2(f)$ werden durch den Kern von $\mathbb{C}_2$, d.h. durch

$$K(\mathbb{C}_2) = \{f \in \mathbf{S}(D) \mid \mathbb{C}_2(f) = 0\}$$

vollkommen bestimmt.

Hilfssatz 7:

Für beliebige $f : D \to B, g : D \to B$ gilt

$$\mathbb{C}(f) - \mathbb{C}(g) = \mathbb{C}(f\overline{g}) - \mathbb{C}(\overline{f}g) .$$

Beweis: Nach Hilfssatz 6 und den eben bewiesenen Identitäten hat man

$$\mathbb{C}(f) + \mathbb{C}(g) = \mathbb{C}(f\overline{g}) + \mathbb{C}(\overline{f}g) + 2\,\mathbb{C}(fg)$$

und

$$2\,\mathbb{C}(g) = 2\,\mathbb{C}(fg) + 2\,\mathbb{C}(\overline{f}g) .$$

Durch Subtraktion erhält man

$$\mathbb{C}(f) - \mathbb{C}(g) = \mathbb{C}(f\overline{g}) - \mathbb{C}(\overline{f}g) .$$

Setzt man nun

$$\sigma(f, g) = \{x \in D \mid f(x) = 1 , \; g(x) = 0\},$$

dann kann man auch schreiben:

$$\mathbb{C}(f\bar{g}) = \int_D (x-\bar{x}) f\bar{g} = \int_{\sigma(f,g)} (x-\bar{x})$$

Damit erhält man zu Hilfssatz 7 das

Korollar 1:

Für $f, g \in \mathbf{S}(D)$ gilt

$$\mathbb{C}(f) - \mathbb{C}(g) = \int_{\sigma(f,g)} (x-\bar{x}) - \int_{\sigma(g,f)} (x-\bar{x})$$

Der folgende wichtige Hilfssatz gibt eine gewisse Auskunft darüber, wann f durch $\mathbb{C}(f)$ eindeutig charakterisiert wird.

Lemma 1:

$f \in \mathbf{S}(D)$ wird durch $\mathbb{C}(f)$ genau dann eindeutig charakterisiert, wenn es keine Mengen $\sigma_1 \in f^{-1}(1)$ und $\sigma_2 \in f^{-1}(0)$ gibt mit $\sigma_1 \cup \sigma_2 \neq \phi$ und

$$\int_{\sigma_1} (x-\bar{x}) = \int_{\sigma_2} (x-\bar{x})$$

Beweis: Die Bedingung ist hinreichend. Sei nämlich $f \neq g$ und $\mathbb{C}(f) = \mathbb{C}(g)$. Dann ist für $\sigma_1 = \sigma(f, g)$, $\sigma_2 = \sigma(g, f)$ die Gleichung erfüllt und $\sigma_1 \cup \sigma_2 \neq \emptyset$ wegen $f \neq g$.

Seien umgekehrt σ_1, σ_2 solche Mengen; dann definieren wir:

$$g(x) = \begin{cases} f(x) & \text{für } x \notin \sigma_1 \cup \sigma_2 \\ \bar{f}(x) & \text{für } x \in \sigma_1 \cup \sigma_2 \end{cases}$$

Es ist

$$\sigma(f, g) = \{x \mid f(x) = 1,\ g(x) = 0\} = \sigma_1$$
$$\sigma(g, f) = \{x \mid f(x) = 0,\ g(x) = 1\} = \sigma_2$$

Also ist

$$\mathbb{C}(f) - \mathbb{C}(g) = \int_{\sigma_1} (x - \bar{x}) - \int_{\sigma_2} (x - \bar{x}).$$

Es gilt $f \neq g$, da $\sigma_1 \cup \sigma_2 \neq \emptyset$ ist.

Da die Gleichung $\int_{\sigma_1} (x - \bar{x}) = \int_{\sigma_2} (x - \bar{x})$ nach Vor. erfüllt ist, haben wir

$$\mathbb{C}(f) = \mathbb{C}(g).$$

Bevor wir dieses Lemma anwenden, berechnen wir für einige Beispiele die Chow-Parameter.

Sei $n = 3$, $f = s_2^3$, d.h., es ist $s_2^3(x) = 1 \Leftrightarrow x_1 + x_2 + x_3 \geqslant 2$

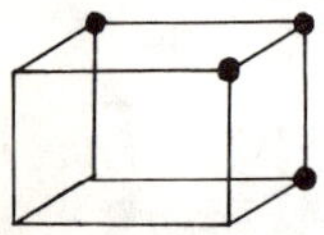

Wir zeichnen auf der links stehenden Figur für B^3 die Punkte stark aus, auf denen s_2^3 den Wert 1 annimmt.

Man liest ab:

$$C_0(s_2^3) = 4$$

$$C_1(s_2^3) = C_2(s_2^3) = C_3(s_2^3) = 3 - 1 = 2$$

Also

$$\mathbb{C}(s_2^3) = (2, 2, 2)$$

$$\mathbb{C}_m(s_2^3) = \{(2, 3)\}.$$

Satz 21:

Sei $s_k^n(x) = 1 \Longleftrightarrow \sum_{i=1}^{n} x_i \geqslant k$.

Es gilt

$$\mathbb{C}(s_k^n) = \binom{n-1}{k-1} \cdot e, \quad e = (1, 1, \ldots, 1)$$

Beweis: Wir verwenden die Identität

$$s_k^n(x, x_n) = x_n\, s_{k-1}^{n-1}(x) \cup \overline{x}_n\, s_k^{n-1}(x)\,.$$

Aus Hilfssatz 3 folgt:

$$\mathfrak{C}(s_k^n) = \mathfrak{C}(x_n\, s_{k-1}^{n-1}) + \mathfrak{C}(\overline{x}_n\, s_k^{n-1})\,.$$

Nun ist s_k^n total-symmetrisch.

Also ist

$$\mathfrak{C}(x_n\, s_k^n) = C_n(x_n\, s_k^n) \cdot e\,.$$

Nach untenstehender Formel ergibt sich:

$$\begin{aligned} C_n(s_k^n) &= C_n(x_n\, s_{k-1}^{n-1}) + C_n(\overline{x}_n\, s_k^{n-1}) \\ &= \int_{B^n} x_n\, s_{k-1}^{n-1} - \int_{B^n} \overline{x}_n\, s_k^{n-1} \\ &= \int_{B^{n-1}} s_{k-1}^{n-1} - \int_{B^{n-1}} s_k^{n-1} \\ &= \sum_{i=k-1}^{n-1} \binom{n-1}{i} - \sum_{k}^{n-1} \binom{n-1}{i} = \binom{n-1}{k-1} \end{aligned}$$

Hieraus folgt, daß $\mathfrak{C}$ die Schwellenfunktionen im allgemeinen nicht eindeutig charakterisiert, und zwar nicht einmal in der Einschränkung auf die Menge dieser Funktionen. Denn es gilt ja:

$$\mathfrak{C}(s_k^n) = \mathfrak{C}(s_l^n) \text{ für } \binom{n-1}{k-1} = \binom{n-1}{l-1}$$

d.h. für $l = k$ oder
$l = n - k + 1\,.$

Hieraus ergibt sich, daß nur für $n = 2k-1$ die Möglichkeit besteht, daß $\mathfrak{C}(s_k^n)$ s_k^n eindeutig charakterisiert.

Da aber

$$C_0(s_k^n) \neq C_0(s_{k'}^n) \text{ für alle } k \neq k'\,,$$

kann man höchstens hoffen, daß $(C_0(f), \mathfrak{C}(f))$ die Schaltfunktionen eindeutig charakterisiert.

Satz 22:

Sei s_ϵ die wie früher in 1.5.1 bezeichnete total-symmetrische Funktion.

Es gilt

$$\mathbb{C}(s_\epsilon) = e \sum_{i=0}^{n} \epsilon_i \binom{n}{i} \frac{2i-n}{n}$$

Beweis: Sei e_i der i-te Einheitsvektor.
Dann ist

$$\epsilon = \Sigma\, \epsilon_i\, e_i$$

und also

$$s_\epsilon = \bigcup_{i=0}^{n} s_{\epsilon_i e_i}$$

Wegen

$$s_{\epsilon_i e_i} \cdot s_{\epsilon_j e_j} = 0 \text{ für } i \neq j$$

gilt

$$\mathbb{C}(s_\epsilon) = \sum_{i=0}^{n} \epsilon_i\, \mathbb{C}(s_{e_i})$$

Da s_ϵ total-symmetrisch ist, gilt

$$C_j(s_{e_i}) = \frac{1}{n} \sum_{e=1}^{n} C_e(s_{e_i}) \text{ für } j = 1, \ldots, n$$

$$C_j(s_{e_i}) = \int_{|x|=i} (x_j - \overline{x}_j)$$

$$C_j(s_{e_i}) = \frac{1}{n} \sum_{e=1}^{n} \int_{|x|=i} (x_e - \overline{x}_e) = \frac{1}{n} \int_{|x|=i} \sum_{e=1}^{n} (x_e - \overline{x}_e)$$

$$= \frac{1}{n} \binom{n}{i} (2i-n) = \binom{n}{i} \frac{2i-n}{n}$$

Hieraus folgt nun leicht die Behauptung des Satzes.

Einige Charakterisierungssätze

Die Anwendung unseres Lemmas ist im allgemeinen Fall schwierig. Es kommt hinzu, daß in diesem Lemma C_0 (f) gar nicht ausgenutzt wird.

Wir betrachten deshalb zunächst einen Sonderfall, für den wir das Lemma etwas verschärfen können.

Definition: Eine Abbildung $f : D \to B$ heißt *selbstdual* dann und nur dann, wenn gilt

$$D = \overline{D} \text{ und } f(\overline{x}) = \overline{f}(x) \text{ für } x \in D .$$

Wir setzen für $D = \overline{D}$:

$$\mathbf{H}(D) = \{f \in \mathbf{S}(D) \mid f \text{ selbstdual}\} .$$

$\mathbf{H}(D)$ ist unter der Negation abgeschlossen, aber im allgemeinen nicht unter dem Durchschnitt und der Vereinigung.

Wir fassen $\mathbb{C}$ als Abbildung von $\mathbf{H}(D)$ in $\mathbb{Z}^n$ auf und suchen eine Charakterisierung der Elemente f von $\mathbf{H}(D)$, die durch $\mathbb{C}(f)$ eindeutig bestimmt werden.

Wir erleichtern uns die Aufgabe, indem wir als Definitionsbereich von $\mathbb{C}$ zunächst nur Mengen $\mathbf{H}(D)$ zulassen.

Lemma 2 (von *Yagima* und *Ibaraki*):

Sei $f \in \mathbf{H}(D)$.

Es gibt genau dann ein $g \in \mathbf{H}(D)$, $g \neq f$ mit $\mathbb{C}(f) = \mathbb{C}(g)$, falls es eine Menge $\sigma \subset f^{-1}(1)$ gibt mit $\sigma \neq \emptyset$ und

$$\int_\sigma (x - \overline{x}) = 0 .$$

Beweis:

1. Es gebe $\sigma \subset f^{-1}(1)$ mit $\sigma \neq \emptyset$ und $\int_\sigma (x - \overline{x}) = 0$.

   Wir setzen $\sigma_1 = \sigma$, $\sigma_2 = \overline{\sigma}$ und definieren g wie im Beweis zu Lemma 1. g ist wegen $\sigma_1 = \overline{\sigma}_2$ selbstdual, und es ist nach dem gleichen Lemma

$$0 = \int_\sigma (x - \overline{x}) - \int_\sigma (x - \overline{x}) = 2 \int_\sigma (x - \overline{x}) .$$

2. Ist $f \neq g,\ g \in \mathbf{H}(D)$,

   dann ist

$$\bar{\sigma}(f, \bar{g}) = \sigma(\bar{f}, g).$$

Aus unserem Lemma 1 folgt

$$\mathbb{C}(f) - \mathbb{C}(g) = 2 \int_{\sigma} (x - \bar{x}).$$

Also $\mathbb{C}(f) = \mathbb{C}(g)$ nach Voraussetzung.

Damit sind beide Richtungen unseres Satzes bewiesen. Wir bringen eine erste Anwendung des Lemmas.

Satz 23:

Sei $w \in \mathbb{Z}^n$, $k \in \mathbb{N}_0$ und $s_k^w : B^n \to B$ definiert durch

$$s_k^w(x) = 1 \iff \sum_i w_i x_i \geqslant k.$$

Ist $\Sigma w_i = M$ und $M = 2k - 1$, dann ist $s_k^w \in \mathbf{H}(B^n)$, und $\mathbb{C}(s_k^w)$ ist in $\mathbf{H}(D)$ charakteristisch.

Beweis:

Wir zeigen zunächst: $s_k^w \in \mathbf{H}(D)$.

$$s_k^w(\bar{x}) = 1 \iff \sum_i w_i \bar{x}_i \geqslant k.$$

Nun ist $\sum_i w_i x_i + \sum_i w_i \bar{x}_i = \sum_i w_i = M$.

Also gilt

$$s_k^w(\bar{x}) = 1 \iff \sum_i w_i x_i \leqslant M - k$$

$$\iff \neg \left(\sum_i w_i x_i > M - k\right)$$

$$\iff \overline{s_{M-k+1}^w}(x) = 1.$$

Nach Voraussetzung ist $M = 2k - 1$, d.h. $k = M - k + 1$.

Also gilt hier

$$s_k^w(\overline{x}) = \overline{s_k^w(x)}$$

und daher

$$s_k^w \in \mathbf{H}(D).$$

Wir können also auf s_k^w unser Lemma anwenden. Sei $\sigma \subset (s_k^w)^{-1}(1)$. Dann gilt für $x \in \sigma$

$$\sum_{i=1}^{n} x_i w_i \geqslant k$$

und wegen der Selbstdualität

$$\sum_{i=1}^{n} \overline{x}_i w_i < k.$$

Also haben wir

$$\sum_{i=1}^{n} w_i (x_i - \overline{x}_i) > 0$$

und damit

$$\int_\sigma \sum_{i=1}^{n} w_i (x_i - \overline{x}_i) = \sum_{i=1}^{n} w_i \int_\sigma (x_i - \overline{x}_i) \neq 0$$

und damit

$$\int_\sigma (x - \overline{x}) \neq 0$$

für alle $\sigma \neq \emptyset$ und $\sigma \subset (s_k^w)^{-1}(1)$.

Nach Lemma 2 wird daher s_k^w durch $\mathbb{C}(s_k^w)$ charakterisiert.

Da unsere Sätze über selbstduale Schaltfunktionen schärfer sind, versuchen wir alle Charakterisierungsfragen auf Fragen über selbstduale Schaltfunktionen zurückzuführen.

Diesem Zweck dient die folgende Konstruktion:

Sei $f \in \mathbf{S}(D)$ eine beliebige Schaltfunktion und sei $\widetilde{f}(x) = \overline{f}(\overline{x})$ für $x \in D$.

Das heißt, daß $\widetilde{f}$ auf $\overline{D} = \{x \mid \overline{x} \in D\}$ definiert ist.

Nun setzen wir

$$D^H = \{(x, 1) \mid x \in D\} \cup \{(x, 0) / x \in \overline{D}\}$$

und

$$f^H(x, x_{n+1}) = \begin{cases} f(x) \text{ für } x_{n+1} = 1 \\ \tilde{f}(x) \text{ für } x_{n+1} = 0 \end{cases} \quad \text{und } (x, x_{n+1}) \in D^H .$$

Hilfssatz 8:

$f^H(x, x_{n+1})$ ist selbstdual.

Beweis:

1. $x_{n+1} = 1$, d.h. $x \in D$.
   $f^H(\overline{x}, \overline{1}) = \tilde{f}(\overline{x}) = \overline{f}(x) = \overline{f^H}(x, 1)$

2. $x_{n+1} = 0$, d.h. $x \in \overline{D}$
   $f^H(\overline{x}, \overline{0}) = f^H(\overline{x}, 1) = \overline{\tilde{f}}(x) = \overline{f^H}(x, 0)$.

Hilfssatz 9:

Die durch

$$f \longrightarrow f^H$$

definierte Abbildung von $\mathbf{S}(D)$ in die Menge der selbstdualen Schaltfunktionen auf D^H ist bijektiv.

Beweis:

Wir haben zu zeigen, daß es zu jeder selbstdualen Schaltfunktion $f \in \mathbf{S}(D^H)$ genau ein $g \in \mathbf{S}(D)$ gibt mit $g^H = f$.

Wir verwenden zum Beweis, daß die Zerlegung

$$f(x, x_{n+1}) = x_{n+1}\, g_1(x) \cup \overline{x}_{n+1}\, g_2(x)$$

stets eindeutig ist.

Es ist einerseits

$$f(\overline{x}, \overline{x}_{n+1}) = \overline{x}_{n+1} g_1(\overline{x}) \cup x_{n+1} g_2(\overline{x}) .$$

Andererseits ist

$$\begin{aligned}\overline{f}(x, x_{n+1}) &= (\overline{x}_{n+1} \cup \overline{g}_1(x))(x_{n+1} \cup \overline{g}_2(x)) \\ &= x_{n+1}\overline{g}_1(x) \cup \overline{x}_{n+1}\overline{g}_2(x) \cup \overline{g}_1(x) \cdot \overline{g}_2(x)\end{aligned}$$

Wie wir im Zusammenhang mit dem zweiten Quineschen Reduktionsverfahren gesehen haben, kann man nun $\overline{g}_1(x) \cdot \overline{g}_2(x)$ weglassen, so daß wir haben:

$$\overline{f}(x, x_{n+1}) = x_{n+1}\overline{g}_1(x) \cup \overline{x}_{n+1}\overline{g}_2(x) .$$

Aus der Eindeutigkeit der Darstellung und der Selbstdualität von f folgt nun

$$g_1(\overline{x}) = \overline{g}_2(x)$$

d.h.

$$g_2(x) = \overline{g}_1(\overline{x}) = \widetilde{g}_1(x)$$

Setzt man nun

$$h = g_1 \circ i ,$$

wo $i : D \to D^H$ durch $i(x) = (x, 1)$ definiert ist, dann ist $h \in \mathbf{S}(D)$ und $h^H = f$.
Also ist die durch H induzierte Abbildung surjektiv. Aus der Eindeutigkeit der Zerlegung folgt auch die Injektivität. Damit ist unser Hilfssatz bewiesen.

Wir führen nun die Frage, ob $\mathbb{C}(f)$ die Abbildung $f \in \mathbf{S}(D)$ charakterisiert, auf die Frage zurück, ob $\mathbb{C}(f^H)$ f^H in $\mathbf{H}(D^H)$ charakterisiert.

Hierzu dienen die folgenden Hilfssätze.

Hilfssatz 10:

Sei $f \in \mathbf{S}(D)$ und $\widetilde{f} \in \mathbf{S}(\overline{D})$ wie oben definiert. Es gilt

$$\mathbb{C}(\widetilde{f}) = \mathbb{C}(f) - \int_D (x - \overline{x})$$

d.h.,für $D = B^n$ gilt: $\mathbb{C}(\widetilde{f}) = \mathbb{C}(f)$.

Beweis: Sei $f_1 \in \mathbf{S}(\overline{D})$ durch $f_1(x) = f(\overline{x})$ definiert. Dann ist $\widetilde{f} = \overline{f}_1$. Nach Satz 1 gilt

$$\mathbb{C}(f_1) = -\mathbb{C}(f).$$

Nun ist

$$\mathbb{C}(f_1) + \mathbb{C}(\widetilde{f}) = \int_{\overline{D}} (x - \overline{x}) f_1 + \int_{\overline{D}} (x - \overline{x}) \overline{f}_1 = \int_{\overline{D}} (x - \overline{x}) = \int_{D} (\overline{x} - x)$$

Damit haben wir

$$\mathbb{C}(\widetilde{f}) = \mathbb{C}(f) + \int_{D} (\overline{x} - x),$$

woraus die Behauptung des Satzes folgt.

Hilfssatz 11:

$$\mathbb{C}_n(f^H) = \mathbb{C}(f) + \mathbb{C}(\widetilde{f}) \text{ mit } \mathbb{C}_n = (C_1, \ldots, C_n)$$
$$C_{n+1}(f^H) = C_0(f) - C_0(\widetilde{f}).$$

Beweis: Wir setzen

$$g(x, x_{n+1}) = \begin{cases} f(x) & \text{für } x_{n+1} = 1 \\ f(\overline{x}) & \text{für } x_{n+1} = 0 \end{cases} \quad \text{und } (x, x_{n+1}) \in D^H$$

Dann ist

$$\widetilde{g}(x, x_{n+1}) = \begin{cases} \widetilde{f}(\overline{x}) & \text{für } x_{n+1} = 1 \\ \widetilde{f}(x) & \text{für } x_{n+1} = 0 \end{cases} \quad \text{und } (x, x_{n+1}) \in D^H$$

$$f^H = x_{n+1} g \cup \overline{x}_{n+1} \widetilde{g}$$

und nach Hilfssatz 22

$$\mathbb{C}(f^H) = \mathbb{C}(x_{n+1} g) + \mathbb{C}(\overline{x}_{n+1} \widetilde{g})$$

Man rechnet leicht nach:

$$\mathbb{C}_n(x_{n+1} g) = \mathbb{C}(f) \qquad C_{n+1}(x_{n+1} g) = C_0(f)$$
$$\mathbb{C}_n(\overline{x}_{n+1} \widetilde{g}) = \mathbb{C}(\widetilde{g}) \qquad C_{n+1}(\overline{x}_{n+1} \widetilde{g}) = -C_0(\widetilde{f}).$$

Wenden wir die vorher gewonnene Additivität an, dann erhalten wir die Behauptung des Satzes.

Wir fassen unsere Ergebnisse zusammen (Hilfssätze 10, 11):

Hilfssatz 12:

Für $f \in \mathbf{S}(D)$ gilt

$$\mathbb{C}_n(f^H) = 2\,\mathbb{C}(f) - \int_D (x - \overline{x})$$

$$C_{n+1}(f^H) = 2\,C_0(f) - \text{card } D .$$

Man kann diesem Hilfssatz eine noch etwas symmetrischere Form geben, wenn man verwendet

$$C_i(x_i) = \int_D (x_i - \overline{x}_i) = C_0(x_i) - C_0(\overline{x}_i)$$

und

$$C_0(1) = \text{card } D .$$

Man hat dann

$$\mathbb{C}_n(f^H) = 2\,\mathbb{C}(f) - (C_0(x) - C_0(\overline{x}))$$
$$C_{n+1}(f^H) = 2\,C_0(f) - (C_0(1) - C_0(0)) .$$

Wir berechnen weiter $C_0(f)$ für selbstduale Schaltfunktionen.

Es gibt stets Zerlegungen

$$D = D_1 \cup D_2, D_1 \cap D_2 = \phi \text{ und } D_1 = \overline{D_2} .$$

Es ist

$$C_0(f) = \int_{x \in D} f(x) = \int_{x \in D_1} f(x) + \int_{x \in D_2} f(x) = \int_{x \in D_1} f(x) + \int_{x \in \overline{D}_1} f(\overline{x})$$
$$= \int_{D_1} (f(x) + \overline{f}(x)) = \text{card } D_1 .$$

Damit haben wir:

Hilfssatz 13:

Es gilt

$$C_0(f) = \frac{1}{2}\,\text{card}\, D \quad \text{für} \quad f \in \mathbf{H}(D),$$

d.h.: $C_0(f)$ ist von f unabhängig.

Aus Hilfssatz 11 und 12 und Hilfssatz 9 folgt nun

Satz 24:

$(C_0(f), \mathbb{C}(f))$ charakterisiert $f \in \mathbf{S}(D)$ genau dann eindeutig, wenn dies $\mathbb{C}(f^H)$ für f^H in $\mathbf{H}(D^H)$ tut.

Dieser Satz motiviert die Einführung der Abbildung H im Zusammenhang mit den schon gewonnenen Eindeutigkeitssätzen für selbstduale Funktionen.

Dieser Satz gestattet es, unser Lemma stets auf Fälle anzuwenden, wo wir mit $\sigma_2 = \phi$ auskommen, d.h. daß wir bei Eindeutigkeitsfragen $\int_\sigma (x - \overline{x})$ nur für $\sigma \subset f^{-1}(1$ zu diskutieren brauchen.

Wir formulieren noch ein Korollar zu diesem Satz:

Korollar:

Das folgende Gleichungssystem für f

$$C_0(f) = q_0$$
$$\mathbb{C}(f) = q$$

hat in $\mathbf{S}(D)$ ebenso viele Lösungen wie

$$\mathbb{C}_n(f) = 2q - \int_D (x - \overline{x})$$
$$C_{n+1}(f) = 2q_0 - \text{card}\, D$$

in $\mathbf{H}(D^H)$; hierin ist $q_0 \in \mathbb{Z}$ und $q \in \mathbb{Z}^n$.

Wir beweisen zwei weitere einfache Eigenschaften der Chow-Parameter.

Hilfssatz 14:

Ist $\mathbb{C}(g) = \mathbb{C}(f) = 0$ und ist $g \subset f$, dann ist $\mathbb{C}(f\overline{g}) = 0$.

Unter den Voraussetzungen dieses Satzes kann man also f in zwei disjunkte Summen g, g' zerlegen, so daß

$$\mathbb{C}(g) = \mathbb{C}(g') = 0 \text{ ist}.$$

Hieraus ergibt sich, daß sich jede Funktion aus

$$K_{\mathbb{C}} = \{f \in \mathbf{S}(D) \mid \mathbb{C}(f) = 0\}$$

als Summe disjunkter, disjunkt unzerlegbarer Elemente aus $K_{\mathbb{C}}$ darstellen läßt.

Satz 25:

Sind $f, g \in \mathbf{H}(D)$, dann ist $\mathbb{C}(f \oplus g) = 0$.

Beweis: Wir hatten

$$\mathbb{C}(f \oplus g) = \mathbb{C}(\overline{f}g) + \mathbb{C}(f\overline{g}).$$

Da f, g selbstdual sind, folgt:

$$f\overline{g}(x) = 1 \iff \overline{f}g(\overline{x}) = 1$$

und hieraus

$$\mathbb{C}(f\overline{g}) = \int_D f\overline{g}\,(x - \overline{x}) = \int_{f\overline{g}(x)=1} (x - \overline{x}) = \int_{\overline{f}g(x)=1} (\overline{x} - x) = -\mathbb{C}(\overline{f}g)$$

Hieraus folgt die Behauptung des Satzes.

Wir wenden unsere Ergebnisse an, um nun zu zeigen, daß die Schwellenfunktionen durch ihre Chow-Parameter eindeutig charakterisiert werden.

Satz 26:

Sei $s_k^w \in \mathbf{S}_n(D)$ mit $k \in \mathbb{N}_0$ und $w \in \mathbb{Z}^n$ wie früher definiert.

Dann gilt: $(\mathbb{C}(f), C_0(f))$ charakterisiert s_k^w in $\mathbf{S}_n$ eindeutig.

Beweis: Sei $f = s_k^{w\,H}$

d.h. es ist

$$f(x, x_{n+1}) = 1 \Longleftrightarrow x_{n+1} = 1, \ \Sigma w_i x_i \geqslant k$$
$$\text{oder} \quad x_{n+1} = 0, \ \Sigma w_i \bar{x}_i < k\,.$$

Sei $\sigma \subset f^{-1}(1)$.

Wir betrachten für $(x, x_{n+1}) \in \sigma$

$$S = \sum_{i=1}^{n} x_i w_i - \sum_{i=1}^{n} \bar{x}_i w_i\,.$$

Für $x_{n+1} = 1$ gilt: $\Sigma x_i w_i \geqslant k$ und $\Sigma \bar{x}_i w_i < M - k$.

Für $x_{n+1} = 0$ gilt: $\Sigma \bar{x}_i w_i < k$ und $\Sigma x_i w_i \geqslant M - k$.

Also gilt

$$\text{für } x_{n+1} = 1 : S_1(x) := \sum_{i=1}^{n} x_i w_i - \sum_{i=1}^{n} \bar{x}_i w_i = \sum_{i=1}^{n} w_i (x_i - \bar{x}_i) > 2k - M$$

$$\text{für } x_{n+1} = 0 : S_2(x) := \sum_{i=1}^{n} x_i w_i - \sum_{i=1}^{n} \bar{x}_i w_i = \sum_{i=1}^{n} w_i (x_i - \bar{x}_i) > M - 2k$$

Also

$$\sum_{i=1}^{n} w_i \int_\sigma (x_i - \bar{x}_i) = \int_\sigma (S_1(x) + S_2(x)) > 0\,.$$

Folglich ist $\int_\sigma (x - \bar{x}) \neq 0$ für alle $\sigma \subset f^{-1}(1)$.

Damit charakterisiert $\mathbb{C}(f)$ also diese Schaltfunktionen in $(B^n)^H$ eindeutig.

Nach Satz 24 wird demnach s_k^w durch $C_0(s_k^w)$ und $\mathbb{C}(s_k^w)$ eindeutig charakterisiert.

Man kann also die Schwellenfunktionen unter Verwendung der Chow-Parameter tabellieren. Insbesondere ist es möglich, die totalsymmetrischen Schwellenfunktionen mittels zweier Parameter zu tabellieren. Ebenso kann man die Klassen der Funktionen, die durch Transformationen $\nu = \nu_{i_1} \circ \ldots \circ \nu_{i_k}$ aus den totalsymmetrischen Schwellenfunktionen hervorgehen, zweiparametrisch tabellieren.

Beispiel:

Es soll entschieden werden, ob die durch das untenstehende Diagramm gegebene Funktion zu einer totalsymmetrischen Funktion „ν-symmetrisch" ist.

f									
			0	0	0	0	1	1	1	1	x_1
			0	0	1	1	0	0	1	1	x_2
			0	1	0	1	0	1	0	1	x_3
0	0	0	0	0	0	1	0	0	0	0	
0	0	1	0	1	1	1	0	0	0	1	
0	1	0	0	0	0	0	0	0	0	0	
0	1	1	0	0	0	1	0	0	0	0	
1	0	0	0	1	1	1	0	0	0	1	
1	0	1	1	1	1	1	0	1	1	1	
1	1	0	0	0	0	1	0	0	0	0	
1	1	1	0	1	1	1	0	0	0	1	
x_4	x_5	x_6									

Man erhält:

$C_1(f) = 6 - 16 = -10$

$C_2(f) = 16 - 6 = 10$

$C_3(f) = 16 - 6 = 10$

$C_4(f) = 16 - 6 = 10$

$C_5(f) = 6 - 16 = -10$

$C_6(f) = 16 - 6 = 10$

Nun ist $\binom{5}{3} = 10$ und $\mathbb{C}(s_4^6) = \binom{5}{3}e$ und $\mathbb{C}_0(f) = \mathbb{C}_0(S_4^6) = 22$

Also ist

$$f = s_4^6 \circ \nu_1 \circ \nu_5 \,.$$

Approximation von Schaltfunktionen

Wir haben gesehen, daß in einigen Fällen Schaltfunktionen durch ihre Chow-Parameter eindeutig charakterisiert werden. Man kann sich nun fragen, wie sehr Schaltfunktionen mit gleichen oder nur wenig verschiedenen Chow-Parametern voneinander abweichen.

Diese Frage erscheint im Zusammenhang mit der Zeichenerkennung interessant. Die Bedeutung der Zeichen ist invariant gegenüber Translationen. Also hat ein Zeichenerkennungsalgorithmus gegenüber Translationen der „Zeichenebene" invariant zu sein.

Die Chow-Parameter C_0 und $\mathbb{C}_m$ sind Invarianten gegenüber diesen Bewegungen, wenn man das Zeichenfeld mit einem Veitchdiagramm überdeckt. Es erhebt sich die Frage, inwieweit die Chow-Parameter Buchstaben und Ziffern z.B. von einer oder mehreren Schreibmaschinen charakterisieren.

Diese Überlegungen legen es nahe, nach weiteren Invarianten zu suchen, die den „Bewegungen" der Zeichen angepaßt sind; Chow-Parameter sind ja gegenüber wesentlich stärkeren Gruppen invariant.

Wir wollen hier nur plausibel machen, daß Schaltfunktionen mit ähnlichen Chow-Parametern nicht „zu sehr" voneinander abweichen.

In der hinten zitierten Arbeit von *Winder* werden die Chow-Parameter von Schwellenfunktionen, monotonen Funktionen und τ-monotonen Funktionen noch näher charakterisiert.

Ein interessantes offenes Problem stellt die Frage dar, inwieweit Symmetrien von $\mathbb{C}(f)$ Rückschlüsse auf Symmetrien von f erlauben.

Wir haben hierauf eine triviale Antwort gegeben, nämlich, daß $\mathbb{C}^{-1}(f)$ die gleichen Symmetrieeigenschaften hat wie $\mathbb{C}(f)$. Von Interesse sind die Symmetrieeigenschaften der Elemente von $\mathbb{C}(f)$.

Es gilt, wie man unmittelbar sieht

(1) $C_0(f) \geqslant 0$ und $C_0(f) = 0 \iff f = 0$

(2) $C_0(f \oplus g) \leqslant C_0(f) + C_0(g)$.

C_0 stellt also eine Norm dar. Sie ist identisch mit der Hamming-Norm, die im Zusammenhang mit fehlerkorrigierenden Codes eine Rolle spielt.

Wir beschränken uns auf selbstduale Funktionen.

Es ist dann

$$\mathbb{C}(f) - \mathbb{C}(g) = \int_\sigma (x - \overline{x})$$

mit

$$\sigma = \{x \mid f(x) = 1,\ g(x) = 0\}.$$

Ist $C_0(f \oplus g)$ klein, dann ist wegen

$$2 \operatorname{card} \sigma = C_0(f \oplus g)$$

auch σ klein.

Wenn nun auch

$$\int_\sigma (x - \overline{x})$$

klein ist, dann müssen sich die Punkte von σ gleichmäßig auf D verteilen.

Das besagt, daß Zeichen mit nur wenig verschiedenen Chow-Parametern zwar an zahlreichen Stellen voneinander abweichen können, nicht aber sehr stark lokal.

Zum Beispiel im Fall $C_0(f) = 2, \mathbb{C}(f) = 0$ liegen die beiden Punkte stets diametral auf dem Würfel. Für $C_0(f) = 4$ überlegt man sich leicht ein analoges Ergebnis.

Eine naheliegende Verallgemeinerung der Chow-Parameter besteht darin, andere Gewichtsfunktionen zu wählen.

Sei etwa $a : D \to \mathbb{Z}$, dann bilde man

$$C_a(f) = \sum_{x \in D} a(x) \cdot f(x)$$

Es ist klar, daß diese Operatoren die Chow-Parameter als Sonderfall enthalten. Die Menge dieser Operatoren bildet ein Z-Modul $\mathbf{M}(D)$.

1.5.4 Aufgaben

1. Man finde eine Basis für $\mathbf{M}(D)$.
2. Man finde eine Basis für den Untermodul $\mathbf{M}(B^4)$ von $\mathbf{M}(B^n)$, der unter $\mathbb{P}_n$ invariant ist.
3. Sei $D \subset B^n$ und

   $$\mathrm{la} : \mathbf{S}(D) \to \mathbb{Z}^k$$

   eine Abbildung mit

   $$\mathrm{la}(\tau(f)) = \mathrm{la}(f) \quad \text{für} \quad f \in \mathbf{S}(D).$$

   Die Menge dieser Abbildungen $\mathbf{a}_k(D)$ bildet wieder ein Z-Modul. Wieder ist es interessant, eine Basis zu finden.

   Man kläre den Zusammenhang zwischen $\mathbf{a}_k$ und $\mathbf{a}_j$ für $j, k \in \mathbb{N}$.
4. Eine weitere Verallgemeinerung besteht darin, statt Linearformen von Polynomen spezielle quadratische Formen heranzuziehen.

   Man dehne die Fragestellung auf diese Fälle aus!

1.6 Disjunkte Zerlegungen von Schaltfunktionen

1.6.1 Motivation der Zerlegungen

Betrachten wir das Beispiel

$$f(x, y) = s_k^n(x) \cdot s_l^m(y)$$

mit $x = x_1, \ldots, x_n$, $y = y_1, \ldots, y_m$ und $x_i \neq y_e$ für alle i, e.

f ist eine monotone Funktion. Die Kosten der Minimalpolynome p_k^n und p_l^m haben wir bereits berechnet.

p_k^n enthält $\binom{n}{k}$ Monome, die alle die Länge k haben.

Also sind die Kosten

$$L_k^n = \binom{n}{k} \cdot (k+1)\,,\; L_l^m = \binom{m}{l} \cdot (l+1).$$

Multipliziert man das Produkt $p_k^n \cdot p_l^m$ aus, dann erhält man ein Polynom p mit $\psi(p) = f$ und

$$L(p) = \binom{n}{k} \cdot \binom{m}{l} \cdot (k+l+1)\,.$$

p ist Minimalpolynom, da jedes Monom von p Primimplikant ist und f monoton ist.

Hieraus ergibt sich, daß die Kosten für Realisierungen von Schaltfunktionen im Vergleich zu den Kosten der Minimalpolynome mitunter erheblich gesenkt werden können, wenn man sich nicht auf Polynome festlegt. Das Ziel dieses Abschnittes besteht darin, eine Möglichkeit von Zerlegungen von Schaltfunktionen zu studieren, die mehrstufige Realisierungen von Schaltkreisen gestatten.

Die einfachste Form einer Zerlegung ist die folgende:

Sei $f: B^n \longrightarrow B$. Es gibt Abbildungen $g: B^k \longrightarrow B$, $F: B^{n-k+1} \longrightarrow B$ mit der Eigenschaft

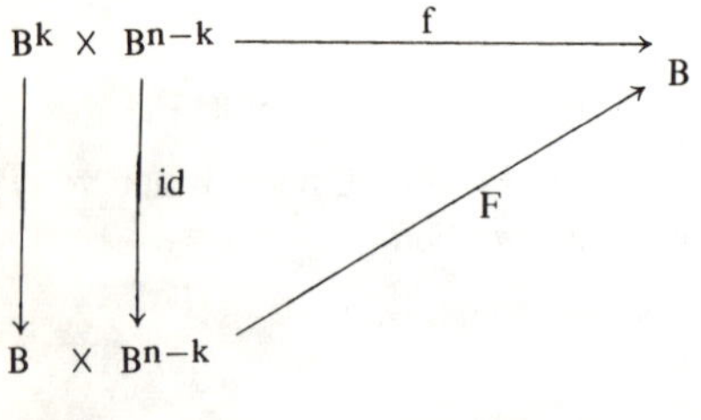

so daß $F(g(x_1, \ldots, x_k), x_{k+1}, \ldots, x_n) = f(x_1, \ldots, x_n)$ für alle $x \in B^n$.

Definition:

$f: D \longrightarrow B$, $D \subset B^n$ heißt disjunkt zerlegbar, wenn es Abbildungen $g: B^k \longrightarrow B$, $B^{n-k+1} \longrightarrow B$ mit $1 < k < n$ gibt, so daß gilt:

$$F(g(x_{i_1}, \ldots, x_{i_k}),\; x_{i_{k+1}}, \ldots, x_{i_n}) = f(x_1, \ldots, x_n)$$

für

$$(x_1, \ldots, x_n) \in D .$$

Unser einführendes Beispiel war stärker zerlegbar. Zunächst wollen wir uns aber mit dem einfacheren Fall befassen.

Zwei Fragen stellen sich sofort:

1. Wie findet man solche Zerlegungen?
2. Wann ist eine Realisierung von f aufgrund einer solchen Zerlegung billiger als ein Minimalpolynom von f?

Während man 1. erschöpfend beantworten kann, hat man für 2. kaum Lösungen zur Hand.

1.6.2 Einige Eigenschaften dieser Zerlegungen

Wir wollen aber doch zunächst die Untersuchung dieser Zerlegungen durch einige einfache Sätze motivieren.

Wir verwenden im folgenden zwei Variablenmengen: $X_k = \{x_1, \ldots, x_k\}$ und $Z_m = \{z_1, \ldots, z_m\}$. Wir betrachten Implikanten in den Variablen X_k und Z_m, ebenso in $X_k \cup Z_m$. Im letzten Fall setzen wir fest, daß z_i so interpretiert wird wie x_{m+i} in X_{m+k}. Unter der Verwendung dieser Bezeichnung gilt der folgende

Hilfssatz 1:

Sei $f(x, z') = F(g(x), z')$ mit $z' = (z_2, \ldots, z_m)$ eine disjunkte Zerlegung von $f: D \longrightarrow B$. Es sei $g \neq$ konstant. Sei u Primimplikant über Z_m von F und v Primimplikant über X_k von g, w über X_k von $\overline{g}$.

Dann ist

1. u Primimplikant von f, falls $z_1, \overline{z}_1$ nicht in u vorkommt.
2. falls $u = z_1 u'$ bzw. $u = \overline{z}_1 u'$, vu' bzw. wu' Primimplikant von f.

Beweis: zu 1.: u enthalte z_1 nicht.

u ist trivialerweise Implikant von f. Sei u' Teilmonom von u und u' Implikant von f. Da u Primimplikant von F ist, ist u' nicht Implikant von F. Also gibt es eine Einsetzung ϕ mit $\phi(u') = 1$ und $F(\phi(z)) = 0$.

Wir wählen ϕ auf X_n so, daß $g(\phi(x)) = \phi(z_1)$ ist, was wegen $X_k \cap Z_m = \phi$ und $g \neq$ konstant möglich ist. Dann ist offenbar $f(\phi(x, z)) = F(g(\phi(x)),$

$\phi(z')) = F(\phi(z)) = 0$ im Widerspruch zur Annahme, daß u' Implikant von f ist. Also ist unser Satz für diesen Fall bewiesen.

Zu 2.: Sei $u = z_1 u_1$.

Offenbar ist vu_1 Implikant von f. Sei $v'u'$ echtes Teilmonom von vu_1 und Implikant von f.

a) Sei $u' \neq u_1$
In diesem Fall gibt es eine Einsetzung ϕ mit $\phi(u') = 1$ und $\phi(z_1) = 1$ und $F(\phi(z)) = 0$. Wir wählen ϕ auf X_k so, daß $\phi(v) = 1$ ist. Dann haben wir

$$1 = f(\phi(x, z)) = F(\phi(z)) = 0 .$$

Also ist $u_1 = u'$.

b) Sei $v' \neq v, u_1 = u'$.
Es gibt eine Einsetzung ϕ mit $\phi(v') = 1$, aber $g(\phi(x)) = 0$. Nun wählen wir ϕ auf Z_m so, daß $\phi(u_1) = 1$ ist, aber $F(\phi(z)) = 0$. Da $z_1 u_1$ Primimplikant ist, ist $\phi(z_1) = 0$. Also haben wir:

$$1 = f(\phi(x, z)) = F(g(\phi(x)), \phi(z')) = 0 .$$

Also ist die Annahme $v' \neq v$ falsch, und unser Satz ist auch für diesen Fall vollständig bewiesen.

Der dritte Fall läßt sich völlig analog beweisen.

Damit ist unser Satz vollständig bewiesen.

Der in unserem Hilfssatz ausgeschlossene Fall g = konstant ist trivial, weshalb wir ihn nicht weiter verfolgen.

Wir verallgemeinern den Hilfssatz zu dem Satz:

Satz 1:

Sei $D = D_1 \times \ldots \times D_k$, und seien $f_i : D_i \longrightarrow B$, mit $i = 1, \ldots, k$, Abbildungen. Weiter sei $F : D' \longrightarrow B$ mit $(f_1 \times \ldots \times f_k)(D) = D'$, $h : B^k \longrightarrow D'$ mit $h/D' = 1_{D'}$, und

$$f = F \circ h \circ (f_1 \times \ldots \times f_k) .$$

Seien $X^1_{n_1}, \ldots, X^k_{n_k}, Z_m$ paarweise verschiedene Variablenmengen, die den Abbildungen $f_1, \ldots, f_k$, bzw. F zugeordnet sind.

Seien $v_1, \ldots, v_k$ bzw. $w_1, \ldots, w_k$ Primimplikanten von $f_1, \ldots, f_k$ bzw. $\overline{f}_1, \ldots, \overline{f}_k$, und sei u Primimplikant von F.

Ist $u = z_{i_1}^{\epsilon_1} \ldots . z_{i_j}^{\epsilon_j}$, dann ist $\tilde{u} = u_1 \ldots u_j$ Primimplikant von f, wenn

$$u_e = \begin{cases} v_{i_e} & \text{für } \epsilon_e = 1 \\ w_{i_e} & \text{für } \epsilon_e = 0 \end{cases}$$

gesetzt wird.

Beweis: Es ist klar, daß $\tilde{u}$ Implikant von f ist. Sei u' Teilmonom von $\tilde{u}$ und Implikant von f. o.B.d.A. nehmen wir an, $\epsilon_1 = 1$ und u' enthält nur ein Teilmonom v' von v_{i_1}.

Nun gibt es eine Einsetzung φ mit $\varphi(v') = 1$ und $f_1(\varphi(x_1)) = 0$. Wir wählen φ auf den anderen Variablen so, daß $\varphi(u_2) = \ldots = \varphi(u_j) = 1$ ist. Wir haben dann

$$1 = f(\varphi(x)) = F(\varphi'(z)) \text{ mit } \varphi'(z_{i_1}) = 0,$$

$$\varphi'(z_{i_2}) = \ldots = \varphi'(z_{i_j}) = 1.$$

Auf den restlichen x-Variablen bestimmen wir φ so, daß wir durch $\varphi'(z_i) = \varphi(u_i)$ eine Einsetzung erhalten mit $F(\varphi'(z)) = 0$. Dann haben wir wieder einen Widerspruch.

Also ist unser Satz bewiesen.

Wir haben in dem Beweis die Surjektivität von $h \circ (f_1 \times \ldots \times f_k)$ wesentlich ausgenutzt. Die Surjektivität erläßt uns auch die Fallunterscheidung f_i = konstant oder $f_i \neq$ konstant. Die Abbildung h ist allein aus formalen Gründen erforderlich.

Korollar:

Unter Beibehaltung der Voraussetzungen und Bezeichnungen dieses Satzes gilt: Sind $p_1, \ldots, p_k$ Minimalpolynome zu $f_1, \ldots, f_k$ und $q_1, \ldots, q_k$ Minimalpolynome zu $\bar{f}_1, \ldots, \bar{f}_k$, und ist r Minimalpolynom zu F, dann erhält man durch Einsetzen der Minimalpolynome p_i, q_i in r und anschließendes Ausmultiplizieren ein Polynom p mit $\psi_D(p) = f$, das nur Primimplikanten zu f enthält und zwar jeden Implikanten nur einmal.

Wir bezeichnen das so konstruierte Polynom mit

$$\tilde{r} = r(p_1, \ldots, p_k, q_1, \ldots, q_k).$$

Wir schätzen die Kosten von r ab.

Sei $L_i^{(1)}$ die Anzahl der Monome von p_i und $L_i^{(0)}$ die Anzahl der Monome von q_i. $l_i^{(1)}$ sei die Länge des kürzesten Monomes in p_i und $l_i^{(0)}$ die des kürzesten in q_i. Dann gilt:

$$L(r) \geqslant \sum_{\substack{z_{L_1}^{\epsilon_1} \ldots z_{i_s}^{\epsilon_s} \\ \text{Monom} \\ \text{in } r.}} L_{i_1}^{\epsilon_1} \ldots L_{i_s}^{\epsilon_s} l_{i_1}^{\epsilon_1} \ldots l_{i_k}^{\epsilon_s}$$

Im allgemeinen wird die linke Seite wesentlich größer sein als die rechte Seite.

Satz 2:

Unter den Voraussetzungen von Satz 1 und der dort eingeführten Bezeichnungen gilt:

Sind die Primimplikanten von f alle wesentlich, dann ist $r(p_1, \ldots, p_k, q_1, \ldots, q_k)$ das Minimalpolynom von f.

Satz 3:

Unter den gleichen Voraussetzungen gilt:

Hat jedes Monom von r mindestens drei Faktoren und kommt z_i, $\overline{z}_i$ für $i = 1, \ldots, k$ in r vor, dann ist

$$L(r(p_1, \ldots q_k)) > \sum_{i=1}^{k} L(p_i) + \sum_{i=1}^{k} L(q_i) + L(r).$$

Diese Abschätzung ist grob und kann leicht verbessert werden. Im allgemeinen wird der Aufwand von $L(r(p_1, \ldots, q_k))$ um die Potenz der Länge des kürzesten Monomes von r höher liegen als der Aufwand bei der Realisierung über die Zerlegung.

Wir befassen uns nun mit der Frage, wie man disjunkte Zerlegungen von Schaltfunktionen auffindet.

1.6.3 Die Ashenhurst'schen Zerlegungstafeln

Die Zerlegungen allgemeiner Art, die wir in den letzten Sätzen studiert haben, lassen sich durch successive Zerlegungen der zuerst betrachteten Art

$$f(x, z) = F(g(x), z)$$

gewinnen. Entsprechend kann man sich auf das Auffinden solcher Zerlegungen beschränken.

Sei $x = (x_1, \ldots, x_m)$, $z = (z_1, \ldots, z_k)$. Wir betrachten das Diagramm mit x- und z-Koordinaten. Das heißt ein Diagramm der Form, wie es unten für ein Beispiel mit $m = 3$ und $k = 2$ ausgeführt wird.

f							
			z_2	0	0	1	1
			z_3	0	1	0	1
*	0	0	0	1	0	0	1
	0	0	1	0	0	1	1
*	0	1	0	1	0	0	1
*	0	1	1	1	0	0	1
	1	0	0	0	0	1	1
*	1	0	1	1	0	0	1
	1	1	0	0	0	1	1
	1	1	1	0	0	1	1
	x_1	x_2	x_3				

Da $f(x, z)$ von den x-Komponenten nur über eine Funktion g abhängt, können wir x_1, x_2, x_3 durch eine einzige Variable ersetzen. Wir haben in unserem Beispiel eine Funktion, die sich in dieser Weise zerlegen läßt. Wir fassen die mit * bezeichneten Zeilen zu einer Zeile zusammen und die restlichen Zeilen zu einer zweiten. Wir erhalten so das Diagramm für F

F				
z_2	0	0	1	1
z_3	0	1	0	1
0	1	0	0	1
1	0	0	1	1
z_1				

Für g erhalten wir das Diagramm

g	0	0	1	1	x_2
	0	1	0	1	x_3
0	0	1	0	0	
1	1	0	1	1	
x_1					

Hieraus findet man als Realisierung für f:

$$g = \psi(\overline{x}_1\, \overline{x}_2\, x_3 \cup x_1\, \overline{x}_3 \cup x_1\, x_2)$$

$$F = \psi(\overline{z}_1\, \overline{z}_2\, \overline{z}_3 \cup z_1\, z_2 \cup z_2\, z_3)$$

Für z_1 muß die Funktion g eingesetzt werden.

Man kann also im x/z-Diagramm von f die Zeilen so umsetzen, daß man zwei Teildiagramme mit gleichen Zeilen erhält.

Hat man umgekehrt ein Diagramm, das mehr als zwei Zeilen enthält und dessen Zeilen in zwei Klassen gleicher Zeilen zerfällt, dann kann man die zugehörige Schaltfunktion zerlegen.

Um Zerlegungen aufzufinden, hat man also alle Diagramme einer Schaltfunktion anzusehen. Dies kann man natürlich nur für kleine n tun, da es zu $x = (x_1, \ldots, x_n)$ $2^{n-1} - 1$ verschiedene, nichttriviale solche Diagramme gibt. Für den praktischen Gebrauch ist es nützlich, sich die Ashenhurst'schen Tafeln anzulegen.

Anstelle einer formalen Definition geben wir eine Erläuterung an Beispielen.

Die Ashenhurst'schen Tafeln (wir nennen diese in Zukunft A-Tafeln) von 4 Variablen sind die folgenden Tafeln:

	0	0	0	0	1	1	1	1	x_2
	0	0	1	1	0	0	1	1	x_3
	0	1	0	1	0	1	0	1	x_4
0	⓪	1	2	③	4	⑤	6	7	
1	8	⑨	⑩	11	12	13	14	⑮	
x_1									

								x_1 x_3 x_4
⓪	1	2	③	8	⑨	⑩	11	
4	⑤	6	7	12	13	14	⑮	
x_2								

$x_1 x_2 x_4$

⓪	1	4	⑤	8	⑨	12	13
2	③	6	7	⑩	11	14	⑮

x_3

$x_1 x_2 x_3$

⓪	2	4	6	8	⑩	12	14
1	③	⑤	7	⑨	11	13	⑮

x_4

$x_3 x_4$

⓪	1	2	③
4	⑤	6	7
8	⑨	⑩	11
12	13	14	⑮

$x_1 x_2$

$x_2 x_4$

⓪	1	4	⑤
2	③	6	7
8	⑨	12	13
⑩	11	14	⑮

$x_1 x_3$

$x_2 x_3$

⓪	2	4	6
1	③	⑤	7
8	⑩	12	14
⑨	11	13	⑮

$x_1 x_4$

In diesen Tafeln sind um einige Zahlen Kreise gezogen. Diese definieren eine Schaltfunktion $f : B^4 \longrightarrow B$.

Wir ordnen nämlich $x \in B^4$ die Zahl

$$i = \sum_{j=1}^{4} x_j 2^{j-1}$$

zu. Trägt die Zahl i einen Kreis, dann ist $f(i) = 1$.

Durch Inspektion der Tafeln finden wir, daß die $x_1 x_3/x_2 x_4$-Tafel nur zwei verschiedene Zeilentypen haben. Also ist f zerlegbar in der Form:

$$f(x_1, x_2, x_3, x_4) = F(g(x_1, x_3), x_2, x_4)$$

Man findet für dieses Beispiel $g = \psi\,(x_1 \oplus x_3)$ und

$$f = \psi\,(\overline{(x_1 \oplus x_3)} \cdot \overline{(x_2 \oplus x_4)} \cup (x_1 \oplus x_3)\bar{x}_2 x_4)$$

Wir unterstellen nun, daß der Begriff der A-Tafeln als eine Schaltfunktion $f: B^n \longrightarrow B$ klar ist und können damit den Satz aussprechen:

x_1	x_2	x_3	x_4	x_5	f
0	0	0	0	0	1
0	0	0	0	1	0
0	0	0	1	0	1
0	0	0	1	1	0
0	0	1	0	0	0
0	0	1	0	1	1
0	0	1	1	0	0
0	0	1	1	1	1
0	1	0	0	0	0
0	1	0	0	1	*
0	1	0	1	0	*
0	1	0	1	1	1
0	1	1	0	0	*
0	1	1	0	1	0
0	1	1	1	0	1
0	1	1	1	1	0
1	0	0	0	0	0
1	0	0	0	1	1
1	0	0	1	0	1
1	0	0	1	1	*
1	0	1	0	0	0
1	0	1	0	1	0
1	0	1	1	0	0
1	0	1	1	1	0
1	1	0	0	0	0
1	1	0	0	1	*
1	1	0	1	0	0
1	1	0	1	1	*
1	1	1	0	0	0
1	1	1	0	1	*
1	1	1	1	0	1
1	1	1	1	1	0

Satz 4:

Eine Schaltfunktion $f : B^n \longrightarrow B$ ist genau dann in der Form

$$f(x_1, \dots, x_n) = F(g(x_{i_1}, \dots, x_{i_k}), x_{i_{k+1}}, \dots, x_{i_n})$$

zerlegbar, wenn die $(x_{i_1}, \dots, x_{i_k}) / (x_{i_{k+1}}, \dots, x_{i_n})$ Tafel höchstens zwei verschiedene Zeilen enthält.

Da wir nicht zu jeder Tafel auch die symmetrische ausführen, hat man diese Inspektion der A-Tafeln nach gleichen Zeilen und gleichen Spalten auszuführen.

Es bleibt der Fall der Abbildungen $f : D \longrightarrow B$ mit $D \subset B^n$.

In diesem Fall kreuzt man die Punkte, die in $B^n - D$ liegen an und sucht nach einer Partition der Zeilen bzw. der Spalten, so daß diese in zwei Spalten zerfallen, deren Elemente, soweit sie in D liegen, übereinstimmen. Wir betrachten auch hier nur ein Beispiel.

Es ist darin $n = 5$ und f wie auf Seite 176 definiert

Man erhält, wie man aus der $x_2 x_3 / x_1 x_4 x_5$-Tafel auf Seite 179 entnimmt:

F									
	0	0	0	0	1	1	1	1	x_1
	0	0	1	1	0	0	1	1	x_4
	0	1	0	1	0	1	0	1	x_5
0	1	0	1	0	0	1	1	0	
1	0	1	0	1	0	0	0	0	

g

d.h. $F = \psi\,(g\,\overline{x}_1 x_5 \cup \overline{g}\,(x_1(x_4 \oplus x_5) \cup \overline{x}_1 \overline{x}_5))$

$g = \psi\,(x_2 \oplus x_3)$

Anstelle von g kann man natürlich auch stets $\overline{g}$ wählen. Die ersten, die Zerlegungen von Schaltfunktionen systematisch untersucht haben, waren *Astenhurst* und *Povaro.* Ausgebaut wurden diese Methoden vor allem von *Curtis.*

Problem: Gibt es zu jeder Zerlegung von f auch ein Minimalpolynom, das die gleiche Zerlegung zuläßt. In anderen Worten: Läßt sich unser Satz über Schaltfunktionen deren Primimplikanten sämtlich wesentlich sind, verschärfen?

Beispiel: Zerlegung einer nicht vollständigen Funktion

$x_1\, x_2\, x_3\, x_4\, x_5$

0	1	2	3	4	5	6	7	8	9	10	11	12	13	14	15	16	17	18	19	20	21	22	23	24	25	26	27	28	29	30	31

$x_2\, x_3\, x_4\, x_5$

	(0)	1	(2)	3	4	(5)	6	(7)	8	~~9~~	~~10~~	(11)	~~12~~	13	(14)	15
x_1	16	(17)	(18)	~~19~~	20	21	22	23	24	~~25~~	26	~~27~~	28	~~29~~	(30)	31

$x_1\, x_3\, x_4\, x_5$

	(0)	1	(2)	3	4	(5)	6	(7)	16	(17)	(18)	~~19~~	20	21	22	23
x_2	8	~~9~~	~~10~~	(11)	~~12~~	13	(14)	15	24	~~25~~	26	~~27~~	28	~~29~~	(30)	31

$x_1\, x_2\, x_4\, x_5$

	(0)	1	(2)	3	8	~~9~~	~~10~~	(11)	16	(17)	(18)	~~19~~	24	~~25~~	26	~~27~~
x_3	4	(5)	6	(7)	~~12~~	13	(14)	15	20	21	22	23	28	~~29~~	(30)	31

$x_1\, x_2\, x_3\, x_5$

	(0)	1	4	(5)	8	~~9~~	~~12~~	13	16	(17)	20	21	24	~~25~~	28	~~29~~
x_4	(2)	3	6	(7)	~~10~~	(11)	(14)	15	(18)	~~19~~	22	23	26	~~27~~	(30)	31

$x_1\, x_2\, x_3\, x_4$

	(0)	(2)	4	6	8	~~10~~	~~12~~	(14)	16	(18)	20	22	24	26	28	(30)
x_5	1	3	(5)	(7)	~~9~~	(11)	13	15	(17)	~~19~~	21	23	~~25~~	~~27~~	~~29~~	31

$x_2\ x_3\ x_5$

(0)	1	4	(5)	8	~~9~~	~~12~~	13
(2)	3	6	(7)	~~10~~	(11)	(14)	15
16	(17)	20	21	24	~~25~~	28	~~29~~
(18)	~~19~~	22	23	26	~~27~~	(30)	31

$x_1\ x_4$

$x_1\ x_3\ x_5$

(0)	1	4	(5)	16	(17)	20	21
(2)	3	6	(7)	(18)	~~19~~	22	23
8	~~9~~	~~12~~	13	24	~~25~~	28	~~29~~
~~10~~	(11)	(14)	15	26	~~27~~	(30)	31

$x_2\ x_4$

$x_1\ x_2\ x_4$

(0)	(2)	8	~~10~~	16	(18)	24	26
1	3	9	(11)	(17)	~~19~~	~~25~~	~~27~~
4	6	~~12~~	(14)	20	22	28	(30)
(5)	(7)	13	15	21	23	~~29~~	31

$x_3\ x_5$

$x_2\ x_4\ x_5$

(0)	1	(2)	3	8	~~9~~	~~10~~	(11)
4	(5)	6	(7)	~~12~~	13	(14)	15
16	(17)	(18)	~~19~~	24	~~25~~	26	~~27~~
20	21	22	23	28	~~29~~	(30)	31

$x_1\ x_3$

$x_1\ x_4\ x_5$

(0)	1	(2)	3	16	(17)	(18)	~~19~~
4	(5)	6	(7)	20	21	22	23
8	~~9~~	~~10~~	(11)	24	~~25~~	26	~~27~~
~~12~~	13	(14)	15	28	~~29~~	(30)	31

$x_2\ x_3$

$x_1\ x_2\ x_5$

(0)	1	8	~~9~~	16	(17)	24	~~25~~
(2)	3	~~10~~	(11)	(18)	~~19~~	26	~~27~~
4	(5)	~~12~~	13	20	21	28	~~29~~
6	(7)	(14)	15	22	23	(30)	31

$x_3\ x_4$

$x_1\ x_2\ x_3$

(0)	4	8	~~12~~	16	20	24	28
1	(5)	~~9~~	13	(17)	21	~~25~~	~~29~~
(2)	6	~~10~~	(14)	(18)	22	26	(30)
3	(7)	(11)	15	~~19~~	23	~~27~~	31

$x_4\ x_5$

$x_3\ x_4\ x_5$

(0)	1	(2)	3	4	(5)	6	(7)
8	~~9~~	~~10~~	(11)	~~12~~	13	(14)	15
16	(17)	(18)	~~19~~	20	21	22	23
24	~~25~~	26	~~27~~	28	~~29~~	(30)	31

$x_1\ x_2$

$x_2\ x_3\ x_4$

(0)	(2)	4	6	8	~~10~~	~~12~~	(14)
1	3	(5)	(7)	~~9~~	(11)	13	15
16	(18)	20	22	24	26	28	(30)
(17)	~~19~~	21	23	~~25~~	~~27~~	~~29~~	31

$x_1\ x_3$

$x_1\ x_3\ x_4$

(0)	(2)	4	6	16	(18)	20	22
1	3	(5)	(7)	(17)	~~19~~	21	23
8	~~10~~	~~12~~	(14)	24	26	28	(30)
~~9~~	(11)	13	15	~~25~~	~~27~~	~~29~~	31

$x_2\ x_5$

2. Systeme von Schaltfunktionen und spezielle Funktionen

2.1 Polynomiale Realisierungen

Wir haben nun den allgemeinen Fall, nämlich eine Abbildung

$$\begin{array}{l} f : D \to B^k \\ \quad \cap \\ \quad B^n \end{array}$$

mittels Konjunktionen, Disjunktionen und Negationen zu realisieren.

In Beispielen haben wir schon gesehen, daß man mit Vorteil denselben Baustein zur Realisierung mehrerer Schaltfunktionen verwenden kann.

Wir übertragen einen Teil der Ergebnisse des Kapitels 1 auf den allgemeinen Fall. Dabei wird der Abschnitt über Zerlegungen gegenüber den Optimierungsfragen stark in den Vordergrund treten.

Wir schicken eine in den folgenden Abschnitten nützliche Notation von gewissen zusammengesetzten Abbildungen voraus.

2.1.1 Die X-Kategorie C (B)

Sei

$$\mathbf{O}(\mathbf{C}) = \{D \subset B^n \mid n = 0, 1, 2, \dots\}.$$

In $\mathbf{O}(\mathbf{C})$ haben wir das direkte Produkt; sind $D_1, D_2 \subset \mathbf{O}(\mathbf{C})$, dann ist auch $D_1 \times D_2 \in \mathbf{O}(\mathbf{C})$. Das direkte Produkt ist assoziativ und $B^0 = \{\square\}$ ist bezüglich „$\times$“ eine Einheit.

$\square$ ist die eindeutig bestimmte Abbildung mit ϕ als Definitionsbereich und B als Zielbereich; d.h. $\square : \phi \to B$.

Also $(\mathbf{O}(\mathbf{C}), \times)$ ist ein *Monoid*.

Es sei nun

$$\mathbf{M}(\mathbf{C}) = \{f : D \to D' \mid f \text{ Abbildung, } D' \in \mathbf{O}(\mathbf{C}),\ D \in \mathbf{O}(\mathbf{C})\}.$$

Ist $f : D \to D'$ aus $\mathbf{M}(\mathbf{C})$, dann schreiben wir auch

$$Q(f) = D, \quad Z(f) = D'.$$

D heißt der Quelle- und D' der Zielbereich von f. Wir haben auch in **M (C)** ein direktes Produkt, das wir wieder mit $\times$ bezeichnen.

Ist $f_1 : D_1 \to D_1'$ und $f_2 : D_2 \to D_2'$ dann ist

$$f_1 \times f_2 : D_1 \times D_2 \to D_1' \times D_2' \quad \text{die durch}$$
$$(f_1 \times f_2)(x_1, x_2) = (f_1(x_1), f_2(x_2)) \quad \text{für } (x_1, x_2) \in D_1 \times D_2$$

definierte Abbildung.

(**M (C)**, $\times$) ist ebenfalls ein Monoid mit $e: \{\square\} \to \{\square\}$ als Einheit.

Man sieht: Q und Z sind Homomorphismen von

$$(M(C), \times) \text{ in } (O(C), \times).$$

Zwei Abbildungen

$$f_1 : D \to D', \; f_2 : D' \to D''$$

kann man zu einer Abbildung $f = f_2 \circ f_1$ zusammensetzen, die durch

$$f(x) = f_2(f_1(x)) \text{ für } x \in D \text{ definiert ist.}$$

Es ist

$$Q(f_2 \circ f_1) = Q(f_1)$$
$$Z(f_2 \circ f_1) = Z(f_2).$$

Die identische Abbildung von D auf D bezeichnen wir mit 1_D. Es gilt offenbar:

$$f = f \circ 1_{Q(f)} = 1_{Z(f)} \circ f.$$

Das Produkt „$\circ$" ist assoziativ in folgendem Sinne:

Es gilt

$$(f_1 \circ f_2) \circ f_3 = f_1 \circ (f_2 \circ f_3)$$

für alle $f_1, f_2, f_3 \in$ **M (C)**, für die eine der beiden Seiten der Relation erklärt ist.

Also ist (**M (C)**, Q, Z, $\circ$) eine Kategorie.

Es gilt weiter:

$$(f_1 \times f_2) \circ (g_1 \times g_2) = (f_1 \circ g_1) \times (f_2 \circ g_2)$$

für $Q(f_i) = Z(g_i), \ i = 1, 2$.

$$\mathbf{C}(B) = (\mathbf{O}(\mathbf{C}), \mathbf{M}(\mathbf{C}), Q, Z, \circ, \mathbf{x})$$

ist eine *monoidale Kategorie,* die wir kurz als X-*Kategorie* bezeichnen.

Die Axiome der X-Kategorie findet der Leser in Kapitel 3.

Wir brauchen häufig folgende Konstruktion:

Seien

$$f_i : D \to D'$$

für $i = 1, \ldots, k$ Abbildungen. Wir definieren eine Abbildung $f : D \to D'^k$, die wir mit $[f_1, \ldots, f_k]$ bezeichnen durch die Vorschrift

$$f(x) = (f_1(x), \ldots, f_k(x)) \text{ für } x \in D.$$

Speziell interessiert uns die Abbildung

$$d_D^k = \underbrace{[1_D, \ldots, 1_D]}_{k \text{ mal}},$$

die als k-fache Diagonalisierung bezeichnet wird. Der Namen erklärt sich dadurch, daß $d^2_{[0,1]}$ das Einheitsintervall auf die Diagonale des Quadrats $[0, 1] \times [0, 1]$ abbildet.

Man prüft leicht die folgende nützliche Identität nach:

$$[f_1, \ldots, f_k] = (f_1 \times \ldots \times f_k) \circ d_D^k.$$

Wir werden in unserem Kapitel über allgemeine Bausteinsysteme ausführlich auf die Kategorie $\mathbf{C}(B)$ zurückkommen.

2.1.2 Die minimalen polynomialen Realisierungen von Systemen von Schaltfunktionen

Wir untersuchen hier das Analogon zu der Realisierung von Schaltfunktionen durch Polynome. Die polynomiale Realisierung erfolgt in zwei Stufen.

Die erste Stufe besteht aus Konjunktionen mit eventuell negierten Eingängen. Die Ausgänge der Konjunktionen dürfen auf mehrere Disjunktionen der zweiten Stufe geschaltet werden.

Die zweite Stufe besteht aus den Disjunktionen.

Falls jede Konjunktion nur auf eine Disjunktion geschaltet wird, haben wir den in Kapitel *1* behandelten Fall der polynomialen Realisierungen.

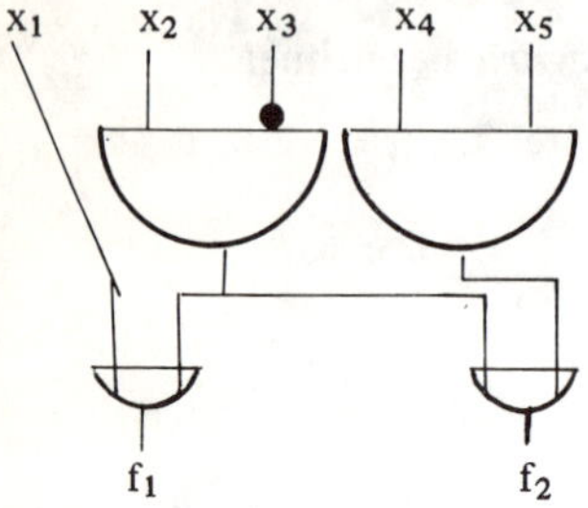

Man betrachte hierzu das nebenstehende Beispiel, in dem eine Konjunktion auf zwei Disjunktionen geschaltet ist.

Das Beispiel läßt sich durch zwei Polynome P_1 und P_2 beschreiben.

$$P_1 = x_1 \cup x_2\bar{x}_3, \quad P_2 = x_2\bar{x}_3 \cup x_4x_5$$

mit $\psi(P_1) = f_1$ und $\psi(P_2) = f_2$.

Wir bezeichnen nun mit

$$> P_1, P_2 <$$

die durch die Figur beschriebene Realisierung.

Sind $P_1, \ldots, P_k$ Polynome, dann verstehen wir unter $> P_1, \ldots, P_k <$ die Realisierung, die jedes in $P_1, \ldots, P_k$ vorkommende Monom nur einmal durch eine Konjunktion ersetzt; der Ausgang der in $P_{i_1}, \ldots, P_{i_e}$ „vorkommenden" Konjunktion wird auf je einen Eingang der zu $P_{i_1}, \ldots, P_{i_e}$ gehörigen Disjunktion geschaltet.

So wie wir früher die Realisierungen mit den booleschen Ausdrücken identifizierten und die physikalische Interpretation nur zur Motivation der Kostenfunktion verwendeten, so tun wir dies auch hier.

Wir definieren:

Sei

$$\begin{array}{ccc} f: D & \longrightarrow & D' \\ \cap & & \cap \\ B^n & & B^k \end{array}$$

Der Ausdruck $> P_1, \ldots, P_k <$ heißt eine *polynomiale Realisierung* von f, wenn (1) und (2) gilt.

(1) $P_1, \ldots, P_k$ sind Polynome aus $B(X_n)$

(2) $\psi_D(P_i) = f_i$ für $i = 1, \ldots, n$;

hierin ist $f_i = \pi_i \circ f$, wo $\pi_i : D' \to B$ die Projektion auf die i-te Komponente ist.

Für $\psi_D(P_i) = f_i, i = 1, \ldots, k$ schreiben wir auch

$$\psi_D(> P_1, \ldots, P_k <) = f.$$

Sei

$$G = G(P_1, \ldots, P_k) = \{a \in \mathbf{B}(X_n) \mid a \text{ Monom in } P_1 \text{ oder in } P_2 \ldots \text{ oder in } P_k\}.$$

$$L_i = \text{Anzahl der Monome von } P_i \text{ für } i = 1, \ldots, k.$$

Wir definieren

$$L(> P_1, \ldots, P_k <) = \sum_{a \in G} L(a) + \sum_{i=1}^{k} L_i .$$

L heißt die Kostenfunktion der polynomialen Realisierungen; G heißt die Menge der Monome von $P = > P_1, \ldots, P_k <$.

Unsere *Optimierungsaufgabe* lautet nun:

Sei $f : D \to B^k$ gegeben. Gesucht sind Polynome $P_1, \ldots, P_k$ mit

1) $\psi_D(> P_1, \ldots, P_k <) = f$,

2) $L(> P_1, \ldots, P_k <) \leqslant L(> q_1, \ldots, q_k <)$ für alle $> q_1, \ldots, q_k <$ mit $\psi_D(> q_1, \ldots, q_k <) = f$.

Für $k = 1$ erhalten wir gerade unsere Syntheseprobleme für Schaltfunktionen in disjunktiver Normalform.

Wir führen die Lösung der allgemeinen Aufgabe auf den in Kapitel 1 gelösten Sonderfall zurück.

Definition: $a \in \mathbf{B}(X_n)$ heißt Primimplikant von $f : D \to B^k$, wenn es ein Produkt $g = f_{i_1} \cdot \ldots \cdot f_{i_r}$ von Komponenten von f gibt, so daß a Primimplikant von g ist.

Satz 1:

Ist $P = {>}P_1, \ldots, P_k{<}$ Lösung unserer Optimierungsaufgabe, dann sind sämtliche Monome von P Primimplikanten von f, falls $\psi_D(x_i^\epsilon) \neq 1$ für $i \in \{1, \ldots, n\}$, $\epsilon \in B$. In dem ausgeschlossenen Fall gibt es stets auch eine optimale Realisierung mittels Primimplikanten.

Beweis: Sei $a \in G(P)$ und a nicht Primimplikant von f. Es seien $P_{i_1}, \ldots, P_{i_e}$ die Polynome der Lösung, die a enthalten. Dann ist a Implikant von $f_{i_1} \cdot \ldots \cdot f_{i_e}$. Da a nicht Primimplikant ist, gibt es ein Teinmonom b von a, das Primimplikant von $f_{i1} \cdot \ldots \cdot f_{i_e}$ ist.

Ist $a \notin X_n$, dann ist $L(b) < L(a)$.

Ersetzen wir nun a in den Polynomen $P_{i_1}, \ldots, P_{i_e}$ durch b, dann erhalten wir die Polynome $P'_{i_1}, \ldots, P'_{i_e}$. Setzen wir $P'_i = P_i$ für $i \notin \{i_1, \ldots, i_e\}$ und $P' = {>}P'_1, \ldots, P'_k{<}$, dann ist $\psi_D(P') = f$ und $L(P') < L(P)$ in Widerspruch zu der Voraussetzung, daß P Minimallösung ist.

Wir betrachten den Fall $a \in X_n$. Dann ist $b = 1$, d.h. $f_{i_1} \ldots f_{i_e} = 1$.

Ist $\bar{f}_{i_1} = 1$, dann unterscheiden wir $\psi_D(a) = 1$ und $\psi_D(a) \neq 1$. Im letzteren Fall gibt es ein „Teilmonom a'" von P_{i_1} mit $\psi_D(a \cup a') = 1$. Ersetzen wir $(a \cup a')$ durch 1, dann erhalten wir wieder eine billigere Lösung im Widerspruch zur Voraussetzung.

Damit ist der erste Teil unseres Satzes bewiesen. Im Fall $\psi_D(a) = 1$ kann man auch a durch $b = 1$ ersetzen, ohne die Kosten der Lösung zu erhöhen.

Ermittlung der Primimplikanten

In dem ersten in Kapitel 1 geschilderten Verfahren zur Ermittlung der Primimplikanten einer Schaltfunktion werden alle Implikanten der Schaltfunktionen ermittelt und aus diesen die Primimplikanten ausgesucht.

Ebenso verfahren wir hier. Wir berechnen die Menge der Primimplikanten aller Komponenten von f und suchen aus diesen die Primimplikanten aus. Dies geschieht, indem man feststellt, ob ein Teilmonom eines Implikanten von $f_{i_1}, \ldots, f_{i_e}$ auch Implikant all dieser Funktionen ist oder nicht. Ist dies nicht der Fall, dann ist dieser Implikant Primimplikant von $f_{i_1}, \ldots, f_{i_e}$, d.h. nach Definition auch von f.

Es kann durchaus sein, daß ein Primimplikant von $f_{i_1}, \ldots, f_{i_e}$ auch Primimplikant von $f_{i_1}, \ldots, f_{i_{e+1}}$ ist.

Auf Methoden, dieses Verfahren rationell zu gestalten, gehen wir nicht ein.

Die Implikantentafel

Sei $G = \{a_1, \ldots, a_N\}$ die Menge der Primimplikanten von f und $\{m_1^{(i)}, \ldots, m_{t_i}^{(i)}\}$ seien die Mengen der vollständigen Monome von f_i für $i = 1, \ldots, k$.

Wir definieren die Matrizen

$$\alpha^{(i)} = (\alpha_{lk})_{l,k=1}^{N,t_i}$$

mit

$$\alpha_{lk}^{(i)} = 1 \quad <=> \quad \begin{cases} a_l \text{ Implikant von } f_i \text{ und} \\ \psi_D(m_k^{(i)}) \leqslant \psi_D(a_l)\,. \end{cases}$$

Sei $e^{(i)} = (1, \ldots, 1) \in B^{t_i}$ und $\lambda^{(i)} = (\lambda_1^{(i)}, \ldots, \lambda_N^{(i)})$.

Ist

$$\lambda^{(i)}\, \alpha^{(i)} \geqslant e^{(i)} \text{ mit } \lambda^{(i)} \in B^N,$$

dann ist offenbar

$$\psi_D(P_i) = f_i \text{ für } P_i = \bigcup_{j=1}^{N} \lambda_j^{(i)}\, a_j.$$

Die Kosten dieser Realisierung sind

$$L(\lambda^{(1)}, \ldots, \lambda^{(k)}) = \sum_{j=1}^{N} \epsilon_j\, L(a_j) + \sum_{i=1}^{k} \sum_{j=1}^{N} \lambda_j^{(i)}$$

mit

$$\epsilon_j := \begin{cases} 1 \text{ für } \sum_{k=1}^{k} \lambda_j^{(k)} > 0 \\ 0 \text{ sonst} \end{cases}$$

Damit haben wir unser Syntheseproblem auf ein ganzzahliges Optimierungsproblem mit *linearen Restriktionen* und dieses Mal aber einer *nicht linearen Zielfunktion* zurückgeführt.

Die in Kapitel *1* durchgeführten Reduktionen übertragen sich vollständig für die Behandlung der Ungleichungssysteme $\lambda^{(i)} \alpha^{(i)} \geqslant e^{(i)}$.

Die Lösung solcher Systeme ist sehr aufwendig, wie wir schon ausgeführt haben.

2.2 Zerlegung von Systemen von Schaltfunktionen

2.2.1 Zerlegung von Systemen von Schaltfunktionen und der Verband der booleschen Algebren

Wir betrachten hier gleich den allgemeinen Fall von Zerlegungen. Hierbei gelangt die in Kapitel 1 entwickelte Theorie der booleschen Algebren und hiervon besonders 1.1.9 (über Automorphismengruppen bzw. Invarianzgruppen von Schaltkreisen) zur Anwendung.

Sei $f : D \to D'$ mit $D \subset B^n, D' \subset B^k$. Wir suchen Zerlegungen

$$f = f_m \circ f_{m-1} \circ \ldots \circ f_1 \quad \text{mit}$$

$$f_e = [f_1^{(e)}, \ldots, f_{j_e}^{(e)}], \; e = 1, \ldots, k.$$

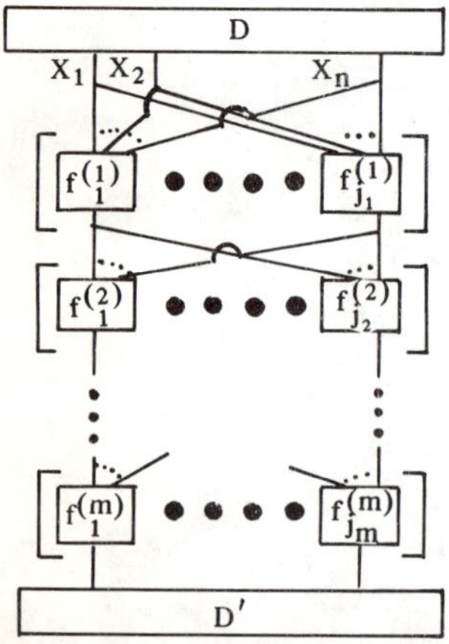

Die nebenstehende Figur veranschaulicht diese Zerlegung. Es folgt

$$j_m = k.$$

Es erhebt sich die Frage, wie man Zerlegungen dieser Art gewinnt, die zu billigen Realisierungen führen.

Es liegt aufgrund unserer Sätze über die disjunkte Zerlegung von Schaltfunktionen nahe, auch hier eine Separation der Variablen anzustreben. Da man für größere Variablenzahlen solche Eigenschaften nicht ohne weiteres nachprüfen kann, gehen wir davon aus, daß uns von vornherein gewisse Symmetrieeigenschaften von f bekannt sind, die wir zur Konstruktion solcher Zerlegungen ausnutzen.

Wir nehmen an, daß die Faktoren $f^{(e)} = [f_1^{(e)}, \ldots, f_{j1}^{(e)}]$ wie in 2.1. realisiert werden.

Ist

$$> P_1^{(e)}, \ldots, P_{j_e}^{(e)} <$$

eine Realisierung von $[f_1^{(e)}, \ldots, f_{j_e}^{(e)}]$, dann bezeichnen wir den Ausdruck

$$P = (> P_1^{(m)}, \ldots, P_{j_m}^{(m)} < \circ \ldots \circ > P_1^{(1)}, \ldots, P_{j1}^{(1)} <)$$

als Realisierung von f. Wir schreiben $\psi_D(P) = f$ und definieren

$$L(P) = \sum_{e=1}^{m} L(> P_1^{(e)}, \ldots . P_{j_e}^{(e)} <).$$

Wir unterstellen wieder, daß die technische Realisierung von P klar ist, verwenden diese Vorstellung jedoch nur zur Motivation. Man kann diese Vorstellung zwar auch mathematisch präzisieren, indem man ein Substitutionskalkül für Polynome entwickelt, wir verzichten hier jedoch darauf, dies durchzuführen, da wir dies im nächsten Abschnitt für den Fall beliebiger Bausteine nachholen.

Wir bringen nun die Zerlegungen von f in Zusammenhang mit dem Verband der Unteralgebren von **S**(D).

Hilfssatz 1:

Sei

$$f = f_1 \circ f_2 \text{ und}$$
$$f_i = [f_1^{(i)}, \ldots, f_{l_i}^{(i)}], \quad i = 1, 2 .$$
$$f = [f_1, \ldots, f_k], \quad k = l_1 .$$

Dann gilt

$$<f_1, \ldots, f_k> \subset <f_1^{(2)}, \ldots, f_{l_2}^{(2)}> ,$$

wo <> die durch die Elemente in der Klammer erzeugte boolesche Unteralgebra von **S** (D) bezeichnet.

Beweis: Seien

$$P_1, \ldots, P_k \text{ Polynome aus } \mathbf{B}[X_{l_2}] ,$$

mit

$$\psi_{f_2(D)}(P_i) = f_i^{(1)} \text{ für } i = 1, \ldots, k .$$

Wir setzen nun

$$\phi(x_i) = f_i^{(2)} \text{ für } i = 1, \ldots, l_2 .$$

und haben

$$\phi(P_i) = f_i ;$$

denn sei $\alpha \epsilon D$, dann ist

$$\phi(P_i)(\alpha) = \phi'(P_i) \text{ mit } \phi'(x_i) = f^{(2)}(\alpha) .$$

Wegen $\psi_{f_2(D)}(P_i) = f_i$ folgt

$$\phi'(P_i) = f_i(\alpha) .$$

Durch Einsetzen von Elementen aus $< f_1^{(2)}, \ldots, f_{l_2}^{(2)} >$ in ein boolesches Polynom erhält man aber wieder ein Element aus $< f_1^{(2)}, \ldots, f_{l_2}^{(2)} >$. Also ist

$$f_i = \phi(P_i) \epsilon < f_1^{(2)}, \ldots, f_{l_2}^{(2)} > ,$$

womit die Behauptung unseres Satzes bewiesen ist.

Korollar:

Ist

$$f = f_k \circ \ldots \circ f_1 , \; Q(f) \subset B^n \text{ und}$$
$$f_i = [f_1^{(i)}, \ldots, f_{m_i}^{(i)}] ,$$

dann gilt

$$< f_1^{(i)}, \ldots, f_{m_i}^{(i)} > \subset < f_1^{(i-1)}, \ldots, f_{m_{i-1}}^{(i-1)} >$$

für

$$i = 1, \ldots, k \text{ und } f_l^{(o)} = x_l \text{ für } l = 1, \ldots, n .$$

Hilfssatz 2:

Sei

$$<f_1, \ldots, f_k> \subset <g_1, \ldots, g_m>, \quad g_1, \ldots, g_m \in \mathbf{S}(D).$$

Ist

$$D' = [g_1, \ldots, g_m](D), \text{ dann gibt es}$$
$$f_1^{(1)}, \ldots, f_k^{(1)}$$

mit

$$[f_1, \ldots, f_k] = [f_1^{(1)}, \ldots, f_k^{(1)}] \circ [g_1, \ldots, g_m].$$

Beweis: Da

$$<f_1, \ldots, f_k> \subset <g_1, \ldots, g_m> \text{ ist, gibt es Polynome}$$
$$P_1, \ldots, P_k \in \mathbf{B}(X_m)$$

mit

$$\phi(P_i) = f_i \text{ für Einsetzung } \phi(x_e) = g_e.$$

Setzen wir

$$f_i^{(1)} = \psi_{D'}(P_i)$$

dann ist

$$f_i(\alpha) = \phi(P_i)(\alpha) = \psi_{D'}(P_i) \circ [g_1, \ldots, g_m](\alpha)$$

für $\alpha \in D$. Also gilt, wie behauptet

$$[f_1, \ldots, f_k] = [f_1^{(1)}, \ldots, f_k^{(1)}] \circ [g_1, \ldots, g_m].$$

Wir fassen die Ergebnisse zusammen.

Satz 1:

Sei

$$f : D \to D' \text{ und } f = [f_1, \ldots, f_k] .$$

Zu jeder Zerlegung $f = f_k \circ \ldots \circ f_1$ gibt es eine aufsteigende Kette

$$<f_1, \ldots, f_k> \subset <f_1^{(k-1)}, \ldots, f_{j_{k-1}}^{(k-1)}> \subset \ldots \subset \mathbf{S}(D)$$

und zu jeder aufsteigenden Kette

$$<f_1, \ldots, f_k> \subset \mathbf{A}_{k-1} \subset \ldots \subset \mathbf{S}(D)$$

von booleschen Algebren gibt es Zerlegungen von f, die diese Kette erzeugen.

Zur Vereinfachung unserer Schreibweise verabreden wir die Bezeichnung

$$<f> : = <f_1, \ldots, f_k>$$

für $f = [f_1, \ldots, f_k]$.

Unsere Ergebnisse zeigen, daß es zur Konstruktion von Zerlegungen interessant ist, den Verband V(S(D)) anzusehen (siehe hierzu 1.1.9).

Die Zerlegungen bestimmen die aufsteigende Kette von booleschen Unteralgebren zwar eindeutig; diese Zuordnung ist jedoch nicht injektiv. Denn für *jede Wahl* eines *Erzeugendensystems* einer der Unteralgebren erhält man eine andere Zerlegung von f. Man hat also das Ergebnis, daß die *Erzeugendensysteme* von Unteralgebren eine von $<f>$ zu $\mathbf{S}(D)$ aufsteigenden Kette von Algebren und die *Zerlegungen* von f eindeutig bestimmen.

2.2.2 Ausnutzung von Symmetrieeigenschaften

Sei $\mathbb{P}_n$ wieder die durch die Negationen erweiterte Gruppe der Permutationen der Komponenten von B^n. Bei allen Einsetzungen ϕ der Alphabete $X_n = \{x_1, \ldots, x_n\}$ oder $Y_n = \{y_1, \ldots, y_k\}$ usw. und ihren Fortsetzungen auf $\mathbf{B}(X_n)$ bzw. $\mathbf{B}(Y_n)$ erhalten wir die Abbildungen $\psi_D(P)$, $P \in \mathbf{B}(X_n)$ bzw. $\mathbf{B}(Y_n)$, indem wir definieren:

$$\psi_D(P) = f <=> \phi(P) = f(\phi(x_1), \ldots, \phi(x_n))$$

für

$$(\phi(x_1), \ldots, \phi(x_n)) \in D ;$$

entsprechend für Y_n.

Unsere „standardmäßigen“ Einsetzungen ordnen also der i-ten Variablen die i-te Komponente von B^n zu.

Bilden wir die Vereinigung von Alphabeten $X_n \cup Y_k$ mit $X_n \cap Y_k = \phi$, dann ist es nicht klar, wie die Abbildung ψ definiert werden soll. Wir verabreden daher generell, daß $X_n \cup Y_k$ mit X_{n+k} identifiziert wird und zwar die Variable

$$\begin{aligned} &x_i \text{ mit } x_i \text{ für } i = 1, \ldots, n \\ &y_i \text{ mit } x_{n+i} \text{ für } i = 1, \ldots, k . \end{aligned}$$

Auf diese Weise ist unsere Abbildung ψ_D auch für $X_n \cup Y_k$ wohl definiert.

Wir kommen nun zu den Anwendungen von 1.1.9, das heißt, der Beziehungen zwischen dem Verband $V(M)$ der booleschen Unteralgebren einer booleschen Algebra M und dem Untergruppenverband $V(G)$ der Automorphismengruppe G von M. Wir erinnern insbesondere an Satz 17 und Satz 18 aus Kapitel 1.1.

Da wir im folgenden stets feste boolesche Algebren im Auge haben, lassen wir das erste Argument in M und G weg, so daß wir also setzen

$$\begin{aligned} M(G_1) &= M(G, G_1) && \text{für } G_1 \in V(G), \\ G(M_1) &= G(\mathbf{S}(D), M_1) && \text{für } M_1 \subset \mathbf{S}(D). \end{aligned}$$

Mit $\mathbb{P}_n$ bezeichnen wir wieder die durch die Negationen erweiterte Permutationsgruppe der Komponenten von B^n. Mit $\mathbb{P}(X_n)$ die mit $\mathbb{P}_n$ durch die Standardeinsetzungen verbundene Permutationsgruppe von X_n, die durch die Abbildung ν_1 mit

$$\nu_1(x_1) = \overline{x}_1, \ \nu_1(x_i) = x_i \text{ für } i = 2, \ldots, n$$

erweitert ist.

Wir erinnern weiter an den natürlichen Isomorphismus zwischen der Permutationsgruppe **Per** D von D und der Automorphismengruppe von $\mathbf{S}(D)$.

Wir setzen stets $G(\alpha) = \{\beta \in D \mid \text{Es gibt } \tau \in G \text{ mit } \tau(\alpha) = \beta\}$.

Hilfssatz 3:

Sei

$$G \subset \mathbf{Per}\, D \text{ und } M = \mathcal{M}(G).$$

Ist

$$f_\alpha : D \to B \text{ für } \alpha \in D \text{ definiert durch}$$

$$f_\alpha(\beta) = \begin{cases} 1 & \text{für } \beta \in G(\alpha). \\ 0 & \text{sonst,} \end{cases}$$

dann gilt:

$$A(M) = \{f_\alpha \mid \alpha \in D\},$$

worin A (M) (wie in I) die Menge der Atome von M bezeichnet.

Beweis: Es gilt, wie man ohne weiteres sieht:

$$(1) \quad \tau(f_\alpha) = f_\alpha \qquad \text{für } \alpha \in D.$$

$$(2) \quad f_\alpha \cdot g = \begin{cases} f_\alpha & \text{für } f_\alpha \cdot g \neq 0 \\ 0 & \text{sonst.} \end{cases} \qquad \text{für } g \in \mathcal{M}(G)$$

$$(3) \quad \bigcup_{\alpha \in D} f_\alpha = 1.$$

Aus (1), (2) und (3) folgt die Behauptung des Satzes.

Anstelle von $A(\mathcal{M}(G))$ schreiben wir auch kurz $A(G)$. Wir definieren weiter

$$F(G) = [f_{\alpha_1}, \ldots, f_{\alpha_m}],$$

worin $\{f_{\alpha_1}, \ldots, f_{\alpha_m}\} = A(G)$ ist und $f_{\alpha_i} \neq f_{\alpha_j}$ für $i \neq j$; $\alpha_1, \ldots, \alpha_m$ sei die Aufzählung eines Repräsentantensystems aus $\{G(\alpha) \mid \alpha \in D\}$, die wir ein für allemal festhalten.

Hilfssatz 4:

Sei $f : D \to B^k$, $f = [f_1, \ldots, f_k]$ und $G \subset G(<f>)$. Dann gibt es eine Abbildung $g : B^m \to B^k$ mit $m = \textbf{card}\ A(G)$ und

$$f = g \circ F(G).$$

Beweis: Es ist $<f_1, \ldots, f_k> \subset M(G)$ und $A(G)$ ist Erzeugendensystem von $M(G)$. (Hilfssatz 3). Hieraus und aus Hilfssatz 1 folgt die Behauptung.

Sei nun $G \subset \textbf{Per}\ D$, d.h. eine Untergruppe der Automorphismengruppe von $\mathbf{S}(D)$. $X_n = X_{n_1}^{(1)} \cup \ldots \cup X_{n_j}^{(j)}$ sei eine Partition von X_n. Wir betrachten direkte Produkte $G = G_1 \times \ldots \times G_j$ mit der Eigenschaft, daß G_i auf $< \psi_D (X_{n_1}^{(1)}) >$ für $1 \neq i$ die Identität ist. Das heißt, G_i *operiert echt* nur auf $< \psi_D (X_{n_i}^{(i)}) >$.

Definition:

Sei $X_n = X_{n_1}^{(1)} \cup \ldots \cup X_{n_j}^{(j)}$ eine Partition und $G = G_1 \times \ldots \times G_j \subset \textbf{Per}\ D$. Die Partition und das direkte Produkt heißen *verträglich* genau dann, wenn G_i nur auf $< \psi_D (X_{n_i}^{(i)}) >$ echt operiert für $i = 1, \ldots, j$.

Wir setzen

$$M_i = M(G_i) \cap < \psi_D (X_{n_i}^{(i)}) >$$

und haben dann den

Hilfssatz 5:

Sei $G = G_1 \times \ldots \times G_j \subset \textbf{Per}\ D$ und $X_n = X^{(1)} \cup \ldots \cup X^{(j)}$ verträglich. Dann gilt

$$M(G) = < M_1 \cup M_2 \ldots \cup M_j >.$$

Beweis: M_i bleibt unter jeder der Gruppen G_k, $(k = 1, \ldots j)$, elementweise fest. Also ist $< M_1 \cup \ldots \cup M_j > \subset M(G)$.

Wir zeigen nun $M(G) \subset < M_1 \cup \ldots \cup M_j >$.

Seien $a_1 \in M_1, \ldots, a_j \in M_j$ Atome und sei $g \in M(G)$.

Es gilt:

(1) $a_1 \ldots a_j \in \mathcal{M}(G)$.

(2) $a_1 \ldots a_j \neq 0$, da $X^{(i)} \cap X^{(l)} = \phi$.

(3) $$a_1 \ldots a_j \cdot g = \begin{cases} a_1 \ldots a_j \\ 0 \end{cases} \quad \text{für } g \in \mathcal{M}(G).$$

(4) $$\bigcup_{\substack{a_i \in A(M_i) \\ i=1,\ldots,j}} a_1 \ldots a_j = 1.$$

Hiervon sind (1), (2) und (4) trivial.

Beweis von 3: Es ist

$$a_1 \ldots a_j \cdot g = (a_1 g) \cdot (a_2 \cdot g) \ldots (a_j \cdot g)$$

und also

$$a_1 \ldots a_j \cdot g \neq 0 \longrightarrow a_i \cdot g \neq 0 \text{ für } i = 1, \ldots, j.$$

Da $a_i \in A(M_i)$ ist, gilt dann $a_i g = a_i$.
Also haben wir in diesem Fall

$$a_1 \ldots a_j \cdot g = a_1 \ldots a_j$$

Also ist

$$a_1 \ldots a_j \in A(G).$$

Also erhalten wir

$$A(G) = A(M_1) \cdot A(M_2) \ldots A(M_j)$$

und damit

$$\mathcal{M}(G) = \langle M_1 \cup \ldots \cup M_j \rangle.$$

Aus unserem Beweis ziehen wir als wichtiges Ergebnis eine Verschärfung des Hilfssatzes 5 heraus:

Hilfssatz 6:

Unter den Voraussetzungen des Hilfssatzes 5 gilt:

$$A(G) = A(M_1) \cdot \ldots \cdot A(M_j).$$

Setzen wir

$$F_i(G_i) = [f_1^{(i)}, \ldots, f_{m_i}^{(i)}]$$

mit

$$A(M_i) = \{f_l^{(i)} \mid l = 1, \ldots, m_i\},$$

wobei eine feste Numerierung vorgegeben ist, dann haben wir den

Satz 2:

Sei

$$f : D \to B^k, \; D \subset B^n$$

und

$$X_n = X^{(1)} \cup \ldots \cup X^{(j)}$$

eine Partition. $G_1 \, x \ldots x \, G_j \subset G(\langle f \rangle)$ sei mit dieser Partition verträglich. Dann gibt es eine Zerlegung

$$f = g \circ [F_1(G_1), \ldots, F_j(G_j)].$$

Diese Zerlegungen sind deshalb interessant, weil sie Partitionen der Variablen liefern, die zu einer simultanen Zerlegung aller Komponenten von f führen.

Das Auffinden von solchen Symmetriegruppen ist praktisch unmöglich, wenn f nur durch große Tabellen gegeben ist.

Aber solche Definitionen von Abbildungen kommen praktisch nicht vor, da niemand in der Lage ist, Funktionen, sagen wir mit 20 Variablen, zu definieren, ohne eine Gesetzmäßigkeit heranzuziehen. So lautet also die Aufgabe nach Klassen von Schaltfunktionen Ausschau zu halten, die einfachen Bildungsgesetzen genügen. Hierzu gehören die Realisierungen der *arithmetischen Funktionen,* auf die wir noch zu sprechen kommen.

Wir betrachten ein Beispiel, das uns später noch ausführlich beschäftigen wird.

Sei

$$\mathbf{D}_j = \Big\{ f : B^{2j} \to B \mid f(\alpha, \beta) = f(\acute{\alpha}, \beta') \text{ für } \sum_{i=1}^{j} (\alpha_i + \beta_i)\, 2^i = \sum_{i=1}^{j} (\alpha'_2 + \beta'_2)\, 2^i \Big\}$$

Wir betrachten das $\alpha | \beta$-Veitchdiagramm, in das nebenstehend eine Funktion aus $\mathbf{D}_3$ eingezeichnet ist.

f			0	0	0	0	1	1	1	1	α_1
			0	0	1	1	0	0	1	1	α_2
			0	1	0	1	0	1	0	1	α_3
0	0	0	0	1	1	0	0	0	1	1	
0	0	1	1	1	0	0	0	1	1	0	
0	1	0	1	0	0	0	1	1	0	1	
0	1	1	0	0	0	1	1	0	1	1	
1	0	0	0	0	1	1	0	1	1	0	
1	0	1	0	1	1	0	1	1	0	0	
1	1	0	1	1	0	1	1	0	0	0	
1	1	1	1	0	1	1	0	0	0	1	
β_1	β_2	β_3									

Die Funktionen aus $\mathbf{D}_3$ sind auf den Diagonalen konstant. Man sieht $f \in \mathbf{D}_3$ ist invariant gegenüber der Vertauschung von α_i und β_i. Darüberhinaus sind die Elemente von $\mathbf{D}_3$ invariant gegenüber zyklischen Permutationen der Elemente der Diagonalen des nebenstehenden Diagramms.

		0	0	1	1	α_2
		0	1	0	1	α_3
0	0			1		
0	1		1			
1	0	1				
1	1					
β_2	β_3					

Sei $G_1 = <\alpha_1 \leftrightarrow \beta_1>$ und $G_2 = G(\mathbf{D}_2)$. $G = G_1 \times G_2$ ist eine Invarianzgruppe von $\mathbf{D}_3$. Wir berechnen $A(M_1)$ und $A(M_2)$ im Sinne unserer vorigen Berechnungen:

$$A(M_1) = \{\overline{x}_1\overline{y}_1, x_1\overline{y}_1 \cup \overline{x}_1 y_1, x_1 y_1\} = \{(\overline{x}, \overline{y}_1, x_1 \oplus y_1, x_1 y_1\}.$$

$$A(M_2) = \{\overline{x}_3\overline{y}_3\overline{x}_2\overline{y}_2, \overline{x}_2\overline{y}_2\ (x_3 \oplus y_3), \overline{x}_3\overline{y}_3\ (x_2 \oplus y_2) \cup \overline{x}_2\overline{y}_2 x_3 y_3\ ,$$
$$(x_2 \oplus y_2) \cdot (x_3 \oplus y_3), x_3 y_3 x_2 y_2, x_2 y_2 (x_3 \oplus y_3),$$
$$x_3 y_3 \cdot (x_2 \oplus y_2) \cup x_2 y_2 \overline{x}_3 \overline{y}_3)\}$$

Hieraus gewinnt man

$$A(G) = A(M_1)\, A(M_2)\,.$$

Man erkennt, daß man die Elemente von $A(G)$ unter Verwendung dieser Zerlegung zwar nicht alle billiger erhält als in disjunktiver Normalform, doch gilt das für alle bis auf zwei. Wir berechnen nun als Beispiel ein Atom aus $\mathbf{D}_3$, nämlich, d_6, das heißt die Funktion, die genau für die Punkte auf der sechsten Diagonale den Wert 1 annimmt. Aus dem Veitchdiagramm entnimmt man

$$d_6^3 = (d_1^2 (x_1 \oplus y_1) \cup x_1 \cdot y_1 \cdot d_6^2)$$

mit

$$d_1^2 = \overline{x}_2 \overline{y}_2\ (x_3 \oplus y_3),\ d_6^2 = x_2 y_2 (x_3 \oplus y_3)\,.$$

Die Kosten dieser Darstellung sind, wenn wir $L(x \oplus y) = 6$ setzen

$$L = 13 + 9 + 9 = 31.$$

In disjunktiver Normalform für d_6^3 erhält man $L = 42$.

Man kann allerdings noch weiter zusammenfassen, indem man $(x_3 \oplus y_3)$ aus d_1^2 und d_6^2 ausklammert. Es ergibt sich dadurch

$$d_6^3 = (x_3 \oplus y_3) (\overline{x}_2 \overline{y}_2\ (x_1 \oplus y_1) \cup x_1 y_1 x_2 y_2)$$

d.h. eine Realisierung von d_6^3 mit $L = 23$.

Wir haben in diesem Beispiel nicht zwischen den Variablen x_i, y_i und den Erzeugenden $\psi(x_i)$, $\psi(y_i)$ der booleschen Algebra $\mathbf{S}_6$ unterschieden.

2.2.3 Abschätzung der Kostenfunktionen einiger Zerlegungen

Wir vergleichen Realisierungen von Schaltfunktionen durch Polynome mit allgemeineren Zerlegungen unter dem Gesichtspunkt der Invarianzeigenschaften der Schaltfunktionen.

Das nebenstehende Beispiel zeigt, daß Minimalpolynome von unter G-invarianten Schaltfunktionen nicht notwendig auch unter G invariant sind. Wir wissen zwar, daß G Minimalpolynome wieder in Minimalpolynome überführt, wenn $G \subseteq IP$ ist, es ist aber noch nicht untersucht worden, wie die Minimalpolynome einer G-invarianten Funktion zusammenhängen.

Unser Beispiel ist invariant unter den Permutationen von x, y, z d.h. unter der mit $S(\{x, y, z\})$ bezeichneten Gruppe. Die Primimplikanten von diesem Beispiel sind:

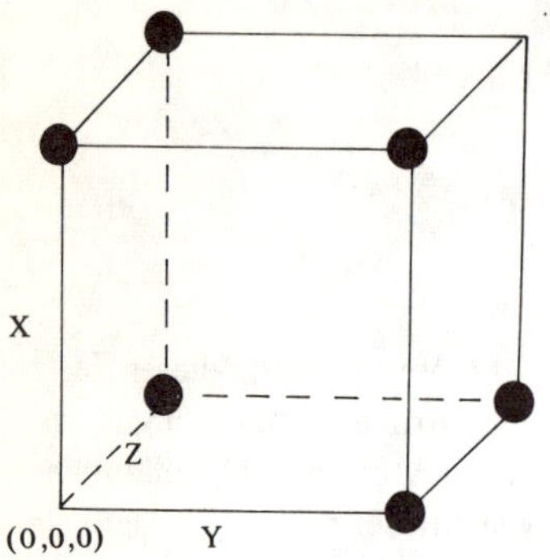

Die Funktion f ist 1 auf den stark ausgezeichneten Punkten

$$I = \{x\bar{y}, x\bar{z}, y\bar{z}, y\bar{x}, z\bar{x}, z\bar{y}\}.$$

Es gilt also

$$I = G(x\bar{y}) \text{ für } G = S(\{x, y, z\}).$$

Es gibt zu f zwei Minimalpolynome

$$p_1 = x\bar{y} \cup y\bar{z} \cup \bar{x}z$$
$$p_2 = x\bar{z} \cup y\bar{x} \cup z\bar{y} .$$

Man sieht

$$G(p_1) = p_1 \cup p_2, G(p_2) = p_1 \cup p_2 .$$

Wählt man die Untergruppe $G' = \langle x \to y \to z \to x \rangle$, d.h. die Untergruppe der zyklischen Permutationen von $\{x, y, z\}$ dann gilt

$$G'(p_1) = p_1, G'(p_2) = p_2 .$$

Die Untergruppen von g, die jeweils ein Minimalpolynom von f festlassen, sind konjugierte Untergruppen von G, falls G aus einem Minimalpolynom alle Minimalpolynome erzeugt. Was gilt, wenn z.B. G nur aus einem Primimplikanten alle Primimplikanten erzeugt?

Die unten unter sehr strengen Voraussetzungen bewiesenen Sätze lassen sich etwas abschwächen, indem man die Forderungen an die Gruppen G an gewisse Untergruppen (z.B. eine Klasse konjugierter Untergruppen) stellt. Da diese Sätze, dann aber erheblich an Übersichtlichkeit verlieren, verzichten wir auf ihre Formulierung.

Hilfssatz 7:

Sei p Minimalpolynom von $f: D \to B$ und $G(p) = p$. Ist m ein Monom von p, dann ist $G(m)$ Teilpolynom von p und Minimalpolynom von $\psi_D(G(m))$.

Beweis: Der erste Teil des Satzes ist trivial. Gäbe es ein Polynom q mit $\psi_D(q) = \psi_D(G(m))$ und $L(q) < L(G(m))$, dann könnten wir $G(m)$ in p durch q ersetzen und erhielten eine billigere Realisierung von f als es p darstellt. p ist aber Minimalpolynom. Also ist auch $G(m)$ Minimalpolynom.

Ist $m \in \mathbf{B}(X_n)$ und $X^{(i)} \subset X_n$, dann bezeichnen wir mit $m^{(i)}$ das Teilmonom von m, das man aus m durch streichen aller Variablen erhält, die nicht in $X^{(i)}$ liegen.

Wir definieren:

$$L'(p) = \text{Anzahl der Monome von } p \text{ für Polynome } p \in \mathbf{B}(X_n).$$

Hilfssatz 8:

Sei $G(m) \in \mathbf{B}(X_n), G = G_1 x, \ldots, x G_j, G_i \subset \mathbb{P}(X^{(i)})$ und

$$X_n = X^{(1)} \cup \ldots \cup X^{(j)}$$

eine Partition.

Weiter sei $L'(G_i(m^{(i)})) > 1$. Ist $g = \psi(y_1 \ldots y_j)$, dann gilt für

$$\mathfrak{g} = g \circ (> G_1(m^{(1)}), \ldots, G_j(m^{(j)}) <)$$

(1) $\psi_D(\mathfrak{g}) = \psi_D(G(m))$ für $D \subset B^n$,

(2) $L(\mathfrak{g}) < \lambda \cdot L(G(m))$ mit

$$\lambda = \frac{1}{\prod_{i=1}^{j} L'(G_i(m^{(i)}))} \left(1 + \sum_{i=1}^{j} L'(G_i(m^{(i)}))\right)$$

Beweis: Es ist

$$G(m) = \prod_{i=1}^{j} G_i(m^{(i)})$$

$$L(G(m)) = L'(G(m))\ (L(m) + 1)\,,\ \text{da}\ L'(G(m)) > 1\,.$$

Aufgrund der Produktzerlegung erhält man

$$L'(G(m)) = \left(\prod_{i=1}^{j} L'(G_i(m^{(i)}))\right),\quad \text{da}$$

$$L'(G_i(m^{(i)})) > 1\,.$$

Es ist

$$L(\mathbf{g}) = j + \sum_{i=1}^{j} L'(G_i(m^{(i)}))\ (L(m_i) + 1)\,.$$

Damit haben wir

$$\frac{L(\mathbf{g})}{L(G(m))} < \frac{1}{\prod_{l=1}^{j} L'(G_i(m^{(i)}))} \left(1 + \sum_{i=1}^{j} L'(G_i(m^{(i)}))\right),$$

was zu beweisen war.

Korollar:

Unter den Voraussetzungen des Hilfssatzes gilt:

$$L(G(m)) > \frac{2^j}{2 \cdot j + 1}\ L(\mathbf{g})\,.$$

Beweis: Wir haben vorausgesetzt $L'(G_i(m^{(i)})) \geqslant 2$.

Also erhält man

$$\lambda = \frac{1}{\prod_{i=1}^{j} L'(G_i(m^{(i)}))} + \sum_{k=1}^{j} \frac{1}{\prod_{\substack{i=1 \\ i \neq k}}^{j} L'(G_i(m^{(i)}))}$$

$$\leqslant \frac{1}{2^j} + \sum_{k=1}^{j} \frac{1}{2^{j-1}} = \frac{1+2j}{2^j} .$$

Nun folgt aus dem Hilfssatz die Behauptung.

Da jedes *vollständige Polynom* einer G-invarianten Schaltfunktion unter G invariant ist, erhalten wir also ohne Berücksichtigung von eventuell möglichen Reduktionen *unter* den *Voraussetzungen* des *Hilfssatzes* eine *Verbilligung* der *Darstellung*, die *exponentiell mit der Anzahl* der *direkten Faktoren* von G zusammenhängt. Wir verallgemeinern unsere Ergebnisse auf beliebige Polynome, die unter einem direkten Produkt invariant sind.

Hierzu wählen wir unter den Monomen von p ein Repräsentantensystem bezüglich G aus, das heißt Monome $m_1, \ldots . m_k$ von p mit den Eigenschaften

(1) $m_i \notin G(m_p)$ für $i \neq p$

(2) $p = \bigcup_{i=1}^{k} G(m_i)$.

Wir betrachten weiter für $G = G_1 x \ldots x G_j$ mit G_i $P(X^{(i)})$. Ein Repräsentantensystem für

$$\bigcup_{i=1}^{k} G_i(m_e{}^{(i)}).$$

Wir numerieren die Repräsentanten der verschiedenen Systeme der Reihe nach durch und bezeichnen sie mit $a_1, \ldots, a_t$.

Unter Verwendung dieser Bezeichnungen gilt der

Satz 3:

Sei $p \in \mathbf{B}(X_n)$ ein Polynom, $X_n = X^{(1)} \cup \ldots \cup X^{(j)}$ eine Partition und p invariant unter $G = G_1 x \ldots x G_j$ mit $G_i \subseteq \mathbb{P}(X^{(i)})$ für $i = 1, \ldots, j$. Es gilt für die Monome m aus p : $m^{(i)} \neq 1$ für mindestens r Zahlen aus $\{1, \ldots, j\}$. Weiter sei für $m^{(i)} \neq 1$ stets $L'(G_i(m^{(i)}) > 1$. Ist $a_1, \ldots, a_t$ das oben definierte Repräsentantensystem, dann gibt es ein $g \in \mathbf{B}(Y_t)$, so daß für

$$\mathbf{g} = (g \circ > G(a_1), \ldots, G(a_t) <)$$

gilt

$$(1) \quad \psi_D(\mathbf{g}) = \psi_D(p) \text{ für } D \subset B^n$$

$$(2) \quad L(p) > \frac{2^r}{2r+1} L(\mathbf{g}) .$$

Beweis: Nach Hilfssatz 7 können wir p so in Teilpolynome $G(m_i)$ zerlegen, auf die der Hilfssatz 8 und das Korollar dieses Hilfssatzes anwendbar ist. Hieraus folgt schon die Behauptung des Satzes. Indem wir das Repräsentantensystem $\{a_i \mid (i = 1, \ldots, t\}$ auswählen, verbessern wir die Zerlegung eventuell, nämlich dann, wenn in verschiedenen Repräsentanten m_i, m_e von p bezüglich g etwa $m_i^{(s)} = m_e^{(s)}$ gilt, oder doch $m_i^{(s)} \in G_s(m_e^{(s)})$.

Korollar:

Ist $f : D \to B^k$ invariant unter G und ist $q = > p_1, \ldots, p_k <$ eine Lösung des Syntheseproblems mit $G(p_i) = p_i$ für $i = 1, \ldots, k$, dann gibt es eine Realisierung

$$\mathbf{g} = (g \circ > G(a_1), \ldots, G(a_t) <)$$

von f mit

$$L(\mathbf{g}) < \frac{2r+1}{2^r} L(q) ,$$

wenn für die f_i aus $f = [f_1, \ldots, f_k]$ die Voraussetzungen des Hilfssatzes 8 erfüllt sind; $a_1, \ldots, a_t$ ist eine Aufzählung der entsprechenden Repräsentanten aller p_i.

Häufig stößt man auf Schaltfunktionen, die zwar nicht unter G invariant sind, die sich aber in einfacher Weise transformieren, wenn man Elemente von G auf diese anwendet. Wir haben in dem Beispiel der Multiplikation mod 7 einen solchen Fall kennengelernt. Wir werden hierauf später zurückkommen.

2.3 Realisierung der arithmetischen Funktionen

Das Rechnen in Rechenmaschinen ist im allgemeinen das Rechnen in einem endlichen Ring. Deshalb ist die Realisierung der Schaltfunktionen der Addition und Multiplikation modulo m für $m \in N$ von besonderem Interesse.

Natürlich spielt für diese Realisierung die verwendete Zahlendarstellung eine Rolle. Wir betrachten zunächst die Addition im Dualsystem, um später den allgemeinen Fall auf diesen Fall zurückzuführen.

2.3.1 Zahlendarstellungen

Sei

$$Z_m = \{ i \in N \mid 0 \leqslant i < m \} \text{ und } \oplus \text{ und } \otimes$$

Operationen auf Z_m, die durch

$$i = j \oplus k \Longleftrightarrow \underset{h \in N_0}{\exists} \quad k + j = h \cdot m + i,$$

$$p = j \otimes k \Longleftrightarrow \underset{h' \in N_0}{\exists} \quad j \cdot k = h' \cdot m + p$$

definiert sind.

Also i ist der Rest von $j + k$, p der Rest von $j \cdot k$ bei Division durch m. Es ist wohlbekannt, daß $(Z_m, \oplus, \otimes)$ ein Ring ist.

In Rechenmaschinen liegt m im Bereich von 2^{20} bis 2^{60}.

Es sei nun

$$\mu : Z_m \to B^k,$$

eine injektive Abbildung. Wir verwenden μ, um unsere Zahlen darzustellen. Entsprechend nennen wir μ eine *Zahlendarstellung* und $\mathbf{C} = \mu(Z_m)$ den Zahlencode. Wir definieren die Abbildung

$$a_\mu : B^{2k+1} \to B^k,$$

indem wir setzen

$$a_\mu(x, y, r) = \mu(\mu^{-1}(x) \oplus \mu^{-1}(y) \oplus r)$$

für

$$x, y \in B^k \text{ und } r \in \{0, 1\} .$$

r wird die Rolle des „Übertrages“ von der vorhergegangenen Addition spielen.

Sind μ und μ' Zahlendarstellungen von Z_m, dann gibt es eine Permutation $\pi : B^k \to B^k$ mit

$$\mu' = \pi \circ \mu .$$

Umgekehrt definiert jede Permutation π eine Zahlendarstellung μ'.

Wir zeichnen eine Zahlendarstellung als natürlich aus:

Definition:

Die Zahlendarstellung $\mu : Z_m \to B^k$ heißt *natürlich,* falls es ein $c \in \mathbb{N}_0$ mit $0 \leqslant c \leqslant 2^k - m$ gibt mit

$$\sum_{i=1}^{k} x_i \, 2^{k-i} = c + \mu^{-1}(x) .$$

Die natürliche Zahlendarstellung ist also die Darstellung im Dualsystem, wenn man von einer 0-Punktverschiebung absieht.

Wir bezeichnen die natürlichen Zahlendarstellungen stets mit ν. Man kann also jede a_μ in folgender Weise realisieren:

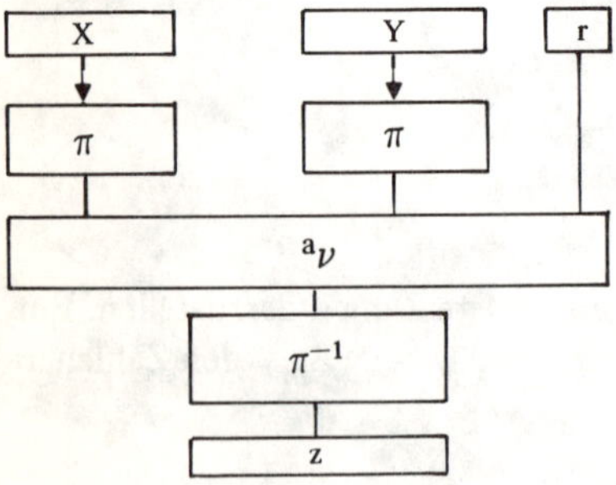

Es gibt zu μ ein π mit $\nu = \pi \circ \mu$ so daß man $a_\mu = \pi^{-1} \circ a_\nu \circ (\pi \times \pi \times 1_r)$ hat. In der nebenstehenden Figur ist diese Zerlegung von a_μ schematisch dargestellt.

Wir geben in dem folgenden Abschnitt Realisierungen für a_ν an und für einen interessanten Fall von μ, nämlich den Gray-Code, a_μ entsprechend dieser Zerlegun

2.3.2 Die Addition bei natürlicher Zahlendarstellung

Sei also

$$\nu^{-1}(x) = \sum_{i=1}^{n} x_i \, 2^{n-i} + c$$

und

$$a_\nu (x, y, r) = \nu\left(\sum_{i=1}^{n} x_i \, 2^{n-i} \oplus \sum_{i-1}^{n} y_i \, 2^{n-i} \oplus r \right)$$

$$= \nu\left(\sum_{i=1}^{n}{}_{o} (x_i + y_i) \, 2^{n-i} \oplus r \right)$$

Also ist a_ν invariant gegenüber der Permutation der Variablenmengen $\{x_1, y_1\}, \ldots, \{x_{n-1}, y_{n-1}\}, \{x_n, y_n, r\}$. Bezeichnen wir diese Permutationsgruppen der Reihe nach mit $G_1, \ldots, G_n$, dann ist also a_ν invariant gegenüber

$$G = G_1 \, x \ldots x \, G_n \, .$$

Hieraus folgt aufgrund unserer allgemeinen Sätze

$$< a_v > \subset < M(G_1) \cup \ldots \cup M(G_n) > .$$

Die Atome von $M(G_i)$, $i = 1, \ldots, n-1$ sind offenbar

$$d_0^{(i)} = \bar{x}_i \, \bar{y}_i, \quad d_1^{(i)} = \bar{x}_i \, y_i \cup x_i \, \bar{y}_i, \quad d_2^{(i)} = x_i \, y_i \, .$$

Die Atome von $M(G_n)$ sind

$$d_0^{(n)} = \bar{x}_n \, \bar{y}_n \, \bar{r},$$
$$d_1^{(n)} = \bar{x}_n \, \bar{y}_n \, r \cup \bar{x}_n \, y_n \, \bar{r} \cup x_n \, \bar{y}_n \, \bar{r}$$
$$d_2^{(n)} = \bar{x}_n \, y_n \, r \cup x_n \, \bar{y}_n \, r \cup x_n \, y_n \, \bar{r}$$
$$d_3^{(n)} = x_n \, y_n \, r \, .$$

Damit haben wir den

Satz 5:

$$< a_\nu > \subset < \{ d_0^{(i)}, d_1^{(i)}, d_2^{(i)}, \mid i=1, \ldots, n-1 \} \cup \{ d_i^{(n)} \mid i=0,1,2,3 \} >$$

für jede natürliche Codierung $\nu : Z_m \to B^n$.

Da die $d_e^{(i)}$ Atome sind, gilt sogar schärfer:

Korollar:

a_ν läßt sich aus den $d_e^{(i)}$ *negationsfrei* erzeugen, d.h. a_ν ist über den $d_e^{(i)}$ monoton.

Wir geben für die booleschen Algebren $M(G_i)$ weitere Erzeugendensysteme an

$$M(G_i) = < x_i y_i, x_i \oplus y_i > = < x_i y_i, x_i \cup y_i >$$

für $i = 1, \ldots, n-1$.

$$M(G_n) = < x_n \oplus y_n \oplus r, \bar{r}\, \bar{x}_n \bar{y}_n \cup r x_n y_n > .$$

$M(G_i)$ besitzt für $i = 1, \ldots, n-1$ drei Atome. Also ist $M(G_i)$, $i = 1, \ldots, n-1$ nicht frei. Die Erzeugenden dieser $M(G_i)$ erfüllen die Relation

$$\overline{x_i \cup y_i} \cdot x_i y_i = 0$$

bzw.

$$(x_i \oplus y_i) \cdot x_i y_i = 0 .$$

$M(G_n)$ hat vier Atome und ist also frei.

Damit übersehen wir die Struktur unserer Erzeugendensysteme genug, um unsere Charakterisierungssätze für Minimalpolynome auf Darstellungen anwenden zu können, die sich auf diese Basisfunktionen beziehen.

Wir betrachten als Beispiel das ν mit $m = 10$, $k = 4$, $c = 0$. Wir geben ohne weiteren Kommentar die Diagramme an und Lösungen der Aufgabe mittels den Atomen als Basisfunktionen. Hierin setzen wir

$$d_1 = d_0^4 \cup d_1^4 \qquad d_2 = d_2^4 \cup d_3^4 ,$$

da, wir man nachprüft, a_{v1} bis a_{v3} nur von d_2 und d_1 abhängen.

Falls der Leser Schwierigkeiten damit hat, stelle er sich zunächst die 10 x 10-Diagramme der d_i^e auf.

Erste Komponente der Addition mod 10 bei natürlicher Zahlendarstellung mit c = o.

	0	0	0	0	0	0	0	0	1	1
	0	0	0	0	1	1	1	1	0	0
	0	0	1	1	0	0	1	1	0	0
	0	1	0	1	0	1	0	1	0	1
0 0 0 0	0	0	0	0	0	0	0	r	1	$\bar{r}$
0 0 0 1	0	0	0	0	0	0	r	1	$\bar{r}$	0
0 0 1 0	0	0	0	0	0	r	1	$\bar{r}$	0	0
0 0 1 1	0	0	0	0	r	1	$\bar{r}$	0	0	0
0 1 0 0	0	0	0	r	1	$\bar{r}$	0	0	0	0
0 1 0 1	0	0	r	1	$\bar{r}$	0	0	0	0	0
0 1 1 0	0	r	1	$\bar{r}$	0	0	0	0	0	0
0 1 1 1	r	1	$\bar{r}$	0	0	0	0	0	0	0
1 0 0 0	1	$\bar{r}$	0	0	0	0	0	0	0	r
1 0 0 1	$\bar{r}$	0	0	0	0	0	0	0	r	1

$$a_{\nu 1} = d_0^1 [\, d_1^2 (d_3^3\, d_1 \cup d_2^3\, d_1) \cup d_2^2\, d_0^3\, d_1] \cup d_1^1\, d_0^2\, d_0^3\, d_1 \cup d_2^1\, d_2 \,.$$

Zweite Komponente der Addition mod 10 bei natürlicher Zahlendarstellung mit c = o.

	0	0	0	0	0	0	0	0	1	1
	0	0	0	0	1	1	1	1	0	0
	0	0	1	1	0	0	1	1	0	0
	0	1	0	1	0	1	0	1	0	1
0 0 0 0	0	0	0	r	1	1	1	$\bar{r}$	0	0
0 0 0 1	0	0	r	1	1	1	$\bar{r}$	0	0	0
0 0 1 0	0	r	1	1	1	$\bar{r}$	0	0	0	0
0 0 1 1	r	1	1	1	$\bar{r}$	0	0	0	0	0
0 1 0 0	1	1	1	$\bar{r}$	0	0	0	0	0	r
0 1 0 1	1	1	$\bar{r}$	0	0	0	0	0	r	1
0 1 1 0	1	$\bar{r}$	0	0	0	0	0	r	1	1
0 1 1 1	$\bar{r}$	0	0	0	0	0	r	1	1	1
1 0 0 0	0	0	0	0	0	r	1	1	1	$\bar{r}$
1 0 0 1	0	0	0	0	r	1	1	1	$\bar{r}$	0

$$a_{\nu 2} = d_0^1 [\, d_0^2 (d_1^3\, d_2 \cup d_2^3) \cup d_1^2 (d_0^3 \cup d_1^3\, d_1) \cup d_2^2\, d_2^3\, d_2] \cup$$
$$\cup\; d_1^1\, d_1^2 (d_0^3\, d_2 \cup d_1^3) \cup d_2^1\, d_1$$

Dritte Komponente der Addition mod 10 bei natürlicher Zahlendarstellung mit c = o.

	0000	0001	0010	0011	0100	0101	0110	0111	1000	1001
0000	0	r	1	$\bar{r}$	0	r	1	$\bar{r}$	0	0
0001	r	1	$\bar{r}$	0	r	1	$\bar{r}$	0	0	0
0010	1	$\bar{r}$	0	r	1	$\bar{r}$	0	0	0	r
0011	$\bar{r}$	0	r	1	$\bar{r}$	0	0	0	r	1
0100	0	r	1	$\bar{r}$	0	0	0	r	1	$\bar{r}$
0101	r	1	$\bar{r}$	0	0	0	r	1	$\bar{r}$	0
0110	1	$\bar{r}$	0	0	0	r	1	$\bar{r}$	0	r
0111	$\bar{r}$	0	0	0	r	1	$\bar{r}$	0	r	1
1000	0	0	0	r	1	$\bar{r}$	0	r	1	$\bar{r}$
1001	0	0	r	1	$\bar{r}$	0	r	1	$\bar{r}$	0

$$a_{\nu 3} = d_0^1 \left[d_0^2 \left((d_0^3 \cup d_2^3)\, d_2 \cup d_1^3\, d_1 \right) \cup d_1^2 \left(d_0^3\, d_2 \cup d_1^3\, d_1 \right) \cup \right.$$
$$\left. \cup\, d_2^2 \left(d_1^3\, d_2 \cup d_2^3\, d_1 \right) \right] \cup d_1^1 \left(d_0^2\, d_1^3\, d_2 \cup d_1^2 \left(d_0^3\, d_1 \cup d_1^3\, d_2 \right) \right)$$
$$\cup\, d_2^1 \cdot d_1$$

Vierte Komponente der Addition mod 10 bei natürlicher Zahlendarstellung mit c = o.

	0000	0001	0010	0011	0100	0101	0110	0111	1000	1001
0000	r	$\bar{r}$	r	$\bar{r}$	r	$\bar{r}$	r	$\bar{r}$	r	$\bar{r}$
0001	$\bar{r}$	r	$\bar{r}$	r	$\bar{r}$	r	$\bar{r}$	r	$\bar{r}$	r
0010	r	$\bar{r}$	r	$\bar{r}$	r	$\bar{r}$	r	$\bar{r}$	r	$\bar{r}$
0011	$\bar{r}$	r	$\bar{r}$	r	$\bar{r}$	r	$\bar{r}$	r	$\bar{r}$	r
0100	r	$\bar{r}$	r	$\bar{r}$	r	$\bar{r}$	r	$\bar{r}$	r	$\bar{r}$
0101	$\bar{r}$	r	$\bar{r}$	r	$\bar{r}$	r	$\bar{r}$	r	$\bar{r}$	r
0110	r	$\bar{r}$	r	$\bar{r}$	r	$\bar{r}$	r	$\bar{r}$	r	$\bar{r}$
0111	$\bar{r}$	r	$\bar{r}$	r	$\bar{r}$	r	$\bar{r}$	r	$\bar{r}$	r
1000	r	$\bar{r}$	r	$\bar{r}$	r	$\bar{r}$	r	$\bar{r}$	r	$\bar{r}$
1001	$\bar{r}$	r	$\bar{r}$	r	$\bar{r}$	r	$\bar{r}$	r	$\bar{r}$	r

$$a_{\nu 4} = x_4 \oplus y_4 \oplus r = d_1^4 \cup d_3^4$$

Bei der Konstruktion der Lösungen in unserem Beispiel bemerkt man, daß die durch die $M(G_i)$ erzeugte boolesche Algebra im Vergleich zu $< a_\nu >$ noch recht groß ist.

Wir betrachten eine boolesche Algebra, die $< a_\nu >$ enger umfaßt.

a_ν ist auf den „Diagonalen" des Veitchdiagrammes konstant. Wir definieren nun boolesche Algebren, die durch diese Eigenschaft charakterisiert werden.

Sei

$$\mathbf{D}(X_n, Y_n) = \{ f \in \mathbf{S}(B^{2n}) \mid f(x, y) = f(x', y') \text{ für}$$

$$\sum_{i=1}^{n} x_i 2^{n-i} + \sum_{i=1}^{n} y_i 2^{n-i} = \sum_{i=1}^{n} x_i' 2^{n-i} + \sum_{i=1}^{n} y_i' 2^{n-i} \},$$

$$\widetilde{\mathbf{D}}(X_n, Y_n) = \{ f \in \mathbf{S}(B^{2n}) \mid f(x, y) = f(x', y') \text{ für}$$

$$\sum_{i=1}^{n} x_i 2^{n-i} + \sum_{i=1}^{n} y_i 2^{n-i} = \sum_{i=1}^{n} x_i' 2^{n-i} + \sum_{i=1}^{n} y_i' 2^{n-i} (2^n) \}$$

Es ist $\mathbf{D}(X_n, Y_n) \subset \mathbf{D}(X_n, Y_n)$. Es ist offensichtlich, daß sich $< a_\nu >$ monomorph in $\mathbf{D}(x_n, y_n)$ einbetten läßt. Also liefert jedes Erzeugendensystem von $\mathbf{D}(X_n, y_n)$ eine zweistufige Darstellung von a_ν.

Sei

$$X_k' = \{ x_{n+1}, \ldots, x_{n+k} \}, \quad Y_k' = \{ y_{n+1}, \ldots, y_{n+k} \}.$$

Wir zeigen, daß

$$< \mathbf{D}(X_n, Y_n) \cup \mathbf{D}(X_k', Y_k') > \subset \mathbf{D}(X_{n+k}, Y_{n+k})$$

ist.

Wir tun dies, indem wir explizit die Atome von $\mathbf{D}(X_{n+k}, Y_{n+k})$ mittels den Atomen von $\mathbf{D}(X_n, Y_n)$ und $\mathbf{D}(X_k', Y_k')$ ausdrücken.

Die Atome von $\mathbf{D}(X_n, Y_n)$ sind die Schaltfunktionen, die auf genau einer Diagonalen den Wert 1 annehmen. Wir numerieren diese Diagonalen von links oben nach rechts unten fortlaufend von 0 bis $2^{n+1} - 2$ durch. Die Atome von $\mathbf{D}(X_n, Y_n)$, $\mathbf{D}(X_k', Y_k')$ bzw. $\mathbf{D}(X_{n+k}, Y_{n+k})$ seien $d_0, \ldots, d_{2^{n+1}-2}$ bzw. $d_0', \ldots, d'_{2^{k+1}-2}$ bzw. $D_0, \ldots, D_{2^{n+k+1}-2}$.

Hilfssatz 9:

Unter Verwendung obiger Bezeichnungen gilt:

$$D_i = d_1 \cdot d_i' \qquad \text{für} \quad i = 0, \ldots, 2^k - 2,$$

$$D_{e \cdot 2^k - 1} = d_e\, d_{2^k-1}' \qquad \text{für} \quad e = 0, \ldots, 2^{n+1} - 2$$

$$D_{2^{n+k+1} - 2^k + i - 1} = d_{2^{n+1}-2} \cdot d_{2^k-1+i}' \qquad \text{für} \quad i = 1, \ldots, 2^k - 1,$$

$$D_{e \cdot 2^k + i} = d_e \cdot d_i' \cup d_{e-1} \cdot d_{2^k+i}' \qquad \text{für} \begin{cases} 1 \leqslant e \leqslant 2^{n+1} - 3 \\ 0 \leqslant i \leqslant 2^k - 1 \end{cases}$$

Beweis:

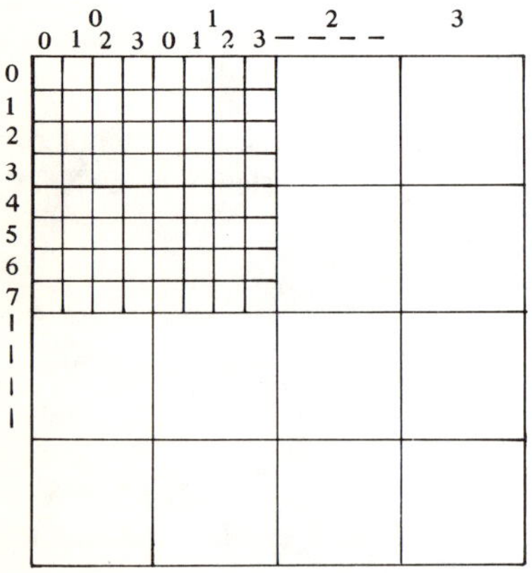

Man betrachte das für das Beispiel $n = 2$, $k = 2$ teilweise ausgeführte Diagramm. Die $x_3 x_4$ / $y_3 y_4$ -Diagramme werden in die Felder des $x_1 x_2$ / $y_1 y_2$-Diagrammes eingesetzt. Dies entspricht der Definition, die der Variable x_i das Gewicht 2^{n-i} zuordnet.

Die drei ersten Klassen von D_i betreffen Sonderfälle. Nämlich zunächst die Diagonalen oben links, die in nur einem Feld von $\mathbf{D}(X_n, Y_n)$ verlaufen, analog besteht die dritte Klasse aus den Diagonalen, die nur in dem Feld ganz unten rechts von $\mathbf{D}(X_n, Y_n)$ verlaufen. Die „Hauptdiagonalen" sind alle in der zweiten Gruppe zusammengefaßt. Die vierte Klasse enthält den allgemeinen Fall.

Wir beweisen den allgemeinen Fall.

$D_{e\cdot 2^k+i}$ istgenau dann gleich 1, wenn

$$\sum_{j=1}^{n+k} x_j\, 2^{n+k-j} + \sum_{j=1}^{n+k} y_j\, 2^{n+k-j} = e \cdot 2^k + i$$

ist.

Den links stehenden Ausdruck kann man aufspalten in

$$2^k \underbrace{\left(\sum_{j=1}^{n} x_j\, 2^{n-j} + \sum_{j=1}^{n} y_j\, 2^{n-j} \right)}_{= e'} + \sum_{j=1}^{k} x_{n+j}\, 2^{k-j} + \sum_{j=1}^{k} y_{n+j}\, 2^{k-j}$$

Nun ist

$$0 \leqslant i' = \Sigma\, (x_{n+j}\, 2^{k-j} + y_{n+1}\, 2^{k-j}) < 2^{k+1}\ .$$

Wir betrachten beide Möglichkeiten für diese Summe, nämlich daß sie $< 2^k$ oder $\geqslant 2^k$ ist. Im ersten Fall bedeutet dies $i' = i$ und $e' = e$; d.h.

$$d_e = 1 \text{ und } d'_i = 1$$

und im zweiten Fall $e' = e-1$ und $i' = 2^k + i$; d.h.

$$d_{e-1} = 1 \text{ und } d'_{2^k+i} = 1\ ,$$

woraus unsere Behauptung folgt.

Wir berechnen die mittleren Kosten für die Darstellung der Atome von $\mathbf{D}(X_n, Y_n)$ für $n = 2^r$. Dabei gehen wir von einer iterierten Anwendung dieser Zerlegung aus, wobei wir die Variablen stets in zwei gleich mächtige Mengen zerlegen.

Wir bezeichnen die Kosten für die Atome von $\mathbf{D}(X_n, Y_n)$ mit K_n und haben:

$$K_1 = 2 + 6 + 2 = 10$$

$$K_{2n} = 2 \cdot K_n + 4(2^n - 1) + 2(2^{n+1} - 1) + 6(2^{n+1} - 3) \cdot (2^n - 1)$$

$$= 2K_n + 6 \cdot 2^{2n+1} - 11 \cdot 2^{n+1} + 12.$$

Man sieht, daß in dieser Formel auch nach Auflösung der Rekursion $6 \cdot 2^{2n+1}$ der dominierende Summand bleibt. Nun hat $\mathbf{D}(X_{2n}, Y_{2n})$ $2^{2n+1} - 1$ Atome. Also erhalten wir bei dieser Darstellung als mittlere Kosten pro Atom

$$\widetilde{K}_n = \frac{6}{1 - \frac{1}{2^{2n+1}}}\ .$$

Damit haben wir:

Satz 6:

Die mittleren Kosten pro Atom von $\mathbf{D}(X_n, Y_n)$ betragen bei Realisierungen entsprechenden obigen Zerlegungen asymptotisch $K = 6$.

Die Kosten dieser Realisierungen erweisen sich als zu hoch im Vergleich mit einer zweiten Realisierung, die wir nun behandeln. Der Vorteil dieser Darstellungen besteht aber darin, daß sie negationsfrei sind. Negationsfreie Schaltkreise sind bei einigen Technologien *zuverlässiger*.

2.3.3 Die booleschen Algebren $\mathbf{D}$ und $\tilde{\mathbf{D}}$

Wir geben nun ein Erzeugendensystem für $\mathbf{D}(X_n, Y_n)$ und $\tilde{\mathbf{D}}(X_n, Y_n)$ direkt an. Da die Schaltfunktionen aus $\mathbf{D}(X_n, Y_n)$ durch ihre Werte auf dem oberen und rechten Rand des $X|Y$-Diagrammes vollständig bestimmt sind, genügt es also eine Teilmenge $E \subset \mathbf{D}(X_n, Y_n)$ anzugeben, mit der man jede Schaltfunktion auf dem genannten Rand definieren kann.

Mittels den Funktionen $x_1, \ldots, x_n$ kann man auf dem oberen Rand des Diagrammes jede Schaltfunktion definieren. Nimmt man eine weitere Funktion x_0 hinzu, die auf dem oberen Rand des Diagrammes überall den Wert 0 hat, auf dem rechten Rand aber mit Ausnahme des obersten Feldes überall den Wert 1, dann kann man jede Schaltfunktion auf dem Randstück des $X_n|Y_n$-Diagrammes definieren, das aus den Feldern an dem oberen und dem rechten Rand besteht.

Wir suchen nun Funktionen aus $\mathbf{D}$, die mit $x_0, \ldots, x_n$ auf diesem Rand übereinstimmen.

Dies leisten offenbar die Komponenten der Addition modulo 2^n und der Übertrag. Man sehe hierzu die Diagramme für die Komponenten der Addition modulo 8. Es gilt darüberhinaus der

Satz 7:

Ist $a^{(n)}(x, y)$ die Addition modulo 2^n im Dualsystem und ist $a_0^{(n)}$ der Übertrag, dann ist

$$< a^{(n)} > = \tilde{\mathbf{D}}(X_n, Y_n) \text{ und}$$

$$< a_0^{(n)}, a^{(n)} > = \mathbf{D}(X_n, Y_n).$$

0	0	0	0	1	1	1	1
0	0	0	1	1	1	1	0
0	0	1	1	1	1	0	0
0	1	1	1	1	0	0	0
1	1	1	1	0	0	0	0
1	1	1	0	0	0	0	1
1	1	0	0	0	0	1	1
1	0	0	0	0	1	1	1

Erste Komponente der Addition modulo 8.

0	0	1	1	0	0	1	1
0	1	1	0	0	1	1	0
1	1	0	0	1	1	0	0
1	0	0	1	1	0	0	1
0	0	1	1	0	0	1	1
0	1	1	0	0	1	1	0
1	1	0	0	1	1	0	0
1	0	0	1	1	0	0	1

Zweite Komponente der Addition modulo 8.

0	1	0	1	0	1	0	1
1	0	1	0	1	0	1	0
0	1	0	1	0	1	0	1
1	0	1	0	1	0	1	0
0	1	0	1	0	1	0	1
1	0	1	0	1	0	1	0
0	1	0	1	0	1	0	1
1	0	1	0	1	0	1	0

Die dritte Komponente der Addition mod 8

0	0	0	0	0	0	0	0
0	0	0	0	0	0	0	1
0	0	0	0	0	0	1	1
0	0	0	0	0	1	1	1
0	0	0	0	1	1	1	1
0	0	0	1	1	1	1	1
0	0	1	1	1	1	1	1
0	1	1	1	1	1	1	1

Übertrag der Addition mod 8

Beweis: Die Atome von $\widetilde{\mathbf{D}}(X_n, Y_n)$ erhält man aus den Atomen von $\mathbf{D}(X_n, Y_n)$.

Sei d_i die i-te „Diagonale" von $\mathbf{D}(X_n, Y_n)$, d.h.

$$d_i(x, 0) = 1 \Longleftrightarrow \sum_{j=1}^{n} x_j 2^{n-j} = i, \text{ für}$$

$i = 0, \ldots, 2^n - j$ und

$$d_i(1, y) = 1 \Longleftrightarrow 2^n + \sum_{j=1}^{n} y_j 2^{n-j} = i \text{ für}$$

$2^n \leqslant i < 2^{n+1} - 1$.

Die d_i sind die Atome von $\mathbf{D}(X_n, Y_n)$, und $\widetilde{d}_i = d_i \cup d_{2^n + i}$, $i = 0, \ldots, 2^n - 1$ sind die Atome von $\widetilde{\mathbf{D}}(X_n, Y_n)$, da $i \equiv 2^n + i (2^n)$.

Wir erhalten die Behauptung unseres Satzes, indem wir die d_i und $\widetilde{d}_i$ in den $a_i^{(n)}$ ausdrücken.

Ist $0 \leqslant i < 2^{n+1} - 1$, dann können wir schreiben $i = \Sigma \alpha_i 2^{n-i}$ mit $\alpha_i \in \{0, 1\}$.

Ist $\nu^{-1}(x) + \nu^{-1}(y) = i$, dann gilt

$$\nu^{-1}(a^{(n)}(x, y)) + a_0^{(n)} \cdot 2^n = i.$$

Also ist

$$a_i^{(n)}(x, y) = \alpha_i \text{ für } i = 0, \ldots, n$$

und damit ist

$$d_i'(x, y) := a_0^{\alpha_0}(x, y) \ldots a_n^{\alpha_n}(x, y) = 1$$

Hierin haben wir den oberen Index n aus Gründen der Übersicht weggelassen.

Ist umgekehrt $d_i'(x, y) = 1$, dann ist

$$a_i(x, y) = \alpha_i \text{ für } i = 0, \ldots, n$$

und also

$$i = \sum_1^n x_i\, 2^{n-i} + \sum_1^n y_i\, 2^{n-i}.$$

Hieraus ergibt sich

$$d_i' = d_i.$$

Also ist $a_0, \ldots, a_n$ ein Erzeugendensystem von $\mathbf{D}(X_n, y_n)$, womit ein Teil des Satzes bewiesen ist. Ebenso sieht man

$$\tilde{d}_i = a_1^{\alpha_1} \cdot \ldots \cdot a_n^{\alpha_n}.$$

Korollar:

$\{a_i^{(n)} \mid i = 1, \ldots, n\}$ ist ein freies Erzeugendensystem von $\tilde{\mathbf{D}}(X_n, Y_n)$.

Beweis: Es ist

$$a_1^{\alpha_1} \cdot \ldots \cdot a_n^{\alpha_n} \neq \circ \quad \text{für} \quad (\alpha_1, \ldots, \alpha_n) \in B^n.$$

Korollar:

$\{a_i^{(n)} \mid i = 0, \ldots, n\}$ ist kein freies Erzeugendensystem. Die einzige konjunktive Relation des Systems ist

$$a_0 \cdot a_1 \cdot \ldots \cdot a_n = 0.$$

Beweis: Es ist

$$a_0^{\alpha_0} \cdot \ldots \cdot a_n^{\alpha_n} = d_i \neq 0$$

für

$$0 \leqslant \sum_{i=0}^n \alpha_i\, 2^{n-i} < 2^{n+1} - 1 \quad \text{und} \quad i = \sum_{i=0}^n \alpha_i\, 2^{n-i}.$$

Für $i = 2^{n+1} - 1$, d.h. $\alpha_0 = \ldots = \alpha_n = 1$ gilt:

$$d_i(x, y) = 0$$

für

$$0 \leqslant \sum_{i=1}^{n} x_i 2^{n-i} + \sum_{i=1}^{n} y_i 2^{n-i} < 2^n - 1 .$$

Das sind aber alle $x, y \in B^{2n}$. Also ist

$$d_{2^n - 1} = 0 .$$

Wir betrachten nun den etwas allgemeineren Fall, nämlich $a^{(n)}(x, y, r)$, d.h., daß die Addition von einem vorhergehenden Übertrag abhängt.

Entsprechend definieren wir nun $\mathbf{D}(X_n, Y_n, r)$ und $\widetilde{\mathbf{D}}(X_n, Y_n, r)$. Wir betrachten $a^{(n)}(x, y, r)$ als Abbildung von B^{2n+1} in die freie boolesche Algebra $\{0, 1, r, \bar{r}\}$. Dies entspricht unserer Vorgehensweise r bzw. $\bar{r}$ in das $X_n | Y_n$-Diagramm von $a^{(n)}$ einzutragen.

$\mathbf{D}(X_n, Y_n, r)$ besteht aus der Menge der Abbildungen $f : B^{2n+1} \to \{0, 1, r, \bar{r}\}$, die folgenden Bedingungen erfüllen.

1. $f(x, y) = f(x', y')$ für

$$\Sigma x_i 2^{n-i} + \Sigma y_i 2^{n-i} = \Sigma x_i' 2^{n-i} + \Sigma y_i' 2^{n-i} .$$

2. Ist

$$\nu^{-1}(x) + \nu^{-1}(y) + 1 = \nu^{-1}(x') + \nu^{-1}(y') ,$$

dann gilt

(1) $f(x, y) = \circ, \Rightarrow f(x', y') \in \{r, \circ\}$
(2) $f(x, y) = r \Rightarrow f(x', y') \in \{1, \bar{r}\}$
(3) $f(x, y) = \bar{r} \Rightarrow f(x', y') \in \{r, \circ\}$
(4) $f(x, y) = 1 \Rightarrow f(x', y') \in \{1, \bar{r}\}$.

Analog definiert man $\widetilde{\mathbf{D}}(X_n, Y_n, r)$.

Die Bedingung 2. legt fest, welche Diagonalen aufeinander folgen dürfen. Diese Bedingungen sind so ausgewählt, daß sie gerade die Einschränkung in der Reihenfolge der Diagonalen hervorbringen die bei der Addition vorliegen. Hierzu sehe man die Invarianzgruppe G_n in diesem Paragraphen.

Wir betrachten die Menge der Paare (α, β) mit $\alpha, \beta \in \{0, 1, r, \bar{r}\}$, die bei aufeinanderfolgenden Diagonalen als Werte auftreten können. Aus den obigen Bedingungen entnimmt man die Paare:

$$\begin{array}{llll} (0,0), & (0,r), & (r,1), & (r,\bar{r}) \\ (1,1), & (1,\bar{r}), & (\bar{r},0), & (\bar{r},r)\,. \end{array}$$

Die Menge dieser Paare bildet bei komponentenweiser Operation eine boolesche Algebra. Also gilt:

Satz 8:

$\mathbf{D}(X_n, Y_n, r)$ und $\widetilde{\mathbf{D}}(x_n, y_n, r)$ sind boolesche Algebren.

Die boolesche Algebra der Paare besitzt die Atome

$$(0,r), \qquad (r,\bar{r}), \qquad (\bar{r},0)\,.$$

Hieraus ergeben sich für $\mathbf{D}(X_n, Y_n, r)$ die Atome

$$\begin{aligned} D_0 &= \bar{r}\, d_0\,, \\ D_i &= r\, d_{i-1} \cup \bar{r}\, d_i \quad \text{für } i = 1, \ldots, 2^{n+1}-2\,, \\ D_{2^{n+1}-1} &= r\, d_{2^{n+1}-2}\,. \end{aligned}$$

Analog erhält man die Atome von $\widetilde{\mathbf{D}}(X_n, Y_n, r)$.

Man sieht, daß $\mathbf{D}(X_n, Y_n, r)$ 2^{n+1} Atome besitzt. Also ist $\mathbf{D}(X_n, Y_n, r)$ eine freie boolesche Algebra.

Sei nun $a(x, y, r)$ die Addition modulo 2^n im Dualsystem und $a_0(x, y, r)$ der Übertrag. Wir definieren:

$$b_i^{(n)}(x,y,r) = \begin{cases} a_i^{(n)}(x,y,r) & \text{falls } a_i^{(n)}(x,y,0) = a_i^{(n)}(x,y,1) \\ r & \text{falls } a_i^{(n)}(x,y,0) = 0,\ a_i^{(n)}(x,y,1) = 1 \\ \bar{r} & \text{falls } a_i^{(n)}(x,y,0) = 1,\ a_i^{(n)}(x,y,1) = 0 \end{cases}$$

Mit dieser Bezeichnung gilt der

Satz 9:

$\{b_0^{(n)}, \ldots, b_n^{(n)}\}$ ist ein freies Erzeugendensystem von $\mathbf{D}(X_n, Y_n, r)$.

Beweis: Da wir 2^{n+1} Atome haben, genügt es, zu zeigen, daß $\{b_0, \ldots, b_n\}$ ein Erzeugendensystem ist. Dies tun wir, indem wir die Atome D_i in den b_i ausdrücken und bemerken, daß die b_i in $\mathbf{D}(X_n, Y_n, r)$ liegen.

Es gilt:

$$b^{(n)} = a^{(n)}(x, y, 0) \cdot \bar{r} \cup a^{(n)}(x, y, 1) \cdot r .$$

Man rechnet nach

$$\overline{b^{(n)}} = \overline{a^{(n)}(x, y, 0)} \cdot \bar{r} \cup \overline{a^{(n)}(x, y, 1)} \cdot r .$$

Man erhält also

$$\begin{aligned} b_0^{\alpha_0} \ldots b_n^{\alpha_n} &= \bar{r} \cdot a_0(0)^{\alpha_0} \ldots a_n^{\alpha_n}(0) \cup r \cdot a_0^{\alpha_0}(1) \ldots a_n^{\alpha_n}(1) \\ &= \bar{r} \cdot d_i \cup r \cdot d_{i-1} \end{aligned}$$

für

$$i = \sum_{i=0}^{n} \alpha_i 2^{n-i} .$$

Nun ist

$$\overline{a_0}(1) \ldots \overline{a_n}(1) = 0$$

und ebenso

$$a_0(0) \ldots a_n(0) = 0 .$$

so daß wir in der Tat

$$D_i = b_0^{\alpha_0} \ldots b_n^{\alpha_n} \text{ für } i = 0, \ldots, 2^{n+1} - 1$$

haben.

Damit haben wir eine Basis, um die für Addierwerke bei natürlicher Codierung notwendigen Kosten grob abzuschätzen.

Da man jedes Addierwerk mittels den Atomen aus $\mathbf{D}(X_n, Y_n, r)$ realisieren kann, und da man jedes Atom höchstens einmal erzeugen muß, erhält man über die Kosten der Atome von $\mathbf{D}(X_n, Y_n, r)$ eine Abschätzung der Addierwerke. Sind L_n die Kosten für $a^{(n)}$, dann hat man also für die a_ν erforderlichen Kosten

$$L(a_\nu) \leqslant L_n + (n+1)\, 2^{n+2} .$$

Wir geben eine Realisierung für $a^{(n)}$ an:

Es gilt bekanntlich

$$\begin{aligned} a_i &= x_i \oplus y_i \oplus r_{i-1}, \quad r_0 = r, \\ r_i &= x_i y_i \cup x_i r_{i-1} \cup y_i r_{i-1} = x_i y_i \cup (x_i \oplus y_i) r_{i-1} \\ r_1 &= x_n y_n \cup (x_n \cup y_n) \cdot r . \end{aligned}$$

Wir veranschaulichen uns die Realisierung durch ein Schaltbild (siehe nächste Seite).

Bei dieser Realisierung haben wir wie stets technische Probleme vernachlässigt, die bei der Hintereinanderschaltung langer Kaskaden von logischen Bausteinen entstehen.

Man entnimmt

$$L_n = 18 \cdot n .$$

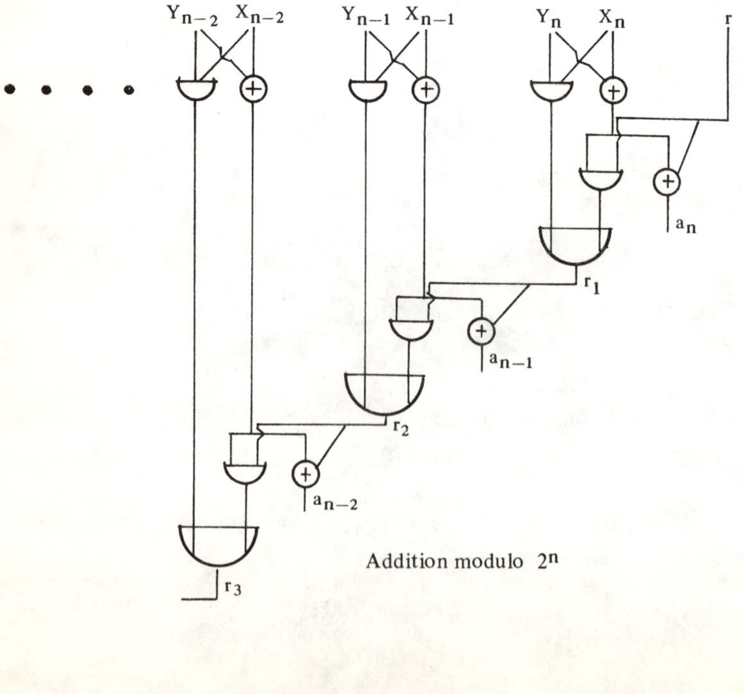

Addition modulo 2^n

2.3.4 Addierer in verschiedenen Codes

2.3.4.1 Ein Dezimaladdierer im Stibitzcode

Sei die Codierung ν definiert durch

i	0	1	2	3	4	5	6	7	8	9
ν(i)	0011	0100	0101	0110	0111	1000	1001	1010	1011	1100

Sei b der Übertrag im Stibitzcode und $a_0, \ldots, a_4$ Übertrag bzw. Komponenten der Addition mod 16 bei Dualcodierung ν_0. Wir stellen (b, a_ν) dar als

$$(b, a_\nu) = [f_0, \ldots, f_4] \circ [a_0, \ldots, a_4]\,.$$

Das ist möglich, da b zw. die Komponenten von a_ν Funktionen aus $\mathbf{D}(X_4, Y_4, r)$ sind.

Der Inhalt eines Feldes des X, Y-Veitchdiagrammes von Funktionen $f \in \mathbf{D}(X, Y, r)$ ist gleich dem Inhalt des Randfeldes der Diagonale, in der das Feld liegt. Deshalb zeichnen wir nicht mehr das ganze Diagramm, sondern nur noch Diagramme, die für jede Diagonale genau ein Feld enthalten.

a_0	a_1	a_2 \ a_3 a_4	0 0	0 1	1 0	1 1
0	0	0	0	1	2	3
0	0	1	4	5	6	7
0	1	0	8	9	10	11
0	1	1	12	13	14	15
1	0	0	16	17	18	19
1	0	1	20	21	22	23
1	1	0	24	25	26	27
1	1	1	28	29	30	31

Die in das nebenstehende Diagramm eingetragene Numerierung beschreibt die Korrespondenz mit den Diagonalen. In das Feld mit der Nummer i trägt man den Inhalt der Felder der i-ten Diagonalen ein.

			0 0	0 1	1 0	1 1
0	0	0	X	X	X	X
0	0	1	X	X	0	1
0	1	0	2	3	4	5
0	1	1	6	7	8	9
1	0	0	10	11	12	13
1	0	1	14	15	16	17
1	1	0	18	19	X	X
1	1	1	X	X	X	X

Das Veitschdiagramm für Dezimaladdition im Stibitzcode.

Wir erhalten für unsere Aufgabe das nebenstehende Veitch-Diagramm, in dessen Felder $\nu^{-1}(x) + \nu^{-1}(y) + r$ eingetragen sind für x, y, r mit $a_{\nu_0}(x, y, r) = (a_0, \dots, a_4)$. In das Feld, das zur sechsten Diagonalen gehört, ist z.B. 0 eingetragen, weil $\nu^{-1}(0011) + \nu^{-1}(0011) + 0 = 0$ und $0011 + 0011 + 0 = 0110$ d.h. gleich 6 im Dualsystem ist. Die Felder, die außerhalb des Definitionsbereichs von a_ν liegen, sind mit einem x markiert.

Dieses Diagramm ist nur eine Abkürzung für die folgenden Diagramme für $f_0, \dots, f_4$:

X	X	X	X
X	X	1	0
1	0	1	0
1	0	1	0
1	0	1	0
1	0	1	0
1	0	X	X
X	X	X	X

$f_4 = \bar{a}_4$

X	X	X	X
X	X	1	0
0	1	1	0
0	1	1	0
1	0	0	1
1	0	0	1
1	0	X	X
X	X	X	X

$f_3 = a_0 \oplus a_3 \oplus a_4$

X	X	X	X
X	X	0	1
1	1	1	0
0	0	0	1
0	1	1	1
1	0	0	0
0	1	X	X
X	X	X	X

$f_2 = \bar{a}_2 \oplus (\bar{a}_0\, a_3\, a_4 \cup a_0\, \bar{a}_3 \bar{a}_4)$

X	X	X	X
X	X	0	0
0	0	0	1
1	1	1	1
0	0	0	0
0	1	1	1
1	1	X	X
X	X	X	X

$f_1 = a_0 \oplus (\overline{a_1 \oplus a_2} \cup a_3 a_4 a_1 \cup \bar{a}_1 \bar{a}_3 \bar{a}_4)$

X	X	X	X
X	X	0	0
0	0	0	0
0	0	0	0
1	1	1	1
1	1	1	1
1	1	X	X
X	X	X	X

$f_0 = a_0$

Damit haben wir eine Realisierung des Dezimaladdierers mod 10 mit den Kosten

$$L = 18 \cdot 4 + (12 + 14 + 21) = 119 .$$

Es ist klar, daß dieses Verfahren ebenso auf jeden anderen Addierer bei natürlicher Codierung angewendet werden kann.

2.3.4.2 Mehrstellige Dezimaladdition im Stibitzcode

Aus unserem ersten Beispiel erhalten wir sofort die Lösung für die Addition mehrstelliger Dezimalzahlen, falls diese im Stibitzcode dargestellt werden. Es ist ja $r_0 = a_0$, das heißt, daß der Übertrag bei der Dezimaladdition im Stibitzcode und bei der Addition im Sechzehnersystem gleich ist. Wir stellen die Lösung schematisch dar. In den mit x bzw. y bezeichneten Registern stehen die Summanden im Stibitzcode. a_s steht für die zweite Stufe unseres vorhin konstruierten Addierwerkes. In dem z-Register steht nach Abschluß der Addition das Ergebnis.

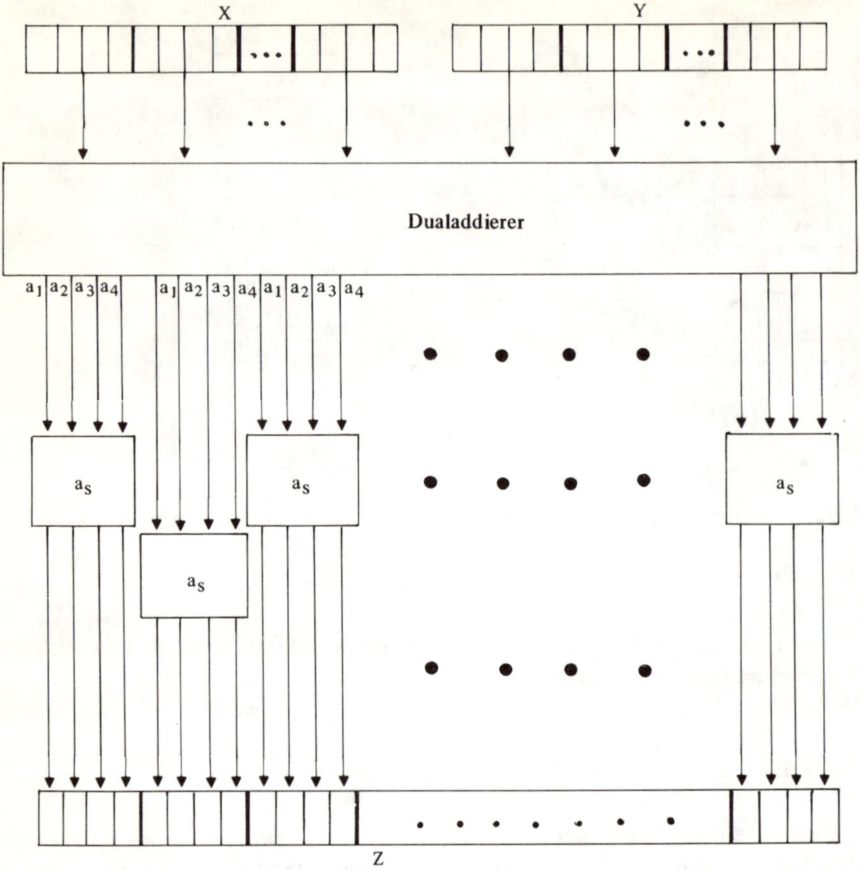

Der Übertrag von der vorhergehenden Stelle braucht in a_3 nicht berücksichtigt zu werden, da er schon im Dualaddierwerk ausgewertet ist.

Bemerkung:

Hieraus erkennt man, daß sich die Addition im Stibitzcode auch mittels eines kleinen Mikroprogrammes realisieren läßt, das außer der Addition im Dualsystem und logischen Operation Schriftbefehle über höchstens vier Stellen verwendet.

Dies ist *ein* Grund, daß der Stibitzcode für eine Dezimalarithmetik in einer Rechenmaschine sehr geeignet ist. Hinzu kommt, daß sein Neunerkomplement durch stellenweise Negation gewonnen werden kann, so daß auch bei der Subtraktion die Dual-und Dezimalarithmetik sehr ähnlich werden.

2.3.4.2 Ein Addierer im Gray-Code

Wir haben den Gray-Code schon früher in einem Beispiel verwendet, ohne ihn allerdings explizit zu definieren. Dies holen wir hier nach. Der n-stellige Gray-Code ist eine bijektive Abbildung

$$\gamma_n^{-1} : [0 : 2^n - 1] \rightarrow B^n$$

(wir schreiben hier γ_n^{-1}, um uns unten den Exponenten -1 zu sparen) mit folgenden Eigenschaften:

(1) $\gamma_n(0, \ldots, 0, \alpha_n) = \alpha_n$ für $\alpha_n \in \{0,1\}$.

(2) $\gamma_n(0, \ldots, 0, \alpha_i, \ldots, \alpha_n) = \alpha_i 2^{i-1} + \gamma_n(0, \ldots, 0, \alpha_i', \ldots, \alpha_n')$
und $\alpha_i' = 0, \alpha_j' = \alpha_j \oplus \alpha_i$ für $j = i+1, \ldots, n$.

Hierdurch ist offenbar γ_n rekursiv eindeutig definiert.
Man findet

$$g_n(\alpha_1, \ldots, \alpha_n) = \alpha_1 2^{n-1} + (\alpha_1 \oplus \alpha_2) 2^{n-2} + \ldots + (\alpha_1 \oplus \alpha_2 \oplus \ldots \oplus \alpha_n).$$

Wir definieren die Abbildung

$$g_n : B^n \rightarrow B^n$$

durch

$$g(\alpha_1, \ldots, \alpha_n) = (\alpha_1, \alpha_1 \oplus \alpha_2, \ldots, \alpha_1 \oplus \ldots \oplus \alpha_n).$$

Aus der vorhergehenden Relation für γ_n folgt, wenn ν die Abbildung der natürlichen Zahlen in ein Dualsystem ist

$$\nu \circ \gamma(\alpha_1, \ldots, \alpha_n) = g(\alpha_1, \ldots, \alpha_n).$$

Ist

$$A_\gamma(x, y) = \gamma_n^{-1}(\gamma_n(x) + \gamma_n(y)),$$

dann gilt

$$A_\gamma = g^{-1} \circ A_\nu \circ (g_n \times g_n),$$

mit

$$g^{-1}(\alpha_1, \ldots, \alpha_n) = (\alpha_1, \alpha_1 \oplus \alpha_2, \alpha_2 \oplus \alpha_3, \ldots, \alpha_{n-1} \oplus \alpha_n)$$

Damit haben wir eine Realisierung von Ag gefunden, die wir durch die folgende Figur veranschaulichen:

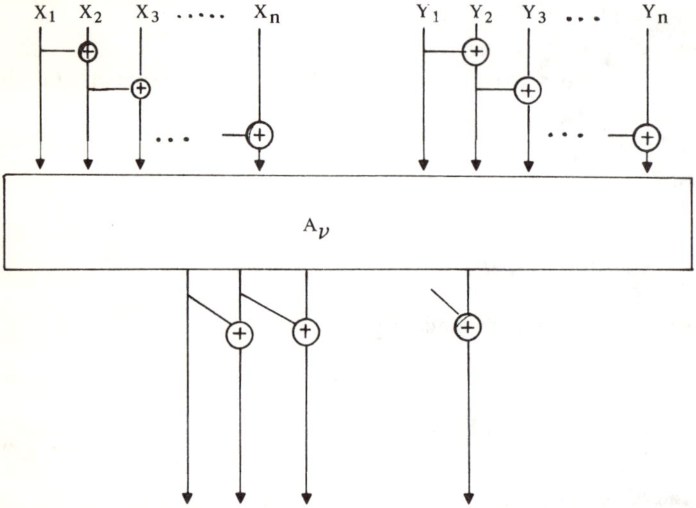

2.3.5 Multiplizierer

Die Multiplikation ist zwar auch kommutativ wie die Addition, aber die Multiplikation besitzt im Dualsystem doch weniger Symmetrieeigenschaften, was sich in einem höheren Aufwand bei ihrer Realisierung bemerkbar macht. Meist realisiert man die Multiplikation nicht durch Schaltkreise, sondern durch Schaltwerke, das heißt, daß man Speicherelemente verwendet und so dieselben Schaltkreise mehrfach ausnutzt. Wir begegnen hier nicht zum erstenmal diesem Aspekt, Schaltkreise durch Verwendung von Speicherelementen billiger zu realisieren. Dies sprengt jedoch den Themenkreis dieses Bandes, so daß wir uns mit der Multiplikation nur sehr kurz befassen.

Zunächst erinnern wir an unser Beispiel der Multiplikation mod 7, das wir durch geschickte Ausnutzung der vorhandenen Symmetrien relativ billig realisieren konnten. Es erhebt sich die Frage, ob dieses Beispiel verallgemeinerungsfähig ist. Dies ist in der Tat richtig. Betrachtet man die Multiplikation mod $2^n - 1$ im Dualsystem, dann hat man außer der durch die Kommutativität hervorgebrachten x-y-Symmetrie eine weitere einfache Symmetrie des x/y-Veitchdiagrammes.

Diese Symmetrie erhält man, indem man für die Zahlendarstellung mod $2^n - 1$ für die Null sowohl $(0, \ldots, 0)$ als auch $(1, \ldots, 1)$ verwendet, so wie man dies aus der nebenstehenden Mul

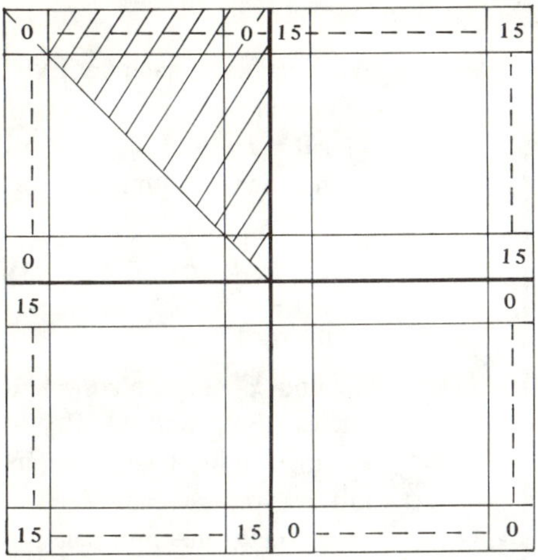

nebenstehenden Multiplikationstabelle für $n = 4$ entnimmt.

Sei nun f die Schaltfunktion der Multiplikation mod $2^n - 1$ und g die Schaltfunktion, die man aus f gewinnt, indem man das Veitchdiagramm von f in der skizzierten Weise abändert. Dann hat man, wenn man von dem unterschiedlichen Definitionsbereich von f und g absieht

$$f = g\,\overline{\overline{x}_1 \ldots \overline{x}_n}\;\overline{\overline{y}_1 \ldots \overline{y}_n}\,.$$

Für g findet man leicht

(1) $g(x, y) = g(y, x)$,

(2) $g(x, \overline{y}) = \overline{g}(x, y)$.

Hieraus ergibt sich, daß die Berechnung von g zurückgeführt werden kann auf die Berechnung von g auf einem Fundamentalbereich der durch $x \leftrightarrow y$ und $x \leftrightarrow \overline{x}$ erzeugten Gruppe.

Ein solcher Fundamentalbereich ist z.B. das rechte obere Dreieck über die Diagonalen im linken oberen Quadranten des Veitchdiagrammes. Hierzu sehe man die obige Figur.

In unserem Beispiel der Multiplikation mod 7 haben wir nur von der durch $x \leftrightarrow \overline{x}$, $y \leftrightarrow \overline{y}$ erzeugten Gruppe Gebrauch gemacht.

Der Aufwand der Realisierungen steigt für wachsendes n rasch. Für $n = 4$ und $n = 5$ sind aber nach dieser Methode noch Lösungen per Hand ohne große Mühe angebbar. Wir empfehlen dies dem Leser als interessante Übungsaufgabe.

Zur Multiplikation größerer Zahlen verwendet man Schaltwerke, d.h. man verwendet Speicherelemente zur Aufbewahrung von Zwischenergebnissen und verwendet den gleichen Schaltkreis mehrfach bei der Berechnung des Ergebnisses.

2.4 Auflösung boolescher Gleichungssysteme

Das Problem, boolesche Gleichungssysteme aufzulösen, stellt sich in folgendem Zusammenhang:

Es ist die Realisierung einer Abbildung $g : D_1 \to D_2$ gegeben und es wird die Realisierung einer Abbildung $f : D \to D'$ gesucht. Kann man die Realisierung von g mit Vorteil verwenden?

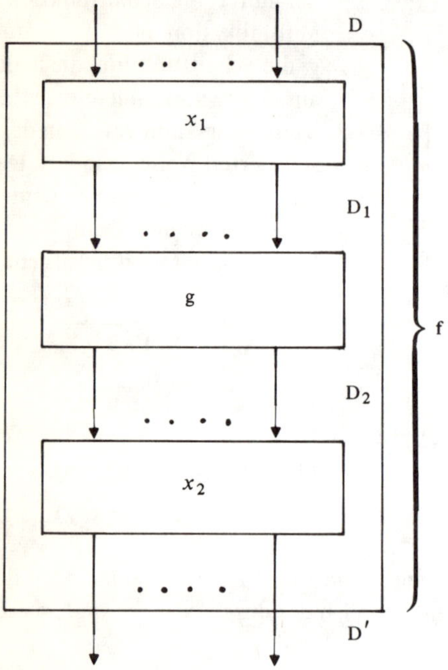

Wir fragen also nach der Existenz von Abbildungen $x_1 : D \to D_1$ und $x_2 : D_2 \to D'$, so daß die Gleichung

$$x_2 \circ g \circ x_1 = f$$

erfüllt wird.

x_1 und x_2 sind so zu wählen, daß es zu x_1 und x_2 Realisierungen gibt, die zusammen mit der vorgegebenen Realisierung von g eine optimale Realisierung von f ergeben.

Dies ist das Problem in seiner allgemeinsten Form. Wir betrachten hier die beiden Sonderfälle:

$$g \circ x_1 = f$$

und $x_2 \circ g = f$.

2.4.1 Das Gleichungssystem $x \circ g = f$

Dieses Gleichungssystem ist der einfachere Fall. Wir haben ihn praktisch schon mehrfach behandelt. Zum Beispiel als wir die Addition im Stibitzcode auf die Addition im Dualsystem zurückgeführt haben.

Wie wir gezeigt haben (Hilfssatz 1) gilt:

Ist x *eine Lösung des Gleichungssystems, dann ist* $\langle f \rangle \subset \langle g \rangle$.

Ist $\langle f \rangle \subset \langle g \rangle$, *dann hat das Gleichungssystem auch eine Lösung.*

Jede Darstellung von f in g liefert gerade eine Lösung. Ist $g = [g_1, \ldots, g_k]$ und ist $\{g_1, \ldots, g_k\}$ frei, dann gibt es höchstens eine Lösung x des Gleichungssystems.

Sei

$$D \subset B^m, \; D' \subset B^n, \; D_2 \subset B^k$$
$$R = \{\epsilon \in D_2 \mid g_1^{\epsilon_1} \ldots g^{\epsilon_k} = 0\}.$$

Wir bilden die Polynome:

$$P_{i,\lambda} = \bigcup_{\epsilon \in D} f_i(\epsilon)\, x^{g(\epsilon)} \cup \bigcup_{\epsilon \in R} \lambda(\epsilon)\, x^{\epsilon}$$

für $\lambda \in \mathbf{S}(R)$, $i = 1, \ldots, n$ und $x = (x_1, \ldots, x_k)$.

Es ist $x = \phi(P_{1,\lambda_1}, \ldots, P_{k,\lambda_k})$ mit $\phi(x_i) = g_i$

eine Lösung von $x \circ g = f$ und jede Lösung läßt sich so darstellen. Wegen $\phi(p_{1,\lambda_1}, \ldots, p_{k,\lambda_k}) \neq \phi(p_{1,\lambda'_1}, \ldots, p_{k,\lambda'_k})$ für $(\lambda_1, \ldots, \lambda_k) \neq (\lambda'_1, \ldots, \lambda'_k)$ haben wir damit eine vollständige Übersicht über alle Lösungen des Gleichungssystems. Es gilt also:

Satz 1:

$x \circ g = f$ hat genau dann eine Lösung, wenn $\langle f \rangle \subset \langle g \rangle$ gilt. Ist R wie oben erklärt und ist card $R = r$, dann hat das Gleichungssystem $2^{r \cdot n}$ Lösungen.

Hierbei muß man natürlich Lösungen von $x \circ g = f$ von den Darstellungen der Lösungen unterscheiden. Die Frage nach einer Lösung mit optimaler Darstellung haben wir in den vorigen Kapiteln ausführlich behandelt. Es liegt ja der Fall vor, daß eine Funktion f mittels den Funktionen $g_1, \ldots, g_k$ dargestellt werden soll, wo die g_i genau die Relationen $g^{\epsilon} = 0$ mit $\epsilon \in R$ besitzen.

2.4.2 Das Gleichungssystem $g \circ x = f$

Seien $f: D \to D'$, $g: D_1 \to D'$ gegeben und ein $x: D \to D_1$ gesucht mit $g \circ x = f$.

Satz 2:

$g \circ x = f$ ist genau dann lösbar, wenn $f(D) \subset g(D_1)$ ist.

Beweis: Daß die Bedingung notwendig ist, ist klar. Sie ist auch hinreichend. Man wähle $x(\epsilon) \in g^{-1}(f(\epsilon))$ für $\epsilon \in D$. Man erkennt hieraus

Korollar:

Hat $g \circ x = f$ eine Lösung, dann ist die Anzahl der Lösungen gleich

$$\prod_{\epsilon \in D} \text{card}\,(g^{-1}\,(f\,(\epsilon)).$$

Wir betrachten ein Beispiel.
Es sei die „Schaltung“

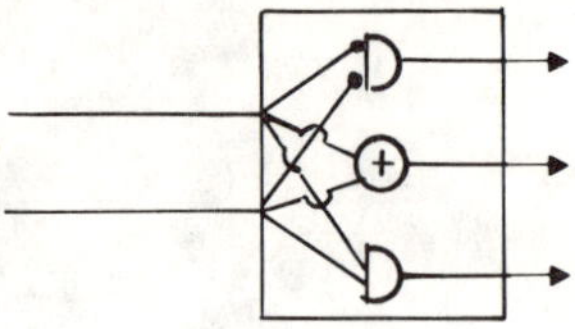

gegeben, deren Funktion mit g bezeichnet sei und die als zweite Stufe der Realisierung einer Funktion

$$f : B^n \to B^3$$

verwendet werden soll. Es wird also eine Abbildung

$$x : B^n \to B^2$$

gesucht mit

$$f = g \circ x.$$

Wir haben

$$g(B^2) = \{ (0, 0, 1), (0, 1, 0), (1, 0, 0) \}$$

und

$$\{ (0, 0) \} = g^{-1}\,(1, 0, 0)$$
$$\{ (0, 1), (1, 0) \} = g^{-1}\,(0, 1, 0)$$
$$\{ (1, 1) \} = g^{-1}\,(0, 0, 1).$$

Also ist x auf $f^{-1}\,(1, 0, 0) \cup f^{-1}\,(0, 0, 1)$ eindeutig definiert. Auf $f^{-1}\,(0, 1, 0)$ haben wir eine gewisse Freiheit x zu definieren.

Sei x_1 die erste und x_2 die zweite Komponente von x, dann gilt offenbar für jed Lösung x

$$\overline{x}_1\,(\epsilon) = x_2\,(\epsilon) \text{ für } \epsilon \in f^{-1}\,(0, 1, 0).$$

Ist umgekehrt $x : B^n \rightarrow B^2$ eine beliebige Abbildung mit

$$x(\epsilon) = \begin{cases} (0,0) & \text{für } \epsilon \in f^{-1}(1,0,0) \\ (1,1) & \text{für } \epsilon \in f^{-1}(0,0,1) \end{cases}$$

und

$$x_1(\epsilon) = \bar{x}_2(\epsilon) \text{ für } \epsilon \in f^{-1}(0,1,0),$$

dann ist x eine Lösung unseres Gleichungssystems. Also x_1 bestimmt x_2 eindeutig.

Es liegt deshalb nahe zunächst x_1 als auf $f^{-1}(1,0,0) \cup f^{-1}(0,0,1)$ definierte Funktion anzusehen und sie so auf B^n fortzusetzen, daß man eine möglichst billige Realisierung für x_1 erhält.

Beschränken wir uns auf polonomiale Darstellungen, dann stoßen wir für x_1 auf ein uns schon bekanntes Problem: Man finde für partielle Schaltfunktionen ein Minimalpolynom.

Die Erschwerung, die hier auftritt, besteht in der Relation zwischen x_1 und x_2. Hat man für „x_1" ein Minimalpolynom ermittelt, dann ist nun x_2 eindeutig bestimmt, und es kann mittels den uns bekannten Methoden auch für x_2 ein Minimalpolynom angegeben werden.

Im allgemeinen wird man so aber kein Paar von Polynomen erhalten, die Lösungen unseres Gleichungssystems darstellen und deren Kosten unter allen solchen Lösungen minimal sind.

Man sieht schon an diesem einfachen Beispiel, daß es sich hier um ein schwieriges Problem handelt, wenn man Lösungsverfahren für diese Aufgaben sucht, deren Rechenaufwand nicht zu schnell wächst.

Über diese Fragen ist noch so gut wie nichts bekannt. Wir befassen uns, ihrer praktischen Bedeutung wegen mit einigen Sonderfällen.

2.4.3 Eingangsfunktionen für verschiedene Typen von Speicherelementen

Speicherelemente gehören an sich nicht in dieses Buch, sondern in ein Buch über Schaltwerke, da sie zusammen mit den Schaltkreisen eben schon alle Schaltwerke erzeugen.

Da es sich bei der Anwendung unserer Theorie sehr häufig um die Realisierung der Schaltkreise von Schaltwerken handelt, wollen wir hier doch auf diesen Problemkreis eingehen. Die eigentlichen Probleme der Schaltwerktheorie, nämlich die Realisierung abstrakter Automaten können wir hierbei völlig außer acht lassen.

Das Flip-Flop ist ein binäres Speicherelement, das einige Eingänge hat und ein Gedächtnis. In anderen Worten:

Ein Flip-Flop ist ein elementares Schaltwerk, dessen Zustandsmenge zweielementig ist.

Mathematisch läßt es sich beschreiben durch zwei Abbildungen:

$$\delta : B^k \to B, \qquad \lambda : B^k \to B,$$

hierin beschreibt δ den neuen Zustand des Schaltwerks bei vorgegebenen Eingangssignalen $x_1, \ldots, x_{k-1}$. Häufig ist δ nicht auf B^k, sondern nur auf einer Teilmenge $D \subset B^k$ definiert. λ beschreibt die Ausgabe des Flip-Flops.

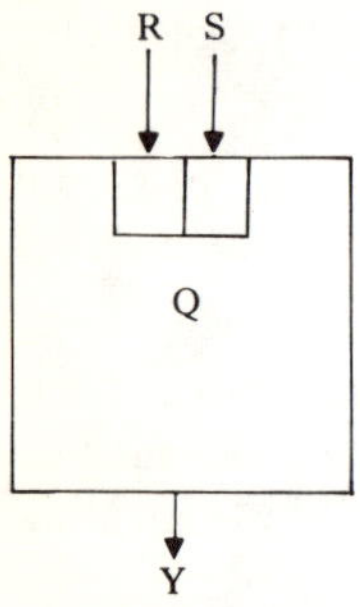

2.4.3.1 Das R-S-Flip-Flop

Zur Bezeichnung verwenden wir das nebenstehende Symbol.

Der Zustand des Flip-Flops sei Q. Wir definieren die δ, λ-Funktionen des Flip-Flops durch die Tabellen:

δ:	S	R	Q	Q'
	0	0	0	0
	0	0	1	1
	0	1	0	0
	0	1	1	0
	1	0	0	1
	1	0	1	1

λ:	S	R	Q	y
	0	0	0	0
	0	0	1	1
	0	1	0	0
	0	1	1	1
	1	0	0	0
	1	0	1	1

Hierin ist Q' der auf Q folgende Zustand. Man erkennt, daß δ und λ nicht für alle 8 Möglichkeiten definiert sind. y ist stets gleich Q. $S = 1$ setzt den Zustand Q stets auf 1, $R = 1$ setzt diesen stets auf 0 und $R = S = 0$ lassen den Zustand unverändert. Man spricht deshalb auch von dem *S*etzeingang und *R*ücksetzeingang.

Ist nun eine Schaltfunktion

$$f : B^n \to B$$

gegeben, deren Wert in ein R-S-Flip-Flop eingeschrieben werden soll und deren eine Komponente von dem Inhalt des Flip-Flops abhängt, dann haben wir ein ähnliches Problem vor uns, wie vorhin bei der Auflösung unserer Gleichung „$f = g \circ x$“. Um dies einzusehen, ordnen wir dem Flip-Flop das folgende Bild zu

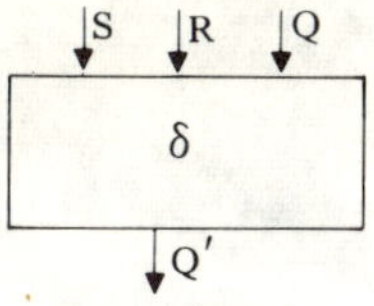

das heißt, wir denken uns den Zustand Q nach außen verlegt und als Ergebnis der Schaltung erhalten wir den neuen Zustand. Unser Problem lautet nun:

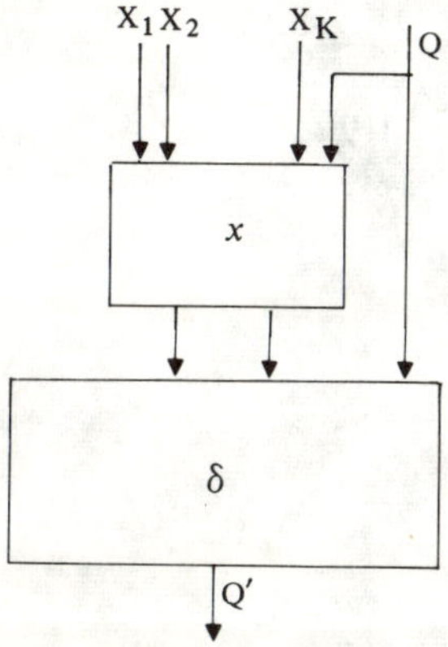

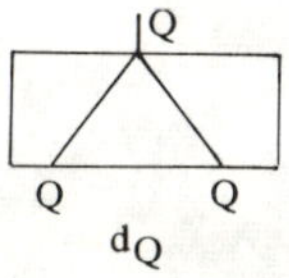

Finde zu gegebenem f ein x mit $f = \delta \circ (x \times 1_1) \circ (1_k \times d_Q)$. Hierin ist 1_k die Identität, die auf k Eingängen „operiert“ und d_Q die „Verzweigung“ oder Diagonalisierung.

Wir sehen, daß wir unser voriges Problem $f = g \circ x$ wieder vor uns haben, allerdings mit einer Nebenbedingung über die Form von x.

Zunächst sieht man direkt, daß das Gleichungssystem stets eine Lösung hat; man kann das Flip-Flop ja durch Verwendung der beiden Eingangskombinationen $R = 1$, $S = 0$ und $R = 0$, $S = 1$ auf jeden gewünschten Wert setzen und zwar unabhängig von Q. Es stellt sich aber die Frage, ob man nicht die übrigen Möglichkeiten mit Vorteil zur Vereinfachung der Schaltung ausnutzen kann.

Daß dies der Fall sein kann, sieht man am Beispiel der trivialen Funktion $f(x, y, Q) = Q$ für alle x, y.

Wir rechnen leicht

$$\delta^{-1}(0) = \{(0,0,0), \quad (0,1,0), \quad (0,1,1)\}$$
und $$\delta^{-1}(1) = \{(0,0,1), \quad (1,0,0), \quad (1,0,1)\}$$

aus.

Wir bezeichnen die erste Komponente von x mit f_S und die zweite Komponente mit f_R.

Man entnimmt hieraus sofort

$$f_S(\epsilon) = 0 \quad \text{für} \quad \epsilon \in f^{-1}(0),$$
$$f_R(\epsilon) = 0 \quad \text{für} \quad \epsilon \in f^{-1}(1),$$

und weiter

$$f_S(\epsilon) = \begin{cases} 1 & \text{für } Q = 0 \\ 0 \text{ oder } 1 & \text{für } Q = 1 \end{cases} \quad \text{und } \epsilon \in f^{-1}(1),$$

$$f_R(\epsilon) = \begin{cases} 1 & \text{für } Q = 1 \\ 0 \text{ oder } 1 & \text{für } Q = 0 \end{cases} \quad \text{und } \epsilon \in f^{-1}(0).$$

Also f_S und f_R sind auf

$$D_S := f^{-1}(0) \cup (f^{-1}(1) \text{ und } Q = 0)$$

bzw. $D_R := f^{-1}(1) \cup (f^{-1}(0) \text{ und } Q = 1)$

eindeutig bestimmt.

Auf $B^n \setminus D_S$ bzw. $B^n \setminus D_R$ scheinen f_S und f_R frei wählbar zu sein. Wir machen einen dementsprechenden Ansatz für f_S und f_R.

Hierzu bezeichnen wir mit

$$\alpha : B^n \to B \text{ und } \beta : B^n \to B$$

beliebige Schaltfunktionen mit

$$\alpha(f^{-1}(0)) = 0, \ \beta(f^{-1}(1)) = 0.$$

Nun setzen wir

$$f_S = \overline{Q} f \cup Q \alpha,$$
$$f_R = Q \overline{f} \cup \overline{Q} \beta.$$

Man sieht, daß f_S und f_R die obigen notwendigen Bedingungen erfüllen, und daß sich jedes Paar f'_S, f'_R, das diese Bedingungen erfüllt, so darstellen läßt.

Wir zeigen nun, daß f_S und f_R für jede erlaubte Wahl von α und β Lösungen darstellen.

1. Sei $f(\epsilon) = 1$.

   Für $Q = 1$ erhält man

   $\delta(f_S(\epsilon), f_R(\epsilon), 1) = \delta(\alpha(\epsilon), \overline{f}(\epsilon), 1) = \delta(\alpha(\epsilon), 0, 1) = 1$.

   Für $Q = 0$ ergibt sich

   $\delta(f_S(\epsilon), f_R(\epsilon), 0) = \delta(f(\epsilon), \beta(\epsilon), 0) = \delta(1, \beta(\epsilon), 0) = 1$,

   da $\beta(\epsilon) = 0$ ist.

   Also in allen diesen Fällen ist

$$f(\epsilon) = \delta(f_S(\epsilon), f_R(\epsilon), Q).$$

2. Sei $f(\epsilon) = 0$.

   Man erhält entsprechend

$$\delta(f_S(\epsilon), f_R(\epsilon), 1) = \delta(\alpha(\epsilon), 1, 1) = 0, \text{ da } \alpha(\epsilon) = 0 \text{ ist.}$$
$$\delta(f_S(\epsilon), f_R(\epsilon), 0) = \delta(f(\epsilon), \beta(\epsilon), 0) = 0.$$

Aus 1 und 2 folgt:

Satz 3:

Man erhält genau alle Lösungen der Eingangsgleichung des R-S-Flip-Flops in der Gestalt

$$f_S = \overline{Q} f \cup Q \alpha,$$
$$f_R = \overline{Q} \beta \cup Q \overline{f},$$

worin $\alpha : B^n \to B$ und $\beta : B^n \to B$ beliebige Abbildungen sind, die nur der Bedingung

$$\alpha(f^{-1}(0)) = 0 \text{ und } \beta(f^{-1}(1)) = 0$$

genügen.

Das Optimierungsproblem ist hier wieder einfacher, da α und β *unabhängig* voneinander gewählt werden können. Man findet also ein optimales Paar von Polynomen p_R, p_S, indem man für f_R und f_S getrennt ein Minimalpolynom ermittelt.

Wir führen dies an einem Beispiel vor:

Es soll die Zahlendarstellung im Gray-Code in die Darstellung im Dualsystem umgerechnet werden und zwar für $n = 4$.

Wir nehmen also an, daß eine Zahl im Gray-Code verschlüsselt in vier R-S-Flip-Flops aufbewahrt wird. Es soll ein Schaltkreis angegeben werden, der den Inhalt dieser Flip-Flops in die Dualdarstellung der Zahl verwandelt.

Wir berechnen mit den Variablen Q_1, Q_2, Q_3, Q_4 die den R-S-Flip-Flips zugeordneten Zustände. Unsere Abbildung f wird durch die untenstehende Tabelle beschrieben.

Q_1	Q_2	Q_3	Q_4	Q_1'	Q_2'	Q_3'	Q_4'
0	0	0	0	0	0	0	0
0	0	0	1	0	0	0	1
0	0	1	1	0	0	1	0
0	0	1	0	0	0	1	1
0	1	1	0	0	1	0	0
0	1	1	1	0	1	0	1
0	1	0	1	0	1	1	0
0	1	0	0	0	1	1	1
1	1	0	0	1	0	0	0
1	1	0	1	1	0	0	1
1	1	1	1	1	0	1	0
1	1	1	0	1	0	1	1
1	0	1	0	1	1	0	0
1	0	1	1	1	1	0	1
1	0	0	1	1	1	1	0
1	0	0	0	1	1	1	1

Wir realisieren die Funktion für die dritte Stelle. Hierzu stellen wir uns für f_S und f_R je ein Veitchdiagramm auf, in dem die zu α bzw. β gehörigen unbestimmten Werte durch „x" gekennzeichnet sind.

Es übernimmt Q_3 die Rolle des Q in unserer allgemeinen Lösung.

f_S	0	0	1	1	Q_1
	0	1	0	1	Q_2
0 0	0	1	1	0	
0 1	0	1	1	0	
1 0	x	0	0	x	
1 1	x	0	0	x	
$Q_3\ Q_4$					

Diagramm für f_S

Für $Q_3 = 0$ tragen wir also in das f_S-Diagramm die Werte von f ein. Für $Q_3 =$ $= 1$ tragen wir für alle Stellen, an denen f den Wert 0 hat, den Wert 0 ein, sonst aber „x". Man entnimmt aus dem Diagramm $f_S = (Q_1 \oplus Q_2)\,\overline{Q_3}$.

f_R	0	0	1	1	Q_1
	0	1	0	1	Q_2
0 0	x	0	0	x	
0 1	x	0	0	x	
1 0	0	1	1	0	
1 1	0	1	1	0	
Q_3Q_4					

Diagramm für f_R

Wir haben nun das Diagramm für f_R aufgestellt und für $Q_3 = 1$ die Werte von $\overline{f}$ eingetragen, für $Q_3 = 0$ die Werte von β; das heißt, dort, wo f den Wert 1 hat, haben wir eine 0 hingeschrieben und sonst ein „x". Wir entnehmen aus dem Diagramm als Minimalpolynom für f_S

$$f_R = (Q_1 \oplus Q_2)\, Q_3 \, .$$

Die Lösung der Aufgabe für die restlichen Komponenten sei dem Leser als nützliche Übung empfohlen.

2.4.3.2 Das J-K Flip-Flop

Die Überführungsfunktion des J-K-Flip-Flops wird durch die untenstehende Tabelle definiert.

J	K	Q	δ (J, K, Q)
0	0	0	0
0	0	1	1
0	1	0	0
0	1	1	0
1	0	0	1
1	0	1	1
1	1	0	1
1	1	1	0

Sei $f : B^n \to B$ vorgegeben. Wir suchen die Menge der Abbildungen f_J: $B^{n+\eta} \to B$, $f_K : B^{n+\eta} \to B$, so daß für $\epsilon \in B^n$ gilt:

$$f(a) = \delta\,(f_J(a), f_K(a), Q) \; ; \text{ hierin ist } \eta \in \{0, 1\}.$$

Hängt f von dem Inhalt des Flip-Flops ab, dann ist $\eta = 0$, sonst eventuell gleich 1.

Wir bilden wieder:

$$\delta^{-1}(0) = \{ (0,0,0), (0,1,0), (0,1,1), (1,1,1) \;, \}$$
$$\delta^{-1}(1) = \{ (0,0,1), (1,0,0), (1,0,1), (1,1,0) \;, \}$$

Hieraus entnimmt man, wie im Falle des R-S Flip-Flops:

Satz 4:

$$f_J = \overline{Q}\, f \cup Q\,\alpha\,, \quad f_K = \overline{Q}\,\beta \cup Q\,\overline{f}$$

mit beliebigen Abbildungen $\alpha, \beta \in \mathbf{S}(B^n)$ bilden die Menge der Lösungen des J-K-Gleichungssystems, die man analog zu dem R-S-Gleichungssystem zu verstehen hat.

Im Gegensatz zu dem Fall des R-S Flip-Flops unterliegen α und β keinen Nebenbedingungen, was daran liegt, daß δ hier auf ganz B^3 definiert ist.

Wir lösen die Aufgabe des vorigen Abschnittes auch für das J-K Flip-Flop. Die beiden Veitchdiagramme lauten wie nebenstehend angegeben. Man entnimmt hieraus:

f_J		0	0	1	1	Q_1
		0	1	0	1	Q_2
0	0	0	1	1	0	
0	1	0	1	1	0	
1	0	x	x	x	x	
1	1	x	x	x	x	

$Q_3 Q_4$

$$f_J = Q_1 \oplus Q_2$$

und

$$f_K = Q_1 \oplus Q_2\,.$$

Auch hier überlassen wir die Berechnung der drei anderen Komponenten des Gray-Dual-Wandlers dem Leser.

f_K		0	0	1	1
		0	1	0	1
0	0	x	x	x	x
0	1	x	x	x	x
1	0	0	1	1	0
1	1	0	1	1	0

2.4.3.3 Das R-S-T Flip-Flop

S	R	T	Q	δ (S, R, T, Q)
0	0	0	0	0
0	0	0	1	1
0	0	1	0	1
0	0	1	1	0
1	0	0	0	1
1	0	0	1	1
0	1	0	0	0
0	1	0	1	0

Die Überführungsfunktion dieses Flip-Flops, das drei Eingänge besitzt, wird in der nebenstehenden Tabelle definiert. Wir sehen, daß δ nur für die Hälfte der 16 Punkte von B^4 definiert ist und erwarten entsprechend acht Bedingungen für die Parameter unserer Lösungen.

Wir bilden:

$$\delta^{-1}(0) = \{(0,0,0,0),(0,0,1,1),(0,1,0,0),(0,1,0,1)\}$$

$$\delta^{-1}(1) = \{(0,0,0,1),(0,0,1,0),(1,0,0,0),(1,0,0,1)\}.$$

Wir diskutieren wieder die verschiedenen Fälle.

Es folgt:

$$f(\epsilon) = 1, Q = 1, \Rightarrow f_S(\epsilon) = 0 \text{ oder } 1,\ f_R(\epsilon) = 0,\ f_T(\epsilon) = 0,$$
$$f(\epsilon) = 0, Q = 1, \Rightarrow f_S(\epsilon) = 0,\ f_R(\epsilon) = 0 \text{ oder } 1,\ f_T(\epsilon) = 1 \text{ oder } 0,$$
$$f(\epsilon) = 1, Q = 0, \Rightarrow f_S(\epsilon) = 0 \text{ oder } 1,\ f_R(\epsilon) = 0,\ f_T(\epsilon) = 1 \text{ oder } 0,$$
$$f(\epsilon) = 0, Q = 0, \Rightarrow f_S(\epsilon) = 0,\ f_R(\epsilon) = 0 \text{ oder } 1,\ f_T(\epsilon) = 0.$$

Hierin ist in der zweiten Zeile f_R und f_T und in der dritten Zeile f_S und f_T komplementär zu wählen.

Wir machen den Ansatz

$$f_S = Q\alpha_1 \cup \overline{Q}\alpha_2 \text{ mit } \alpha_1(\epsilon) = 0 \text{ für } f(\epsilon) = 0, \quad \alpha_2(\epsilon) = 0 \text{ für } f(\epsilon) = 0.$$

$$f_R = Q\beta_1 \cup \overline{Q}\beta_2 \text{ mit } \beta_1(\epsilon) = 0 \text{ für } f(\epsilon) = 1, \quad \beta_2(\epsilon) = 0 \text{ für } f(\epsilon) = 1.$$

$$f_T = Q\gamma_1 \cup \overline{Q}\gamma_2 \text{ mit } \gamma_1(\epsilon) = 0 \text{ für } f(\epsilon) = 1, \quad \gamma_2(\epsilon) = 0 \text{ für } f(\epsilon) = 0.$$

Weiter gelten die Relationen

$$\gamma_1(\epsilon) = \overline{\beta}_1(\epsilon) \text{ für } f(\epsilon) = 0, \quad \text{und}$$
$$\gamma_2(\epsilon) = \overline{\alpha}_2(\epsilon) \text{ für } f(\epsilon) = 1.$$

Wir erhalten so jedes Tripel (f_S, f_R, f_T), das die obigen notwendigen Bedingungen erfüllt.

Wir prüfen nach, daß jede dieser Funktionen eine Lösung der Gleichung darstellt.

Es gilt:

$$\delta(f_S(\epsilon), f_R(\epsilon), f_T(\epsilon), 0) = \delta(\alpha_2(\epsilon), \beta_2(\epsilon), \gamma_2(\epsilon), 0) = \begin{cases} \delta(?, 0, 1, 0) = 1 \\ \quad \text{für } f(\epsilon) = 1 \\ \delta(0, ?, 1, 0) = 0 \\ \quad \text{für } f(\epsilon) = 0, \end{cases}$$

wie man aus der Definition von δ und den Relationen für $\alpha_2, \beta_2, \gamma_2$ entnimmt. Ebenso rechnet man nach

$$\delta(f_S(\epsilon), f_R(\epsilon), f_T(\epsilon), 1) = \delta(\alpha_1(\epsilon), \beta_1(\epsilon), \gamma_1(\epsilon), 1) = \begin{cases} \delta(?, 0, 0) = 1 \text{ für} \\ f(\epsilon) = 1 \\ \delta(0, ?, ?) = 0 \text{ für} \\ f(\epsilon) = 0. \end{cases}$$

Also in allen Fällen ist

$$f(\epsilon) = \delta(f_S(\epsilon), f_R(\epsilon), f_T(\epsilon), Q).$$

Wir können ohne Einschränkung der Allgemeinheit

$$\alpha := \alpha_1 = \alpha_2$$
$$\beta := \beta_1 = \beta_2$$
$$\gamma := \gamma_1 = \gamma_2$$

setzen und erhalten damit

$$f_S = \alpha, \quad f_R = \beta, \quad f_T = \gamma$$

und schließlich, indem wir auf die α, β, γ ganz verzichten:

Satz 5:

Die untenstehenden Bedingungen sind notwendig und hinreichend dafür, daß f_S, f_R, f_T eine Lösung unseres S-R-T-Gleichungssystems bildet.

(1) $f_S(\epsilon) = 0$ für $f(\epsilon) = 0$,

(2) $f_R(\epsilon) = 0$ für $f(\epsilon) = 1$,

(3) $f_T(\epsilon) = 0$ für $f(\epsilon) = 1$ und $Q = 1$,
$f_T(\epsilon) = 0$ für $f(\epsilon) = 0$ und $Q = 0$,

(4) $f_T(\epsilon) = \overline{f}_R(\epsilon)$ für $f(\epsilon) = 0$ und $Q = 1$,
$f_T(\epsilon) = \overline{f}_S(\epsilon)$ für $f(\epsilon) = 1$ und $Q = 0$.

Wir lösen unser Beispiel auch für diesen Fall aus den Diagrammen

f_S	0 0	0 1	1 0	1 1	Q_1 Q_2
0 0	0	x	x	0	
0 1	0	x	x	0	
1 0	x	0	0	x	
1 1	x	0	0	x	
$Q_3\,Q_4$					

f_R	0 0	0 1	1 0	1 1
0 0	y	0	0	y
0 1	y	0	0	y
1 0	0	y	y	0
1 1	0	y	y	0

f_T	0 0	0 1	1 0	1 1
0 0	0	$\overline{x}$	$\overline{x}$	0
0 1	0	$\overline{x}$	$\overline{x}$	0
1 0	0	$\overline{y}$	$\overline{y}$	0
1 1	0	$\overline{y}$	$\overline{y}$	0

Wir haben in den Diagrammen neben dem Zeichen x auch das Zeichen y zur Bezeichnung von Unbestimmtheiten verwendet. Die Querbalken über x bzw. über y im Diagramm von f_T deuten an, daß an diesen Stellen die Unbestimmtheiten komplementär zu den entsprechenden Stellen in den beiden anderen Diagrammen ausgefüllt werden müssen. Man erkennt, daß man bei diesem Flip-Flop die drei Eingangsfunktionen nicht unabhängig voneinander optimieren darf, wenn man eine optimale Gesamtlösung anstrebt.

Wir geben drei Lösungen unseres Problems an:

(1) $f_S = 0,\ f_R = 0,\ f_T = Q_1 \oplus Q_2$.

(2) $f_S = \overline{Q}_3\,(Q_1 \oplus Q_2),\ f_R = 0,\ f_T = Q_3 \cdot (Q_1 \oplus Q_2)$

(3) $f_S = \overline{Q}_3\,(Q_1 \oplus Q_2),\ f_R = Q_3\,(Q_1 \oplus Q_2),\ f_T = 0$.

Der Leser möge zur Übung für einige weitere Flip-Flops die Lösungen ermitteln. Zum Beispiel für das D-Flip-Flop und das T-Flip-Flop, deren Funktion durch die folgenden Tabellen angegeben wird.

D	Q	δ_D (D, Q)
0	0	0
0	1	0
1	0	1
1	1	1

T	Q	δ_T (T, Q)
0	0	0
0	1	0
1	0	1
1	1	0

3. Eine allgemeine Theorie des Syntheseproblems

3.1 Einführung

3.1.1 Einleitung

Wir haben für ein spezielles Bausteinsystem das Syntheseproblem und das Optimierungsproblem für einige Fälle ausführlich, für andere weniger ausführlich behandelt.

Wir haben die großen Schwierigkeiten kennengelernt, die der Lösung der Optimierungsprobleme entgegenstehen, Schwierigkeiten zweifacher Art:

Man kann stets nachweisen, daß es eine finite Methode zur Lösung dieser Aufgaben gibt, diese Verfahren sind aber so aufwendig, daß sie nur für „kleine" Aufgaben anwendbar sind.

Es stellt sich so die Frage nach guten Verfahren und die Frage, was denn ein gutes Verfahren ist. Wir haben in der Einleitung hierzu einen Vorschlag gemacht.

Für den allgemeinen Fall scheint es zunächst völlig hoffnungslos, das Optimierungsproblem anzufassen. Das Ziel dieses Kapitels besteht in einer *begrifflich sauberen* Formulierung der Probleme und in der Lösung des Syntheseproblems. Das Syntheseproblem ist im allgemeinen Fall nicht entscheidbar.

Dieser allgemeine Ansatz erweist sich auch als fruchtbar in ganz anderer Richtung. Er bietet eine elementare, anschauliche Einführung in den Begriff des *Baumautomaten* und den Begriff der „Ableitung" bei *Chomskysprachen.* Der Ansatz bietet so auch einen direkten Zugang zur Definition der *Semantik* der *Ausdrücke* von Programmiersprachen.

Wir bedienen uns bei der Entwicklung dieser Theorie des Begriffs einer Kategorie mit einer zusätzlichen Verknüpfung. Dieser Typ von Kategorien wird von *Eilenberg* als *monoidale Kategorie* bezeichnet. Wir verwenden hier die kürzere Bezeichnung *X-Kategorie. Vorkenntnisse* in dieser Richtung benötigt der Leser *nicht.* Man kann im Gegenteil, diese Theorie auch als eine *elementare* und anschauliche *Einführung* in die Theorie der X-Kategorien ansehen.

3.1.2 Präzisierung der Aufgaben

Sei $\mathbf{A}$ die Menge unserer Bausteine. Jedes Element $a \in \mathbf{A}$ besitzt eine bestimmte Anzahl von Eingängen und Ausgängen, die eventuell nicht für jeden Signaltyp zugelassen sind.

Die Menge der vorkommenden Signaltypen sei T.

Die Zuordnung von Ausgängen bzw. Eingängen des Bausteines a zu Signaltypen werde durch die Abbildungen

$$Q : \mathbf{A} \to T^*, \; Z : \mathbf{A} \to T^*$$

beschrieben.

Hierin ist

$$T^* = \{ (t_1, \ldots, t_k) \mid t_i \in T \text{ für } i = 1, \ldots, k; \; k \in N_0 \}.$$

T^* ist also die Menge der endlichen Folgen über T. k heißt die *Länge* von $t = (t_1, \ldots, t_k)$. Wir schreiben $k = l\,(t)$. T^* enthält genau ein Element der Länge 0. Wir bezeichnen dieses Element mit λ.

Wir verwenden weiter das *Produkt*

$$(t_1, \ldots, t_k) \cdot (t_{k+1}, \ldots, t_n) = (t_1, \ldots, t_n),$$

das assoziativ ist und das λ als Einheit besitzt. $(T^*, \cdot)$ ist ein *freies Monoid.*

Über Monoide informiere sich der Leser in einem Algebrabuch.

Wir verwenden die *Kürzungsregeln*, d.h. den Satz:

Sind

$u, v, x, y, z \in T^*$, dann gilt stets

$ux = uy \Rightarrow x = y$

und $xv = zv \Rightarrow x = z$.

Weiter benötigen wir den Satz:

Ist X ein Monoid und ist

$$\phi' : T \to X$$

eine Abbildung, dann gibt es genau eine homomorphe Fortsetzung

$$\phi : T^* \to X$$

von ϕ'.

Die Abbildung Q und Z ordnen also jedem Baustein zwei Worte aus T^* zu.

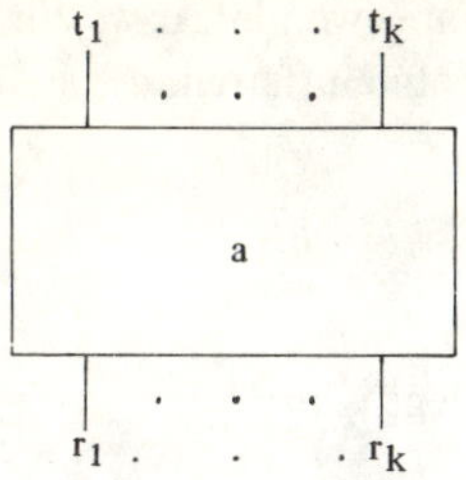

Ist z.B.

$$Q(a) = t_1 \dots t_k$$

$$Z(a) = r_1 \dots r_n ,$$

dann sind für den „ersten" Eingang von a nur Signale vom Typ t_1, für den zweiten Eingang nur Signale von Typ t_2, usw. erlaubt. Entsprechend erscheinen an dem ersten Ausgang nur Signale des Types r_1, an dem zweiten Ausgang von r_2, usw. bis r_n.

Zwei Bausteine a und b dürfen genau dann hintereinander geschaltet werden, wenn die Signale entsprechender Ein- und Ausgänge vom gleichen Typ sind.

Genauer: b darf genau dann hinter a geschaltet werden, wenn $Q(b) = Q(a)$ ist. Den durch diese Hintereinanderschaltung erhaltenen Schaltkreis bezeichnen wir mit

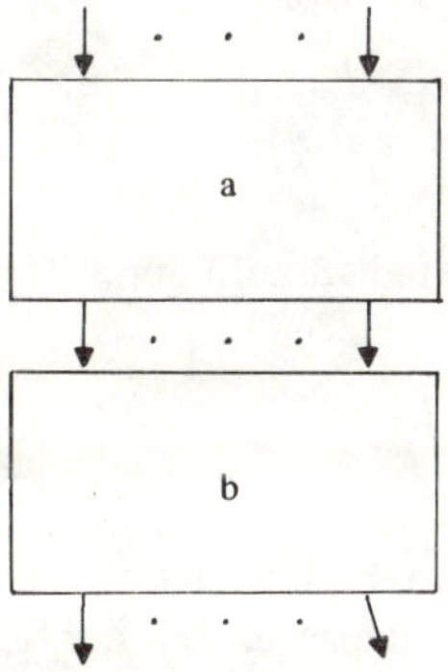

b ○ a

$$b \circ a .$$

Offensichtlich müssen wir definieren

$$Q(b \circ a) = Q(a)$$

$$Z(b \circ a) = Z(b) .$$

Es gibt eine zweite elementare Möglichkeit Bausteine zusammenzuschalten, nämlich ihre „Parallelschaltung", die durch die nebenstehende Figur beschrieben wird. In diesem Fall bezeichnen wir den neuen Schaltkreis mit a x b und definieren konsequenterweise

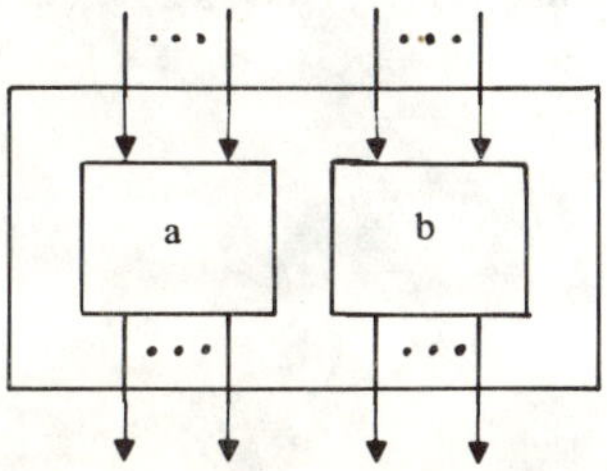

a x b

$$Q(a \times b) = Q(a) \cdot Q(b)$$

$$Z(a \times b) = Z(a) \cdot Z(b) .$$

Diese hier angegebenen Konstruktionen von neuen Schaltkreisen aus den Bausteinen werden nun auf die schon gewonnenen Schaltkreise ebenso angewendet, usw. Wir erhalten so ein formales Gebilde, in das wir noch Rechenregeln einführen, die auf die wiederholte Anwendung der Rechenregel

$$(f_1 \circ g_1) \times (f_2 \circ g_2) = (f_1 \times f_2) \circ (g_1 \times g_2),$$

hinauslaufen, deren Gültigkeit durch folgende Figur nahegelegt wird:

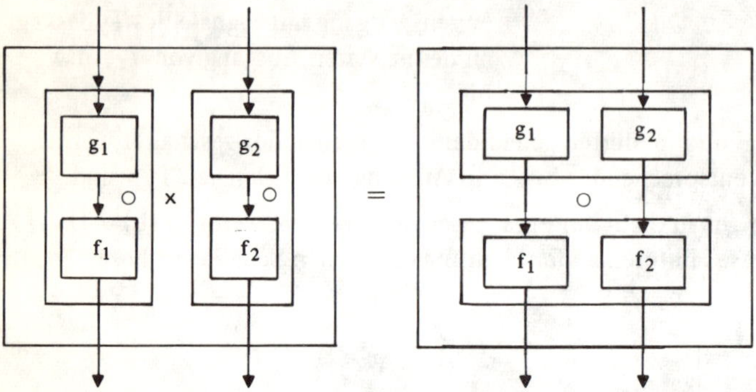

Es ist das Ziel der nächsten Paragraphen, diese Skizze im Detail auszuführen.

3.1.3 Grundbegriffe

Wir definieren nun eine X-Kategorie von Abbildungen, die die Funktionen unserer Schaltkreise enthalten wird. Sei $\mathbf{O}$ eine Menge von Mengen, die gegenüber der Bildung des cartesischen Produktes abgeschlossen ist. Das cartesische Produkt von $A, B \in \mathbf{O}$ bezeichnen wir mit $A \times B$. Wir setzen

$$A^n = A \times \ldots \times A \text{ (n-mal)}$$

für $n \in \mathbb{N}$. Weiter verwenden wir $\{\lambda\}$ als Bezeichnung für A^0. $(\mathbf{O}, \times)$ ist ein Monoid mit $\{\lambda\}$ als Einheit.

Wir setzen

$$\mathbf{M} = \{ f \mid f : A \to B, A \in \mathbf{O}, B \in \mathbf{O} \quad , \}$$

und

$$Q(f) = A, \; Z(f) = B \text{ für } f : A \to B .$$

M ist abgeschlossen gegenüber $f \circ g$, der Hintereinanderausführung von Abbildungen g und f aus **M**.

Die Identitäten

$$1_A : A \to A$$

sind Einheiten bezüglich „$\circ$".

Wir definieren für $f_i : A_i \to B_i$, $i = 1, 2$

$$(f_1 \times f_2) : A_1 \times A_2 \to B_1 \times B_2$$

durch die Festsetzung

$$(f_1 \times f_2)(a_1, a_2) = (f_1(a_1), f_2(a_2)) \quad \text{für}$$
$$a_1 \in A_1, a_2 \in A_2 .$$

Es ist $(\mathbf{M}, \times)$ ein Monoid mit $\{1_\lambda\}$ als Einheit. Weiter gilt

$$1_A \times 1_B = 1_{A \times B} \quad \text{für } A, B \in \mathbf{O}$$

und

$$Q : \mathbf{M} \to \mathbf{O}, Z : \mathbf{M} \to \mathbf{O}$$

sind Homomorphismen bezüglich „x".

Diese algebraische Struktur, die wir mit

$$\mathbf{C} = (\mathbf{O}, \mathbf{M}, Q, Z, \circ, \times)$$

bezeichnen, ist eine X-Kategorie.

Wir holen die formale Definition der X-Kategorie nun nach.

Definition der Kategorie

Eine Kategorie **K** besteht aus einer Menge **O (K)** von Objekten und einer Menge **M (K)** von Morphismen,

zwei Abbildungen Q und Z mit

$$Q : \mathbf{M}(\mathbf{K}) \to \mathbf{O}(\mathbf{K})$$
$$Z : \mathbf{M}(\mathbf{K}) \to \mathbf{O}(\mathbf{K})$$

und einer Abbildung

$$\tau : D_{\mathbf{K}} \to \mathbf{M}(\mathbf{K})$$

mit

$$D_{\mathbf{K}} = \{ (u, v) \mid Q(u) = Z(v),\ u \in \mathbf{M}(\mathbf{K}),\ v \in \mathbf{M}(\mathbf{K}) \}$$

$$\mathbf{K} = (\mathbf{O}(\mathbf{K}),\ \mathbf{M}(\mathbf{K}), Q, Z, \tau)$$

heißt Kategorie, falls K1, K2, K3 erfüllt sind.

(K1) $Q(\tau(f, g)) = Q(g),\ Z(\tau(f, g)) = Z(f)$ für $(f, g) \in D_{\mathbf{K}}$.

(K2) $\tau(f, \tau(g, h)) = \tau(\tau(f, g), h)$

für alle $f, g, h \in \mathbf{O}(\mathbf{K})$ für die der Ausdruck definiert ist. Falls die eine der beiden Seiten definiert ist, soll auch stets die andere Seite definiert sein.

(K3) zu jedem $u \in \mathbf{O}(\mathbf{K})$ gibt es eine Identität 1_u mit

$$\tau(f, 1_u) = f \text{ und } \tau(1_{u, g}) = g$$

für alle f, g mit $Q(f) = u$ und $Z(g) = u$.

Wir verabreden die Bezeichnung

$$\mathbf{M}(u, v) = \{ f \in \mathbf{M} \mid Q(f) = u, Z(f) = v\ . \}$$

Im Falle $Q(f) = u,\ Z(f) = v$ schreiben wir auch

$$f : u \to v \text{ oder } u \xrightarrow{f} v\,.$$

Man zeigt leicht, daß die Einheiten 1_u durch u eindeutig bestimmt sind.

Wir sehen, daß die vorhin betrachtete Struktur

$$\mathbf{C} = (\mathbf{O}, \mathbf{M}, Q, Z, \circ)$$

die Axiome der Kategorie befriedigt.

Wir ergänzen nun die Definition der Kategorie zur Definition der X-*Kategorie.*

Definition:

$$\mathbf{K} = (\mathbf{O}(\mathbf{K}), \mathbf{M}(\mathbf{K}), Q, Z, \circ, x)$$

heißt *monoidale* Kategorie oder X-*Kategorie*, falls (X1) bis (X5) gilt.

(X1) $(\mathbf{O}(\mathbf{K}), \mathbf{M}(\mathbf{K}), Q, Z, \circ)$ ist eine Kategorie.

(X2) $(\mathbf{O}(\mathbf{K}), x)$ und $(\mathbf{M}(\mathbf{K}), x)$ sind Monoide.

(X3) $Q : (\mathbf{M}(\mathbf{K}), x) \to (\mathbf{O}(\mathbf{K}), x)$ und
$Z : (\mathbf{M}(\mathbf{K}), x) \to (\mathbf{O}(\mathbf{K}), x)$ sind Monoidhomomorphismen.

(X4) $1_{u \cdot v} = 1_u \times 1_v$ für $u, v \in \mathbf{O}(\mathbf{K})$.

(X5) $(g_1 \circ f_1) \times (g_2 \circ f_2) = (g_1 \times g_2) \circ (f_1 \times f_2)$ für
$Q(g_i) = Z(f_i)$, $i = 1,2$.

Man sieht wieder ohne weiteres, daß unsere Struktur $\mathbf{C} = (\mathbf{O}, \mathbf{M}, Q, Z, \circ, x)$ von vorhin die Axiome der X-Kategorie erfüllt.

Nun definieren wir strukturerhaltende Abbildungen zwischen Kategorien und X-Kategorien, die als *Funktoren* bzw. *X-Funktoren* bezeichnet werden.

Definition

Sind $\mathbf{K}_1$ und $\mathbf{K}_2$ Kategorien und sind

$$\phi_1 : \mathbf{O}(\mathbf{K}_1) \to \mathbf{O}(\mathbf{K}_2)$$

$$\phi_2 : \mathbf{M}(\mathbf{K}_1) \to \mathbf{M}(\mathbf{K}_2)$$

Abbildungen, die (F1), (F2), (F3) erfüllen, dann heißt $\phi = (\phi_1, \phi_2)$ ein *Funktor* von $\mathbf{K}_1$ in $\mathbf{K}_2$.

(F1) Es ist
$Q(\phi_2(f)) = \phi_1(Q(f))$,
$Z(\phi_2(f)) = \phi_1(Z(f))$ für $f \in \mathbf{M}(\mathbf{K}_1)$.

(F2) $\phi_2(f \circ g) = \phi_2(f) \circ \phi_2(g)$ für
$f, g \in \mathbf{M}(\mathbf{K}_1)$ und $Q(f) = Z(g)$.

(F3) $\phi_2(1_u) = 1_{\phi_1(u)}$ für $u \in \mathbf{O}(\mathbf{K}_1)$

Definition:

Sind $\mathbf{K}_1$ und $\mathbf{K}_2$ X-Kategorien und ist $\phi = (\phi_1, \phi_2)$ ein Funktor von $\mathbf{K}_1$ in $\mathbf{K}_2$, dann heißt ϕ X-*Funktor* falls ϕ_1 und ϕ_2 Monoidhomomorphismen bezüglich „x" sind.

Wir erläutern den Sinn dieser Definitionen an unserem Problem.

Sei T wie zu Beginn des Abschnittes die Menge der Typen und $\mathbf{K}$ eine Abbildungskategorie. Sei

$$\phi_1' : T \to \mathbf{O}(\mathbf{K})$$

eine beliebige injektive Abbildung. ϕ_1' ordnet jedem Typ $t \in T$ eine Menge aus $\mathbf{O}(\mathbf{K})$ zu. Wir setzen ϕ_1' zu dem eindeutig bestimmten Homomorphismus

$$\phi_1 : T^* \to \mathbf{O}(\mathbf{K})$$

fort.

Ist $a \in \mathbf{A}$ ein Baustein, dann ordnen wir a nun eine Funktion $\phi_2'(a)$ zu mit dem Definitionsbereich bzw. Zielbereich

$$\phi_1(Q(a)) \text{ bzw. } \phi_1(Z(a)) .$$

Es ist also ϕ_2' so zu wählen, daß

$$\phi_2'(a) : \phi_1(Q(a)) \to \phi_1(Z(a))$$

für $a \in \mathbf{A}$ gilt.

Nun setzt man ϕ_2' gemäß den für Schaltkreise skizzierten Operationen „○" und „x" zu einer Abbildung ϕ_2 auf die Menge aller durch $\mathbf{A}$ *erzeugten* Schaltkreise fort. Man hat dann

$$\phi_2(a \circ b) = \phi_2(a) \circ \phi_2(b)$$

und

$$\phi_2(a \times b) = \phi_2(a) \times \phi_2(b) ,$$

was gerade der intuitiven Vorstellung über die Funktion der Schaltkreise entspricht.

Unser Problem besteht nun darin, zu definieren, was denn die Menge der durch $\mathbf{A}$ erzeugten Schaltkreise ist. Wir werden der intuitiven Vorstellung folgend, bei dieser Konstruktion zu einer *freien* X-Kategorie gelangen.

Definition:

Eine X-Kategorie $\mathbf{F}$ heißt *frei*, wenn es eine Teilmenge $\mathbf{A} \subset \mathbf{M}(\mathbf{F})$ gibt, so daß folgendes gilt:

Ist $\mathbf{K}$ eine beliebige X-Kategorie und ist $\phi_1 : \mathbf{O}(\mathbf{F}) \to \mathbf{O}(\mathbf{K})$ ein Homomorphismus und $\phi_2' : \mathbf{A} \to \mathbf{M}(\mathbf{K})$ eine Abbildung mit

$$Q(\phi_2'(f)) = \phi_1(Q(f)), \; Z(\phi_2'(f)) = \phi_1(Z(f)) \quad \text{für} \quad f \in \mathbf{A},$$

dann gibt es genau eine Fortsetzung ϕ_2 von ϕ_2', so daß $\phi = (\phi_1, \phi_2)$ ein X-Funktor von $\mathbf{F}$ in $\mathbf{K}$ ist.

Eine solche Menge $\mathbf{A}$ heißt *freies Erzeugendensystem* von $\mathbf{F}$.

Wir werden später zeigen, daß die *freien* Erzeugendensysteme $\mathbf{A}$ eindeutig bestimmt sind, und daß sie Erzeugendensysteme in dem unten definierten Sinn darstellen.

Wir benötigen für das folgende noch einige weitere Begriffe, die wir nun zusammenstellen.

Definition:

Sind $\mathbf{K}_1$ und $\mathbf{K}_2$ (X-) Kategorien und gilt

$$\mathbf{O}(\mathbf{K}_1) \subset \mathbf{O}(\mathbf{K}_2), \; \mathbf{M}(\mathbf{K}_1) \subset \mathbf{M}(\mathbf{K}_2)$$

und stimmen die Operationen von $\mathbf{K}_1$ und $\mathbf{K}_2$ auf $\mathbf{K}_1$ überein, dann heißt $\mathbf{K}_1$ *Unter (X-) Kategorie* von $\mathbf{K}_2$. In Zeichen $\mathbf{K}_1 \subset \mathbf{K}_2$.

Ist $E \subset \mathbf{O}(\mathbf{K}_1)$ und $\mathbf{A} \subset \mathbf{M}(\mathbf{K})$, dann betrachten wir

$$<E>_{\mathbf{K}} := \bigcap_{\substack{\mathbf{K}' \subset \mathbf{K} \\ E \subset \mathbf{O}(\mathbf{K}') \\ \mathbf{A} \subset \mathbf{M}(\mathbf{K}')}} \mathbf{O}(\mathbf{K}') \, ; \qquad <\mathbf{A}>_{\mathbf{K}} := \bigcap_{\substack{\mathbf{K}' \subset \mathbf{K} \\ E \subset \mathbf{O}(\mathbf{K}') \\ \mathbf{A} \subset \mathbf{M}(\mathbf{K}')}} \mathbf{M}(\mathbf{K}') \, .$$

Wir setzen nun

$$<E, \mathbf{A}>_{\mathbf{K}} := (<E>_{\mathbf{K}}, \; <\mathbf{A}>_{\mathbf{K}}, \; Q, Z, \circ, x),$$

worin $Q, Z, \circ, x$ die Einschränkungen der entsprechenden Abbildungen von $\mathbf{K}$ sind. Es gilt

Hilfssatz 1:

$<E, \mathbf{A}>_{\mathbf{K}}$ ist eine Unter X-Kategorie von $\mathbf{K}$.

Beweis: Wir zeigen, daß $<E, \mathbf{A}>_{\mathbf{K}}$ abgeschlossen gegenüber Q, Z, $\circ$, x ist.

(1) Der Abschluß gegenüber Q und Z.

Sei $f \in <\mathbf{A}>_{\mathbf{K}}$ und $Q(f) \notin <E>_{\mathbf{K}}$.

Dann gibt es ein $\mathbf{K}' \subset \mathbf{K}$ mit $f \in \mathbf{M}(\mathbf{K}')$ aber $Q(f) \notin \mathbf{O}(\mathbf{K}')$ im Widerspruch zur Definition der Unterkategorie. Also ist $Q(f) \in <E>_{\mathbf{K}}$.

Ebenso beweist man den Abschluß von $<E, \mathbf{A}>_{\mathbf{K}}$ gegenüber Z.

(2) Der Abschluß gegenüber x.

Seien $u, v \in <E>_{\mathbf{K}}$. Ist $u \times v \in <E>_{\mathbf{K}}$, dann führt dies auf die gleiche Weise wie unter (1) zu einem Widerspruch zur Voraussetzung.

(3) Sind $f, g \in <\mathbf{A}>_{\mathbf{K}}$, dann ist auch $f \times g \in <\mathbf{A}>_{\mathbf{K}}$, und ist $Q(f) = Z(g)$, dann ist auch $f \circ g \in <\mathbf{A}>_{\mathbf{K}}$.

Definition:

$<E, \mathbf{A}>_{\mathbf{K}}$ heißt die von $(E, \mathbf{A})$ *erzeugte* Unter-X-Kategorie von $\mathbf{K}$.

$(E, \mathbf{A})$ heißt *Erzeugendensystem* von $<E, \mathbf{A}>_{\mathbf{K}}$

In dem Sonderfall $E = \mathbf{O}(\mathbf{K})$ schreiben wir auch kürzer

$$<\mathbf{A}>_{\mathbf{K}} := <E, \mathbf{A}>_{\mathbf{K}}$$

und nennen schon $\mathbf{A}$ Erzeugendensystem von $<E, \mathbf{A}>_{\mathbf{K}}$ und $<E, \mathbf{A}>_{\mathbf{K}}$ die durch $\mathbf{A}$ erzeugte Unter-X-Kategorie von $\mathbf{K}$.

Hilfssatz 2:

Sei $\mathbf{A}$ freies Erzeugendensystem von $\mathbf{F}$. Dann gilt $<\mathbf{A}>_{\mathbf{F}} = \mathbf{F}$.

Beweis: Es ist $<\mathbf{A}>_{\mathbf{F}} \subset \mathbf{F}$ und die Inklusion ist ein X-Funktor von $<\mathbf{A}>_{\mathbf{F}}$ in $\mathbf{F}$, dessen Komponenten injektiv sind.

Sei nun $\phi_1 = 1_{\mathbf{O}(\mathbf{F})}$ und $\phi_2' : \mathbf{A} \to \mathbf{M}(<\mathbf{A}>_{\mathbf{F}})$ die Inklusion. Nach Voraussetzung gibt es genau eine Fortsetzung ϕ_2 von ϕ_2', so daß $\phi = (\phi_1, \phi_2)$ ein Funktor von $\mathbf{F}$ in $<\mathbf{A}>_{\mathbf{F}}$ ist.

Die Hintereinanderausführung zweier Funktoren ist wieder ein Funktor. Wir bilden nun

$$\mathbf{F} \xrightarrow{\phi} \langle \mathbf{A} \rangle_{\mathbf{F}} \xrightarrow{\subset} \mathbf{F}.$$

Nun ist $\subset \circ \phi_2'$ eine Abbildung von $\mathbf{A}$ in $\mathbf{M}(\mathbf{F})$. Diese Abbildung läßt sich auf genau eine Weise zu einem Funktor fortsetzen. Fortsetzungen dieser Abbildung zu Funktoren sind aber sowohl $1_{\mathbf{F}}$ als auch $\subset \circ \phi$, so daß also $\phi : \subset \circ \phi_2$ surjektiv ist. Also ist auch $\subset$ surjektiv. Also ist $\langle \mathbf{A} \rangle_{\mathbf{F}} = \mathbf{F}$.

Damit haben wir unsere Bezeichnung „freies Erzeugendensystem" in der Definition der freien X-Kategorie gerechtfertigt.

Wir konstruieren nun eine freie Kategorie $\mathbf{F} = (X^*, \mathbf{M}, Q, Z, \circ, x)$, die $\mathbf{A}$ als freies Erzeugendensystem besitzt und für die

$$Q' = Q \mid \mathbf{A} \text{ und } Z' = Z \mid \mathbf{A}$$

vorgegeben ist. Wir bezeichnen diese, wie wir sehen werden, bis auf Isomorphie eindeutig bestimmte X-Kategorie durch $\langle X^*, \mathbf{A}, Q', Z' \rangle$ oder kürzer durch $\mathbf{A}^*$.

3.2 Die X-Kategorie ebener Netze

Wir geben hier für die Konstruktion freier X-Kategorien [5] folgend ein geometrisches Verfahren an, das etwas langwieriger ist als eine rein algebraische Konstruktion, wie diese z.B. in [6] gegeben wird. Diese Konstruktion hat aber neben der geometrischen Evidenz den Vorteil, daß sie es erlaubt, auch das Problem der gedruckten Schaltung in die Minimisierung miteinzubeziehen.

3.2.1 Die X-Kategorie N ebener Netze

Unter einem *Netz* mit n *Eingängen* und m *Ausgängen* (n, m = 0, 1, 2, . . .) verstehen wir folgendes topologisches Gebilde:

In der euklidischen Ebene sei ein Rechteck mit den Seiten g_1, g_2 und h_1, h_2 gegeben, worin sich sowohl die g_i als auch die h_i jeweils gegenüber liegen.

$A_1, \ldots, A_n$ bzw. $B_1, \ldots, B_m$ seien paarweise verschiedene Punkte auf g_1 bzw. g_2 wobei die Numerierungen der Punkte von h_1 nach h_2 laufen; die A_i bzw. B_i teilen g_1 bzw. g_2 in äquidistante Stücke.

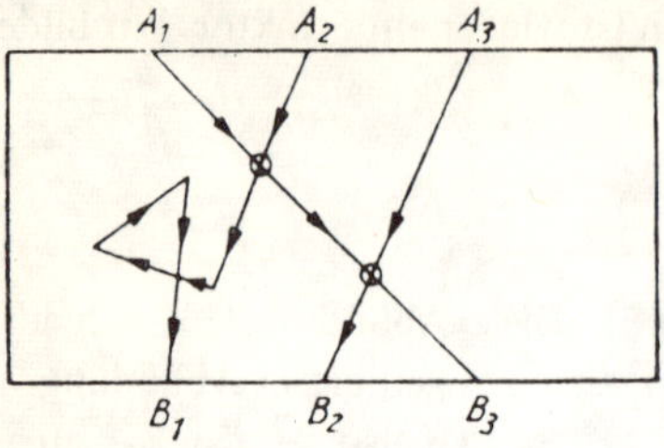

Fig. 3.1

Die A_i seien Anfangspunkte, die B_i Endpunkte von je genau einer Strecke eines orientierten, endlichen, ebenen Streckenkomplexes, der in der euklidischen Ebene in überkreuzungsfreier Lage in dem Rechteck liege (Im euklidischen Sinne handelt es sich um stückweise lineare Kurvenzüge). Wir fordern von dem Streckenkomplex weiter, daß jeder seiner Strecken schlicht über h_1 ist und daß die Orientierung der Strecken in Richtung von g_1 nach g_2 zeigt. Es ist also der durch Fig. 3.1 beschriebene Fall ausgeschlossen.

Wir nennen g_1, g_2, h_1, h_2 den *Rahmen* des Netzes, $A_1, \ldots, A_n$ bzw. $B_1, \ldots, B_n$ die *Anfangspunkte* oder *Eingänge* bzw. die *Endpunkte* oder *Ausgänge* des Netzes. Die Punkte des Netzes, die weder Eingänge noch Ausgänge sind, heißen *innere Punkte* des Netzes.

Zwei Netze heißen *gleich,* wenn sie sich nach Aufeinanderlegen ihrer Rahmen ohne Selbstdurchdringung in der Ebene ineinander deformieren lassen, und zwar so, daß alle Zwischenlagen Netze sind.

Dabei verstehen wir unter einer *Deformation* eine *elementare Deformation* oder eine Deformation, die sich durch eine Kette elementarer Deformationen erzeugen läßt; die elementaren Deformationen sind Dreiecksdeformationen (Fig. 3.2a) oder verallgemeinerte Dreiecksdeformationen, wie sie durch Fig. 3.2b bzw. 3.2c beschrieben werden. Zugelassen sind weiter die (trivialen) Deformationen, die in Streckungen oder Dehnungen des Rahmens oder euklidischen Bewegungen des Netzes bestehen.

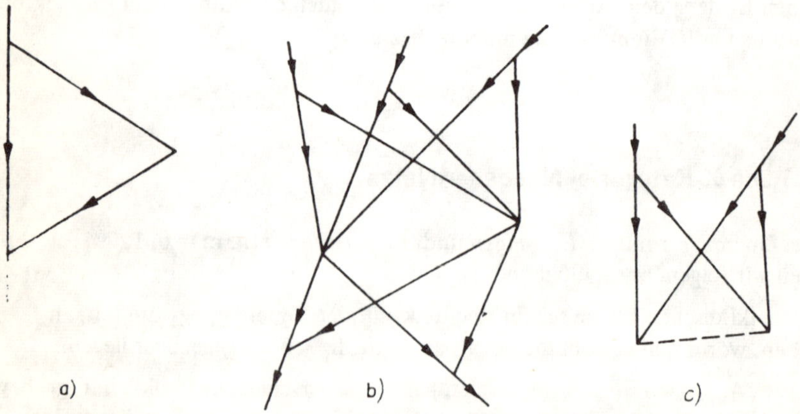

Fig. 3.2

Man erkennt, daß die gegebene Gleichheitsdefinition reflexiv, symmetrisch und transitiv ist, d.h. eine Einteilung der Netze in Äquivalenzklassen liefert.

Wir bezeichnen von nun an diese Klassen als Netze und nennen ein Netz im alten Sinne, wenn eine Unterscheidung wichtig ist, *Repräsentant* eines Netzes.

Verschiedene Repräsentanten eines Netzes haben die gleiche Anzahl von Eingängen und Ausgängen, die wir mit $Q(N)$ bzw. $Z(N)$ bezeichnen.

Seien nun N_1 und N_2 Netze mit $Q(N_2) = Z(N_1)$, dann erklären wir zwischen N_1 und N_2 eine Komposition über die Repräsentanten N_1' bzw. N_2' von N_1 und N_2 :

Wir deformieren den Rahmen von N_2' (in trivialer Weise), so daß wir N_2' an N_1' ansetzen können; d.h., wir bringen g_2 und g_1' auf gleiche Größe und setzen die beiden Rahmen längs g_2 und g_1' aneinander (Fig. 3.3). Wir entfernen $g_2 = g_1'$ und die Punkte $A_i' = B_i$ und erhalten wieder einen Repräsentanten eines Netzes, das wir mit $N_2 \circ N_1$ bezeichnen. Man erkennt, daß die Definition von der Auswahl des Repräsentanten unabhängig ist.

Weiter gilt:

$$Q(N_2 \circ N_1) = Q(N_1),$$
$$Z(N_2 \circ N_1) = Q(N_2).$$

Wie man leicht zeigt, ist das Produkt assoziativ; d.h., es gilt für Netze N_1, N_2, N_3 mit $Q(N_2) = Z(N_1)$ und $Q(N_3) = Z(N_2)$

$$(N_3 \circ N_2) \circ N_1 = N_3 \circ (N_2 \circ N_1).$$

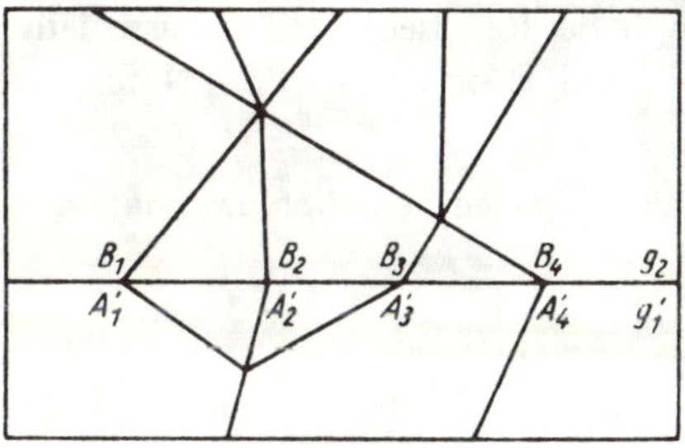

Fig. 3.3

Zu jedem Netz mit $Q(N) = n$ und $Z(N) = m$ gibt es genau ein Netz E_n und E_m mit der Eigenschaft

$$N \circ E_n = E_m \circ N = N;$$

E_n ist ein Netz mit n Eingängen, n Ausgängen und n Strecken (Fig. 3.4). Die Menge der Netze bildet also bezüglich des Produktes „$\circ$" eine Kategorie.

Wir erklären eine weitere Zusammensetzung der Netze, nämlich das *X-Produkt*. Seien N_1' und N_2' Repräsentanten von Netzen N_1 bzw. N_2, dann deformieren wir die Rahmen auf gleiche Länge und setzen sie längs h_{12} und h_{21} aneinander (Fig. 3.5). Anschließend löschen wir $h_{21} = h_{12}$ und numerieren die Eingänge von links nach rechts durch. Sorgen wir dafür, daß die Eingangs- und Ausgangspunkte des neuen Gebildes wieder äquidistant liegen, dann erhalten wir auf diese Weise wieder einen Repräsentanten eines Netzes N_3. Wir nennen N_3 das direkte

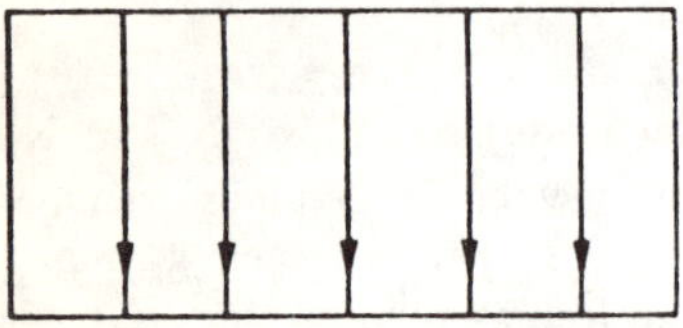

Fig. 3.4

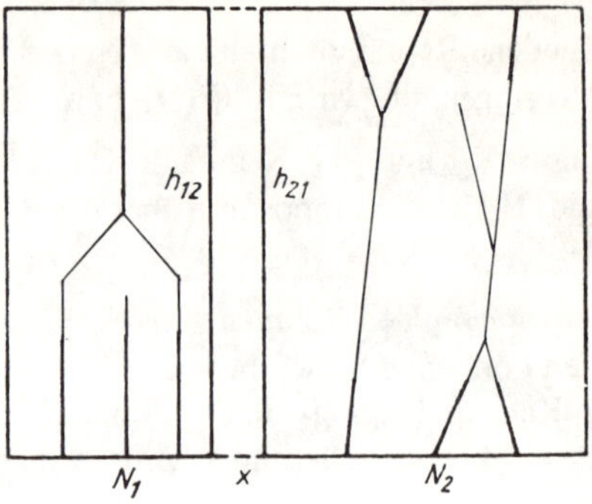

Fig. 3.5

Produkt von N_1 und N_2 und schreiben $N_3 = N_1 \times N_2$. Man erkennt, daß das direkte Produkt unabhängig von der Auswahl des Repräsentanten und assoziativ ist und daß $E_k = E_1 \times \ldots \times E_1$ (k-mal) ist und $E_0 \times N = N \times E_0 = N$ für jedes Netz N ist.

Wir bezeichnen die Menge der Netze mit diesen beiden Verknüpfungen mit **N**. Die Ergebnisse fassen wir zusammen zu

Satz 1:

N bildet bezüglich „∘" eine Kategorie und bezüglich „x" eine Halbgruppe.

3.2.2 Das freie Erzeugendensystem von N

Wir wollen nun ein Erzeugendensystem von **N** angeben, d.h. eine Menge **E** von Netzen, aus denen sich durch Anwendung der Operationen von **N** alle Netze von **N** gewinnen lassen.

Durch Deformationen kann man jeden Repräsentanten eines Netzes N in eine Lage bringen, in der auf einer Parallelen zu g_1 höchstens ein innerer Punkt liegt. Also kann man N als Produkt von Netzen erhalten, die je einen inneren Punkt besitzen, außer in dem Fall, daß N keinen inneren Punkt besitzt, also eine Einheit ist (Fig. 3.6).

Jedes Netz N mit genau einem inneren Punkt läßt sich in ein direktes Produkt

$$N = E_k \times F \times E_m$$

aufspalten, worin F den inneren Punkt enthält und jede Strecke von F diesen Punkt als Anfangs- oder Endpunkt besitzt (Fig. 3.7). Eventuell ist $k = 0$ oder $m = 0$. F ist durch die Anzahl seiner Eingänge und Ausgänge vollständig charakterisiert. Hat F n Eingänge und m Ausgänge, dann schreiben wir γ_m^n für F. Damit haben wir

Satz 2:

Die Menge $\mathbf{E} = \{\gamma_m^n \mid n, m = 0, 1, \ldots\}$ ist ein vollständiges Erzeugendensystem von **N**.

Man erkennt weiter, daß das Erzeugendensystem minimal ist, da sich keine Erzeugende durch andere Erzeugende ausdrücken läßt. **E** ist auch das einzige minimale Erzeugendensystem von **N**, da keine Erzeugende durch andere Elemente von **N** ausgedrückt werden kann als durch sich selbst; letzteres folgt daraus, daß die An-

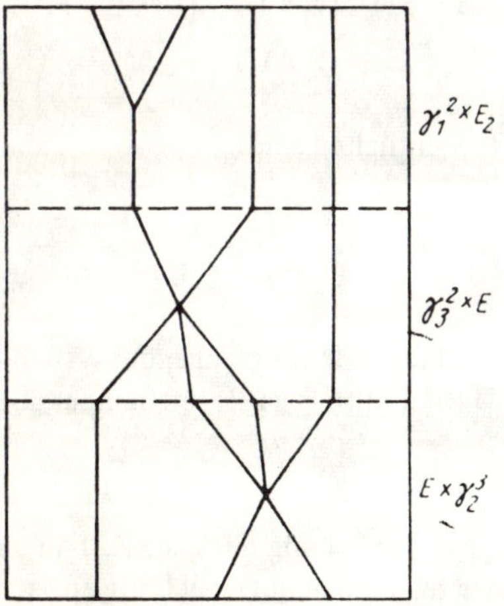

Fig. 3.6

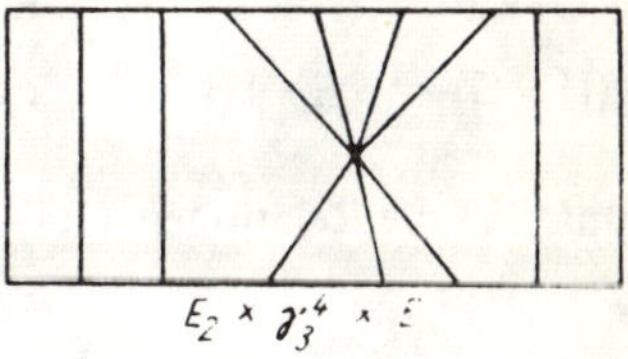

Fig. 3.7

zahl der inneren Punkte eines Produktes gleich der Summe der inneren Punkte der Faktoren ist.

Wir haben oben mehr gezeigt, als in Satz 2 enthalten ist, nämlich:

Satz 3:

Jedes Netz $N \in \mathbf{N}$ mit mindestens einem inneren Punkt läßt sich in ein „$\circ$"-Produkt von direkten Produkten der Form $E_k \times \gamma_m^n \times E_j$ zerlegen.

Die Darstellung eines Netzes N in dieser Form heißt eine *sequentielle Darstellung* von N. Gleiche sequentielle Darstellungen definieren natürlich das gleiche Netz, aber das gleiche Netz läßt verschiedene sequentielle Darstellungen zu. Über die verschiedenen Darstellungen eines Netzes gibt der nächste Abschnitt Auskunft.

3.2.3 Die Relationen von N

Wie aus der Definition der Deformationen unmittelbar folgt, gelten die Relationen

$$(E_{n+k} \times \gamma_j^l) \circ (\gamma_n^m \times E_{k+l}) = (\gamma_n^m \times E_{k+j}) \circ (E_{m+k} \times \gamma_j^l) \tag{R1}$$

für k, l, m, n = 0, 1, 2, ... (siehe Abb. 3.8).

Weiter gelten für $F, G, H \in \mathbf{N}$ mit $m = Q(F)$, $n = Z(F)$ und $Q(H) = Z(G)$ die Relationen

$$\left.\begin{aligned} (H \circ G) \times F &= (H \times F) \circ (G \times E_m) = (H \times E_n) \circ (G \times F), \\ F \times (H \circ G) &= (F \times H) \circ (E_m \times G) = (E_n \times H) \circ (F \times G) \end{aligned}\right\} \tag{R2}$$

Man erkennt, daß die Relationen (R1) in (R2) enthalten sind.

Satz 4:

Zwei Darstellungen H_1 und H_2 des gleichen Netzes in dem Erzeugendensystem $\mathbf{E}$ unter Benutzung beider Verknüpfungen von $\mathbf{N}$ sind mittels (R2) ineinander überführbar.

Beweis: Man erkennt ohne weiteres, daß man jede Darstellung mittels (R2) in eine sequentielle Darstellung verwandeln kann. Jeder sequentiellen Darstellung eines Netzes läßt sich ein Repräsentant des Netzes zuordnen, so daß aus ihm durch Zerschneidung durch Parallelen zu g gerade diese sequentielle Darstellung wieder gewonnen wird.

Nach dem vorigen können wir annehmen, daß H_1 und H_2 sequentielle Darstellungen des gleichen Netzes sind. N_1' und N_2' seien H_1 und H_2 in der eben beschriebenen Weise zugeordnet. Nach Definition der Gleichheit läßt sich N_1' in N_2' deformieren. Jeder Deformationsschritt kann aber so in Teildeformationen zerlegt

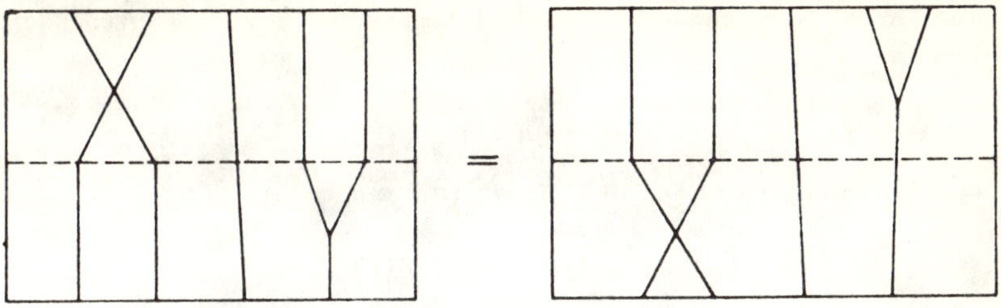

Fig. 3.8 $(E_3 \times \gamma_1^2) \circ (\gamma_2^2 \times E_3) = (\gamma_2^2 \times E_2) \circ (E_3 \times \gamma_1^2)$

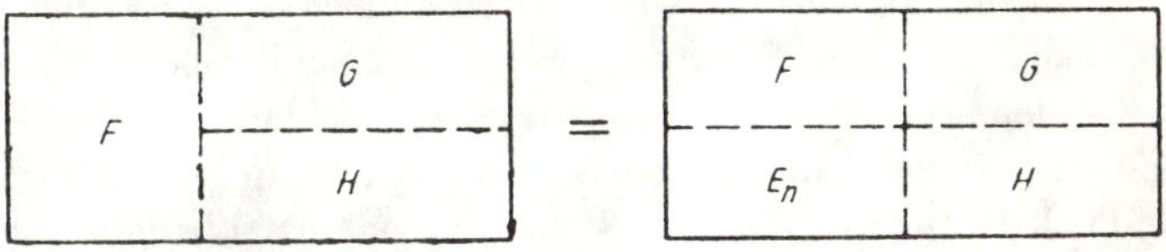

Fig. 3.9

werden, daß dabei die Reihenfolge von höchstens zwei Punkten des Netzes geändert wird, da in N_1' nach Konstruktion keine zwei Punkte auf einer Parallelen zu g liegen. Im Falle, daß die Reihenfolge von Punkten nicht geändert wird, bleibt die sequentielle Darstellung des Netzes die gleiche. Wird sie geändert, dann betrachten wir die beiden entsprechenden Faktoren des sequentiellen Produktes. Diese mögen die Form

$$(E_t \times \gamma_n^m \times E_s) \circ (E_r \times \gamma_j^l \times E_q)$$

haben. Mittels (R2) können wir die gemeinsamen E-Faktoren auf beiden Seiten abspalten; aufgrund der Vertauschbarkeit der Reihenfolge der Punkte läßt sich der Ausdruck auf die Form

$$E_n \times ((\gamma_n^m \times E_{k+j}) \circ (E_{m+k} \times \gamma_j^l)) \times E_v$$

bringen, oder auf die Form, die der anderen Reihenfolge der beiden betreffenden Punkte des Netzes entspricht. Nun wenden wir (R1) an und erhalten damit eine Darstellung, die der Änderung der Reihenfolge der Punkte nach der Deformation entspricht. Mittels (R2) bringen wir die Darstellung wieder in die sequentielle Form. Indem man nun N_1' Schritt um Schritt in N_2' deformiert und stets die eben beschriebenen, dieser Deformation entsprechenden Umformungen der sequentiellen Darstellungen vornimmt, verwandelt man H_1 mittels (R1) und (R2) in H_2, was zu beweisen war.

Wir verwenden im weiteren häufig noch die folgenden sich aus (R2) ergebenden Relationen:

$$\left.\begin{aligned} F \times G &= (F \circ E_m) \times G = (F \times E_j) \circ (E_m \times G)\,, \\ (F \times G) &= (E_n \circ F) \times G = (E_n \times G) \circ (F \times E_k) \end{aligned}\right\} \qquad (R2')$$

mit $k = Q(G)$, $j = Z(G)$, $m = Q(F)$, $n = Z(F)$.

Wir wollen uns nochmals der Überführung einer sequentiellen Darstellung in eine andere mittels (R1) und (R2) zuwenden.

Wir gehen jetzt davon aus, daß wir zwei Repräsentanten eines Netzes haben, die ja nach Definition ineinander deformierbar sind. Wir können zunächst beide Netze deformieren, so daß keine zwei Punkte der Netze auf einer Parallelen zur Grundseite g der Rahmen liegen. Nun zerlegten wir jede elementare Deformation in Teildeformationen, so daß sich bei einem Schritt die Reihenfolge von höchstens zwei inneren Punkten änderte. Blieb die Reihenfolge der Punkte die gleiche, dann blieb die sequentielle Darstellung unverändert, im anderen Fall konnten wir durch Anwendung von Relationen aus (R1) und (R2) in der sequentiellen Darstellung eine Vertauschung der entsprechenden Faktoren vornehmen. Zur Vereinfachung eines späteren Beweises wollen wir diese Abänderungen von sequentiellen Darstellungen etwas formaler beschreiben. Diese Abänderungen der sequentiellen Darstellungen werden eindeutig beschrieben durch die Angabe der beiden Faktoren, die die Änderung der Reihenfolge betrifft, wenn der Punkt des oberen Faktors Anfangspunkt oder der Punkt des unteren Faktors Endpunkt mindestens einer Strecke ist. Wird der i-te Faktor der Darstellung H in der oben im einzelnen beschriebenen Weise mit dem $(i + 1)$-ten vertauscht und ist das Ergebnis die sequentielle Darstellung H', dann schreiben wir $H' = v_i H$.

Um die Bedingung für die Eindeutigkeit von $v_i H$ zu gewährleisten, machen wir *für diesen Abschnitt* die *Voraussetzung*, daß in den betrachteten Netzen entweder jeder Punkt Anfangspunkt oder jeder Punkt Endpunkt mindestens einer Strecke ist. Dies ist die Voraussetzung des angestrebten Satzes 5.

Eine Folge

$$H_2 = v_{i_1} H_1, \ldots, H_j = v_{i_{j-1}} H_{j-1}$$

von sequentiellen Darstellungen nennen wir eine Deformationskette. Wir schreiben auch $H_j = vH_1$ mit $v = [v_{i_1}, \ldots, v_{i_{j-1}}]$.

Aus dem Beweis zu Satz 4 ergibt sich:

Hilfssatz 3:

Sind H und H' sequentielle Darstellungen des gleichen Netzes, dann gibt es eine Deformationskette v mit $H' = vH$; dabei lassen wir für v auch das leere Wort e zu und definieren $eH = H$.

Man erkennt: Ist $H' = v_i H$, dann ist auch $v_i H'$ erklärt, und es ist $H = v_i H' = [v_i, v_i] H$.

Definition:

Eine Deformationskette v heißt *reduziert*, wenn in v kein Paar $[v_i, v_i]$ auftritt. Wir sagen, daß v' aus v durch Reduktion hervorgeht, wenn sich v' durch Streichungen von Paaren $[v_i, v_i]$ aus v erhalten läßt.

Es folgt unmittelbar

Hilfssatz 4:

v beschreibe eine Deformationskette von H und v' gehe aus v durch Reduktion hervor. Ist $H' = vH$, dann ist auch $H' = v'H$.

Wir verfolgen nun, welchen „Weg" der erste Faktor einer sequentiellen Darstellung (der am weitesten rechts stehende Faktor bzw. der oberste Punkt des zugehörigen Repräsentanten) bei einer Deformation durchläuft.

Wir setzen

$h(0) = 1$ = Platz des ersten Faktors vor der ersten Deformation;

$h(k)\ (0 \leqslant k < j)$ = Platz des ersten Faktors nach der k-ten Deformation.

Wir finden:

$$h(k+1) = \begin{cases} h(k), & \text{falls } i_{k+1} \neq h(k), h(k)-1\,; \\ h(k)+1, & \text{falls } i_{k+1} \neq h(k); \\ h(k)-1, & \text{falls } i_{k+1} = h(k)-1\,; \end{cases}$$

wobei $v = [v_{i_1}, \ldots, v_{i_j}]$ die betrachtete Deformationskette beschreibt.

Hilfssatz 5:

Ist $h(m) \neq h(m+1)$ für $m = 0, \ldots, k-1\ (\geqslant 0)$ und ist $h(0) = h(k)$ bei der Deformationskette v von H, dann ist v nicht reduziert.

Beweis: Sei $v = [v_{i_1}, \ldots, v_{i_k}]$. Wegen $k \geqq 1$ und $h(m) \neq h(m+1)$ existiert ein j mit $h(j) \geqq 1$ und $h(j)$ maximal. Dann ist $h(j) = h(j+1) + 1$ und $v_{i_j} = v_{i_{j+1}}$ und also v nicht reduziert.

Hilfssatz 6:

(1) Ist $v = [v_i, v_k]$ mit $i \neq k \pm 1$ eine Deformationskette für H, dann ist auch $v' = [v_k, v_i]$ eine Deformationskette für H, und es gilt $vH = v'H$.

(2) Ist $v = [v_i, v_{i+1}, v_i]$ und $v' = [v_{i+1}, v_i, v_{i+1}]$, dann ist v genau dann für H erklärt, wenn v' für H erklärt ist, und es gilt dann $vH = v'H$.

(3) Sei v' eine Teilfolge von v, und sei v'' genau dann für eine sequentielle Darstellung H_1 erklärt, wenn dies für v' gilt, und es sei $v' H_1 = v'' H_1$. Erhält man v^+ aus v durch Ersetzen von v' durch v'', dann sind v und v^+ für genau die gleichen sequentiellen Darstellungen erklärt, und es gilt, wenn v für H definiert ist, $vH = v^+ H$.

Beweis: (1) und (2) sind geometrisch evident. (3) ergibt sich aus Abb. 3.10 worin $[v_1, v', v_2] = v$ ist und v_1, v', v_2 Teilfolgen von v sind.

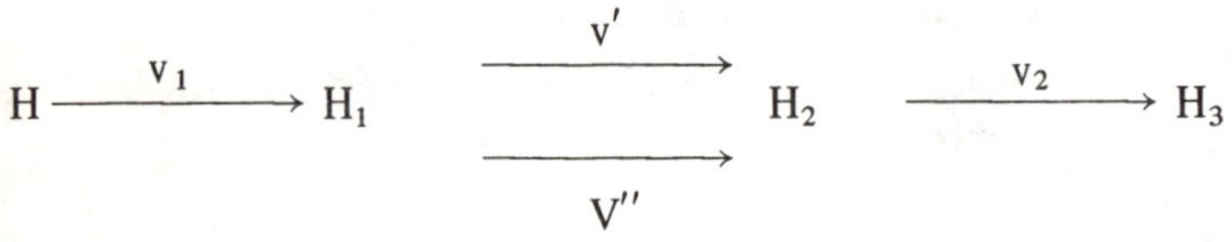

Abb. 3.10

3.2.4 Kürzungsregeln

Satz 5:

Sei $F, G, G' \in \mathbf{N}$ und $G' \circ F$ erklärt, und jeder innere Punkt von $G \circ F$ sei Endpunkt von mindestens einer Strecke. Dann gilt:

$$G \circ F = G' \circ F \Rightarrow G = G'. \tag{1}$$

Es gilt auch die dazu symmetrische Aussage: Ist $F \circ G$ und $F \circ G'$ erklärt und jeder innere Punkt Anfangspunkt mindestens einer Strecke, dann folgt:

$$F \circ G = F \circ G' \Rightarrow G = G'. \tag{2}$$

Sind die Voraussetzungen von (1) oder aber die Voraussetzungen von (2) erfüllt, so gilt:

$$F \times G = F \times G' \Rightarrow G = G' , \tag{3}$$

$$G \times F = G' \times F \Rightarrow G = G' . \tag{4}$$

Wie man aus dem Beispiel auf Abb. 13 erkennt, sind die Behauptungen (1) und (2) des Satzes ohne eine Einschränkung über die inneren Punkte nicht

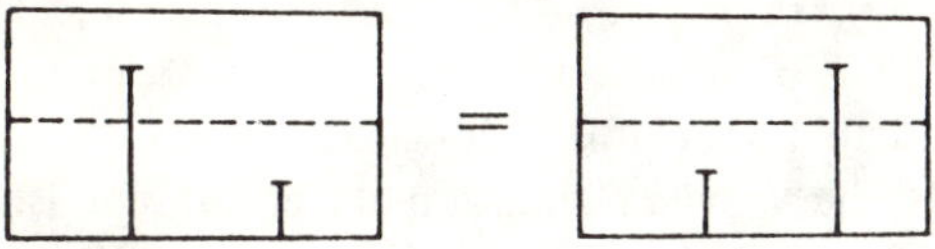

Fig. 3.11

richtig. Das Beispiel zeigt:

$$(E \times \gamma_1^0) \circ \gamma_1^0 = (\gamma_1^0 \times E) \circ \gamma_1^0 ,$$

$$E \times \gamma_1^0 \neq \gamma_1^0 \times E .$$

Für die Aussagen (3) und (4) ist die Voraussetzung zwar überflüssig, aber sie erleichtert sehr den Beweis. Da wir mit (3) und (4) mit Voraussetzung im folgenden auskommen, geben wir uns mit Satz 5 zufrieden.

Wir beweisen zunächst (3) und (4) unter der Voraussetzung von (1) und (2).

Beweis zu (3) und (4): Sei die Voraussetzung von (1) erfüllt. Wir wenden (R2′) an und erhalten

$$G \times F = (G \times E_n) \circ (E_m \times F) ,$$

$$G' \times F = (G' \times E_n) \circ (E_k \times F) .$$

Wegen $G \times F = G' \times F$ ist $Q(G) = Q(G')$ und also $k = m$. Wir wenden die Voraussetzung zu (4) und die Behauptung (1) an und haben

$$G \times E_n = G' \times E_n .$$

Nun wählen wir sequentielle Darstellungen H von G und H' von G'. Hieraus erhalten wir eine sequentielle Darstellung von $G \times E_n$ bzw. $G' \times E_n$, indem wir jeden Faktor von rechts „direkt“ mit E_n multiplizieren; die so erhaltenen sequentiellen Darstellungen seien H_1 bzw. H_1'. Aus Hilfssatz 3 folgt, daß es eine Deformationskette v gibt mit $H_1' = v H_1$. Nun sieht man, daß v auch eine Deformationskette für H beschreibt und daß $H' = v H$ ist, woraus $G = G'$ folgt.

Der Beweis läuft analog, wenn die Voraussetzung von (2) erfüllt ist; wir bringen dann $G \times F$ auf die Form, die für die Anwendung von (2) geeignet ist. Damit ist (4) bewiesen. (3) beweist man entsprechend. Es genügt nun, (1) zu beweisen, da der Beweis zu (2) symmetrisch verläuft. Wir beweisen zunächst noch einige Hilfssätze.

Hilfssatz 7:

$H_2 \circ H_1$ und $H_2' \circ H_1$ seien sequentielle Darstellungen des gleichen Netzes, H_1 bestehe aus einem einzigen Faktor. Ist die Voraussetzung von (1) erfüllt, und ist $v = [v_{i_1}, \ldots, v_{i_k}]$ eine Deformationskette für $H_2 \circ H_1$ mit $H_2' \circ H_1 = v(H_2 \circ H_1)$, dann ist $h(0) = h(k)$, wo h die in 3.2.3 definierte Funktion ist.

Beweis: Wir führen den Beweis geometrisch, indem wir zu Repräsentanten der Netze übergehen, die den beiden sequentiellen Darstellungen entsprechen. h(k) gibt an, an welche Stelle in der Reihenfolge der inneren Punkte der in $H_2 \circ H_1$ oberste Punkt durch die v entsprechende Deformation gebracht wird.

Aufgrund der Voraussetzung von (1) wissen wir, daß der in $H_2 \circ H_1$ und $H_2' \circ H_1$ jeweils oberste Punkt mit mindestens einem Anfangspunkt des Netzes verbunden ist. Da in beiden sequentiellen Darstellungen die beiden obersten Faktoren gleich sind und von einem Anfangspunkt höchstens eine Strecke ausgeht, bei der Deformation aber die Inzidenzrelationen des Streckenkomplexes nicht geändert werden, folgt, daß der an (h(k))-ter Stelle in $H_2' \circ H_1$ stehende Punkt mit dem an erster Stelle stehenden identisch ist, d.h. $h(k) = 1 = h(0)$.

Hilfssatz 8:

Sei $H_2 \circ H_1 \xrightarrow{v_{i_1}} H_2' \circ H_1 \xrightarrow{v} H_2^+ \circ H_1$ eine Deformationskette, und H_1 bestehe aus nur einem Faktor, dann ist $H_2' = v_{i_1 - 1} H_2$, d.h. $H_2^+ \circ H_1 = v((v_{i_1 - 1} H_2) \circ H_1)$.

Beweis: Da $i_1 > 1$, betrifft v_{i_1} den ersten Faktor nicht, sondern nur Faktoren in H_2. Deren Platz hat aber in H_2 gemessen eine um 1 kleinere Stellenzahl als in $H_2 \circ H_1$, woraus die Behauptung folgt.

Beschreibt $v = [v_{i_1}, \ldots, v_{i_k}]$ eine Deformationskette für H, dann definieren wir

$$A(v) = \text{Anzahl der Stellen } i \text{ mit } h(i) = h(i+1) \text{ für } i = 0, \ldots, k-1.$$

Hilfssatz 9:

Sei $v = [v_{i_1} \ldots, v_{i_k}]$ eine reduzierte Deformationskette für H, und sei $h(0) = h(k)$. Ist $A(v) > 0$, dann gibt es eine Deformationskette $v' = [v_{l_1}, \ldots, v_{l_k}]$ mit $l_1 > 1$ und $v'H = vH, A(v) = A(v')$ und $h(0) = h'(k)$.

Beweis: Da $A(v) > 0$ ist, gibt es ein j mit $h(j) = h(j-1)$; j sei die kleinste Zahl mit dieser Eigenschaft. Ist $j = 1$, dann ist $v_{i_1} \neq v_1$, und es ist nichts zu zeigen.

Sei also $j > 1$. Da v reduziert ist und j minimal ist mit $h(j) = h(j-1)$, folgt $i_1 = 1, i_2 = 2, \ldots, i_{j-1} = j-1, h(j-1) = j$ und $i_j \neq j-1, j$. Ist $i_j > j$, dann können wir v_{i_j} nach Hilfssatz 6 mit $[v_1, \ldots, v_{j-1}]$ vertauschen und erhalten so die gesuchte Deformationskette v'. Ist $i_j < j-1$, dann können wir so lange vertauschen, bis wir an ein v_l mit $l = i_j + 1$ gelangen. Dann wenden wir die in Hilfssatz 6 betrachtete Ersetzung von $[v_{l-1}, v_l, v_{l-1}]$ durch $[v_l, v_{l-1}, v_l]$ an, so daß die nun erhaltene Deformationskette die Gestalt $[v_1, \ldots, v_{l-2}, v_l, v_{l-1}, v_l, \ldots]$ hat. Wir können nun v_l mit $[v_1, \ldots, v_{l-2}]$ vertauschen und haben so eine Deformationskette v' von gleicher Länge wie v erhalten, die mit $v_l \neq v_1$ beginnt und für die $v'H = vH$ gilt (nach Hilfssatz 6). Man erkennt ohne weiteres: $A(v') = A(v)$ und $h(k) = h'(k)$, d.h. $h(k) = 1$.

Hilfssatz 10:

Sei H_1 ein Netz mit genau einem inneren Punkt, $H_2 \circ H_1$ und $H_2' \circ H_1$ seien erklärt und mögen die Voraussetzung von (1) (Satz 5) erfüllen. $v = [v_{i_1}, \ldots, v_{i_{k-1}}]$ definiere eine Deformationskette für $H_2 \circ H_1$ mit $H_2' \circ H_1 = v(H_2 \circ H_1)$. Dann gilt: H_2 und H_2' definieren das gleiche Netz.

Beweis (vollständige Induktion nach der Länge k der Deformationskette):

1. Verankerung. Für $k = 0$, d.h. $v = e$ folgt $H_2 = H_2'$.
2. Die Behauptung sei richtig für $0 \leq n \leq k-1$. Ist v nicht reduziert, dann folgt die Behauptung über Hilfssatz 7. Sei also v reduziert. Dann ist $A(v) > 0$ wegen Hilfssatz 5. Nach Hilfssatz 7 ist $h(0) = h(k)$. Damit sind die Voraussetzungen von Hilfssatz 9 erfüllt. Es gibt ein

$$v' = [v_{l_1}, \ldots, v_{l_{k-1}}] \text{ mit } v_{l_1} \neq v_1 \text{ und } v'(H_2 \circ H_1) = H_2' \circ H_1 .$$

Wir wenden nun Hilfssatz 6 an und erhalten ein H_2'' mit

$$H_2 \circ H_1 \xrightarrow{v_{i_1}} H_2'' \circ H_1 \xrightarrow{[v_{l_2}, \ldots, v_{l_k}]} H_2' \circ H_1$$

und

$$H_2'' = v_{i_1 - 1} H_2 .$$

Aufgrund der Induktionsvoraussetzung können wir schließen, daß H_2'' und H_2' das gleiche Netz definieren, woraus dies auch für H_2 und H_2' folgt, was zu beweisen war.

Nun können wir Satz 5 endlich beweisen.

Sei $G \circ F = G' \circ F$. Dann wählen wir eine sequentielle Darstellung von G, G' und F, die wir zu sequentiellen Darstellungen von $G \circ F$ und $G' \circ F$ zusammensetzen. Enthält F genau einen inneren Punkt, dann folgt direkt aus Hilfssatz 10 die Behauptung $G = G'$. Wir beweisen den Satz allgemein durch Induktion nach der Anzahl der inneren Punkte von F, d.h. nach der Anzahl der Faktoren in der sequentiellen Darstellung von F. Sei $F_2 \circ F_1 = F$, und F_1 enthalte genau einen inneren Punkt, dann gilt $(G \circ F_2) \circ F_1 = (G' \circ F_2) \circ F_1$, woraus nach vorigem $G \circ F_2 = G' \circ F_2$ folgt. Hierauf können wir die Induktionsannahme anwenden und erhalten $G = G'$, womit Satz 5 bewiesen ist.

Die Ergebnisse des Satzes 5 gestatten es, uns ein einfaches Verfahren zur Entscheidung der Gleichheit von Netzen anzugeben, die den Voraussetzungen des Satzes genügen.

Eine notwendige Voraussetzung für $N_1 = N_2$ ist $Q(N_1) = Q(N_2)$ und $Z(N_1) = Z(N_2)$ und die Gleichheit der Anzahl der inneren Punkte von N_1 und N_2.

N_1 und N_2 mögen die Voraussetzungen von (1) und die genannten notwendigen Bedingungen erfüllen; m sei die Anzahl der inneren Punkte von N_1 und N_2.

Ist $m = 1$, dann ist die Entscheidung trivial.

Sei $m > 1$. In diesem Fall gibt es ein Netz N_1' mit $m - 1$ inneren Punkten, so daß gilt: $N_1 = N_1' \circ H_1$. Nun untersuchen wir, ob sich von N_2 der Faktor H_1 abspalten läßt. Dies kann geschehen, indem man nachprüft, ob es einen inneren Punkt von N_2 mit der gleichen Anzahl von Ein- und Ausgängen wie der innere Punkt von H_1 gibt, und ob dieser Punkt in entsprechender Weise mit den Anfangspunkten von N_2 verbunden ist, wie es für den inneren Punkt von H_1 gilt. Gibt es keinen solchen Punkt, dann folgt $N_1 \neq N_2$. Gibt es einen solchen Punkt, dann können wir schreiben $N_2 = N_2' \circ H_1$ und wegen Satz 5 folgt $N_2 = N_1$ genau dann, wenn $N_2' = N_1'$. N_2' und N_1' haben aber nur $m - 1$ innere Punkte. Also haben wir damit ein Verfahren, daß uns spätestens in m Schritten die gesuchte Entscheidung liefert.

3.3 Die freie X-Kategorie A *

3.3.1 Definition von (A, A, Q, Z)*

Seien **A** und A endliche oder unendliche Mengen. **A** wird später die Rolle des Bausteinsystems übernehmen und A die Rolle der Signaltypen. Es seien

$$Q : \mathbf{A} \to A^*, \quad Z : \mathbf{A} \to A^*$$

Abbildungen von **A** in das freie Monoid über A. Wir belegen nun die Punkte und Strecken von Netzen mit Elementen aus **A** bzw. A, so daß diese Belegungen mit Q und Z verträglich sind.

Sei N′ Repräsentant eines Netzes, $M_{N'}$ die Menge seiner inneren Punkte und $S_{N'}$ die Menge seiner Strecken.

Die Abbildungen

$$f : M_{N'} \to \mathbf{A}, \quad g : S_{N'} \to A$$

heißen mit Q und Z *verträglich*, wenn folgende Bedingungen erfüllt sind:

1. Sind $s_1, \ldots, s_k$ die Strecken von N′ die $p \in M_{N'}$ als Endpunkt besitzen in der Reihenfolge, in der man sie im mathematisch negativen Sinne durchläuft, (als erste Strecke wählen wir die Strecke am weitesten links), dann gilt

$$Q(f(p)) = g(s_1) \cdot g(s_2) \cdot \ldots \cdot g(s_k).$$

2. Sind $s'_1, \ldots, s'_j$ die Strecken von N′, die p als Anfangspunkt besitzen in der Reihenfolge, in der man sie im mathematisch positiven Sinne durchläuft (als erste Strecke wählen wir die Strecke am weitesten links), dann gilt

$$Z(f(p)) = g(s'_1) \cdot \ldots \cdot g(s'_j).$$

Wir bilden nun die Tripel (N′, f, g), worin f und g mit Q und Z verträgliche Belegungen von N′ bilden. Wir übertragen die Belegungen der Repräsentanten auf die Netze.

Sind N_1 und N_2 Repräsentanten des gleichen Netzes, dann gibt es eine Deformation Δ von N_1 in N_2. Δ induziert eine bijektive Abbildung

$$\alpha_\Delta : M_{N_1} \to M_{N_2} \quad \text{und} \quad \beta_\Delta : S_{N_1} \to S_{N_2}.$$

Wir definieren:

$(N_1, f_1, g_1) = (N_2, f_2, g_2)$ genau dann, wenn

(1) $N_1 = N_2$.

(2) Es gibt eine Deformation Δ von N_1 in N_2, so daß gilt:

$f_1 = f_2 \circ \alpha_\Delta$, $g_1 = g_2 \circ \beta_\Delta$.

Sei

$$[N, f, g] = \{ (N', f', g') \mid (N', f', g') = (N, f, g) \},$$

das heißt die Klasse der Netze mit Belegungen, die mit Q und Z verträglich sind und die ineinander „deformiert“ werden können.

Wir definieren weiter:

$$\mathbf{M}(A, \mathbf{A}, Q, Z)^* = \{ [N, f, g] \mid N \text{ Netz; } f, g \text{ sind mit } Q \text{ und } Z \text{ verträgliche Belegungen von } N \}$$

und zwei wieder mit Q und Z bezeichnete Abbildungen

$$Z, Q : \mathbf{M}(A, \mathbf{A}, Q, Z)^* \to A^* .$$

Für (N, f, g) seien $s_1, \ldots, s_n$ die Strecken von N, die der Reihe nach an den Anfangspunkten von N beginnen, und sind $s'_1, \ldots, s'_m$ die Strecken von N, die der Reihe nach in den Endpunkten von N enden, dann setzen wir

$$Q(N, f, g) = g(s_1) \cdot \ldots \cdot g(s_n)$$

und

$$Z(N, f, g) = g(s'_1) \cdot \ldots \cdot g(s'_n) .$$

Wir setzen

$$Q([N, f, g]) = Q(N, f, g) ,$$
$$Z([N, f, g]) = Z(N, f, g)$$

Man rechnet nach, daß Q und Z wohldefiniert sind.

Wir übertragen nun in naheliegender Weise die Operationen „○“ und „x“ von **N** auf $\mathbf{M}(A, \mathbf{A}, Q, Z)^*$:

Definition:

$$(N, f, g) = (N_1, f_1, g_1) \circ (N_2, f_2, g_2)$$

gilt genau dann, wenn (1), (2), (3) erfüllt sind.

(1) $N = N_1 \circ N_2$

(2) $f(p) = \begin{cases} f_1(p) & \text{für } p \in M_{N_1} \\ f_2(p) & \text{für } p \in M_{N_2} \end{cases}$

(3) $g(s) = \begin{cases} g_1(s) & \text{für } s \in S_{N_1} \cap S_N \\ g_2(s) & \text{für } s \in S_{N_2} \cap S_N \\ g_1(s_1) & \text{falls } s_1 \text{ bei dem Produkt Teilstrecke von } s \text{ wird.} \end{cases}$

Wir setzen

$$[N_1, f_1, g_1] \circ [N_2, f_2, g_2] = [(N_1, f_1, g_1) \circ (N_2, f_2, g_2)]$$

Offenbar ist

$$Q([N, f, g]) = Q([N_2, f_2, g_2])$$

und

$$Z([N, f, g]) = Z([N_1, f_1, g_1]) .$$

Hierzu sehe man Fig. 3.12

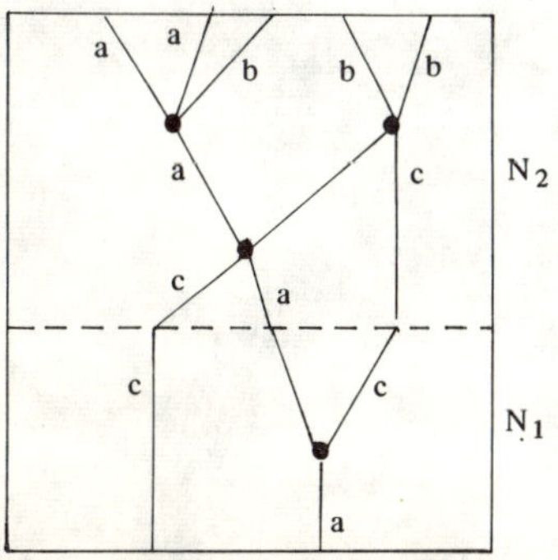

Fig. 3.12

Analog definiert man

$$(N, f, g) = (N_1, f_1, g_1) \times (N_2, f_2, g_2)$$

$$[N_1, f_1, g_1] \times [N_2, f_2, g_2] = [(N_1, f_1, g_1) \times (N_2, f_2, g_2)]$$

und erhält

$$Q([N, f, g]) = Q([N_1, f_1, q_1]) \cdot Q([N_2, f_2, g_2])$$

$$Z([N, f, g]) = Z([N_1, f_1, g_1]) \cdot Q([N_2, f_2, g_2])$$

Beide Operationen sind wohldefiniert und *assoziativ*

Also Q und Z sind bezüglich „x“ Homomorphismen von $\mathbf{M}(A, \mathbf{A}, Q, Z)^*$ in A^*.

Die Elemente

$$(E_k, f, g)$$

sind Einheiten bezüglich „○“.

Wir schreiben kürzer

$$1_w = [E_k, f, g] \text{ mit } w = Q([E_k, f, g]) .$$

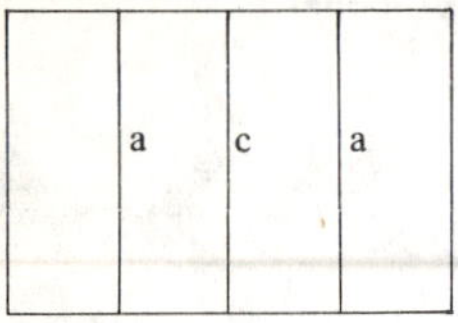

1_{aca}

Fig. 3.13

1_λ ist Einheit sowohl bezüglich „○“ als auch gegenüber „x“

Es ist $Q(1_\lambda) = \lambda$.

Also sind Q und Z *Monoidhomomorphismen*.

Weiter sieht man, daß die Einheiten 1_w bezüglich „x“ ein Untermonoid von $\mathbf{M}(A, \mathbf{A}, Q, Z)^*$ bilden.

Wir fassen unsere Ergebnisse zusammen:

Ist

$$(A, \mathbf{A}, Q, Z)^* = (A^*, \mathbf{M}(A, \mathbf{A}, Q, Z)^*, Q, Z, \circ, \times) ,$$

dann gilt:

Satz 6:

$(A, \mathbf{A}, Q, Z)^*$ ist eine X-Kategorie.

Es bleibt nur zu beweisen

$$(f_1 \times f_2) \circ (g_1 \times g_2) = (f_1 \circ g_1) \times (f_2 \circ g_2)$$

für

$$Q(f_1) = Z(g_1) \text{ und } Q(f_2) = Z(g_2) .$$

Diese Relation folgt aber unmittelbar, wenn man auf die entsprechende Relation für die Netze zurückgeht und diese Zerlegung an einem Repräsentanten (N', f, g) betrachtet.

Hilfssatz 11:

Seien N und N′ Repräsentanten des gleichen Netzes, das den Voraussetzungen des Satzes 5(1) oder 5(2) genügt. Δ_1 und Δ_1 seien zwei Deformationen mit

$$N' = \Delta_1 N = \Delta_2 N .$$

Dann gilt

$$\alpha_{\Delta_1} = \alpha_{\Delta_2}, \ \beta_{\Delta_1} = \beta_{\Delta_2} .$$

Beweis: Es genügt, den Fall zu betrachten, daß $N = N'$ ist, d.h., daß Δ_1 eine Deformation von N in sich ist. Die Behauptung lautet dann α_{Δ_1} = Identität, β_{Δ_1} = Identität.

Man kann sich auf den Fall beschränken, daß keine zwei Punkte von N auf einer Parallelen zu den Grundseiten des Netzes liegen. Damit können wir uns auf die zugehörigen sequentiellen Darstellungen H der Netze N zurückziehen. Δ wird dann zu einer Deformationskette ν von H.

Wir zeigen durch vollständige Induktion nach der Anzahl n der inneren Punkte von N, daß α_ν und β_ν Identitäten sind.

Für $n = 1$ ist die Behauptung trivial. Sei für $n - 1 \geqslant 1$ die Behauptung bewiesen und 5 (1) erfüllt. Dann spalten wir von H den obersten Faktor ab; d.h. wir zerlegen $H = H_2 \circ H_1$, wovon H_1 nur einen inneren Punkt enthält. Nach Voraussetzung führt νH in H über. Also gilt:

$$\nu(H_2 \circ H_1) = H_2 \circ H_1 .$$

Nach Hilfssatz 7 geht bei dieser Deformation der oberste Faktor in den obersten Faktor über. Ist also P der oberste Punkt in N, dann ist $\alpha_\nu(P) = P$. Entsprechendes gilt für die nach P führenden Strecken $s_1, \ldots, s_k$, nämlich:

$$\beta_\nu(s_i) = s_i .$$

Nun folgt durch eine mehrfache Anwendung des Hilfssatzes 9, daß es ein $\nu' = [\nu^+, \nu^*]$ gibt, so daß $h(i) = h(0)$ für $0 < i \leqslant k$ und $h(i) \neq h(i+1)$ für $k < i < m$ gilt, wo k die Länge von ν^+ und m die Länge von ν' ist. Beim

Beweis von Hilfssatz 9 benutzen wir Hilfssatz 6, der die Regeln enthält, durch die ν' aus ν gewonnen werden kann. Man sieht, daß α_ν, β_ν gegenüber diesen Ersetzungen invariant sind. Also gilt

$$\alpha_\nu = \alpha'_\nu = \alpha_{\nu^*} \circ \alpha_{\nu^+}$$

und die entsprechende Relation für β_ν.

Nun folgt aus Hilfssatz 5, daß sich ν^* auf e (= leere Deformationskette) reduzieren läßt. Also ist

$$\nu(H_2 \circ H_1) = \nu^+ (H_2 \circ H_1)$$

und

$$\alpha_\nu = \alpha_{\nu^+}, \ \beta_\nu = \beta_{\nu^+} .$$

Nun betreffen die Operationen von ν^+ aber nur H_2. Erniedrigen wir also den Index jeder Komponente ν^+ um 1 und bezeichnen wir diese für H_2 erhaltene Deformationskette mit ν'', dann gilt

$$\nu(H_2 \circ H_1) = \nu''(H_2) \circ H_1, \ \nu''(H_2) = H_2$$

und

$$\alpha_{\nu''} = \alpha_\nu, \ \beta_{\nu''} = \beta_\nu$$

auf M_{H_2} bzw. S_{H_2}.

Auf H_2 können wir nun die Induktionsannahme anwenden und erhalten

$$\alpha_{\nu''} = \text{Identität}, \ \beta_{\nu''} = \text{Identität},$$

was zu zeigen war.

Der Hilfssatz 11 kann zu folgendem Satz verallgemeinert werden.

Hilfssatz 11':

Sei

$$f \in \mathbf{M}(A, \mathbf{A}, Q, Z)^* .$$

N sei ein f unterliegendes Netz, Δ sei eine Deformation von N in N. Es ist genau dann für jede Deformation Δ

$$\alpha_\Delta = \text{Identität}, \; \beta_\Delta = \text{Identität},$$

wenn es keine Zerlegung

$$f = g_1 \circ (l_w \times h \times h \times l_n) \circ g_2$$

von f gibt mit

$$Q(h) = Z(h) = 1_\lambda \text{ und } h \neq 1_\lambda$$

Anstelle eines Beweises geben wir eine Erläuterung des Satzes.

Eine Zerlegung obiger Art bedeutet, daß N „Maschen" enthält, in denen mindestens zwei gleiche Netze, nämlich zu h gehörige Netze „frei herumschwimmen". Siehe Fig. 3.14.

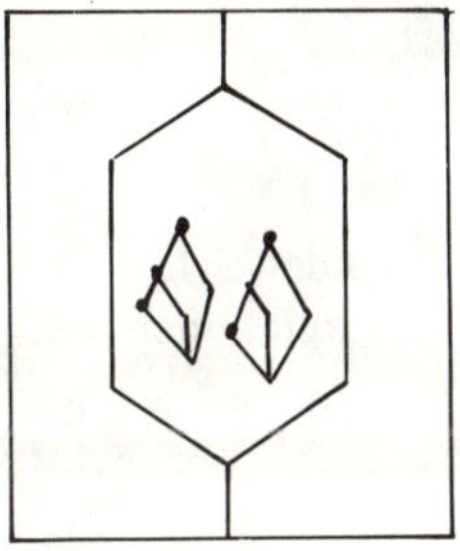

Fig. 3.14

Schwimmen solche gleichen Netze in einer Masche, dann kann man sie miteinander vertauschen, man führt dadurch das Netz in sich über und hat $\alpha_\Delta \neq$ Identität.

Umgekehrt zeigt man, daß $\alpha_\Delta \neq$ Identität auf der Vertauschung zweier solcher „Fische" beruht.

3.3.2 Das minimale Erzeugendensystem von A*

Zwischen **A** und der Menge

$$\mathbf{A}' = \{ (a, f, g) \in (A, \mathbf{A}, Q, Z)^* \mid a = \gamma_m^n \text{ für geeignetes } m \text{ und } n \}$$

wird durch f eine Bijektion hergestellt, nämlich $(a, f, g) \in \mathbf{A}'$ wird $f(M_a) \in \mathbf{A}$ zugeordnet. Wir identifizieren **A** und **A**$'$. Mit dieser Verabredung gilt offenbar

Satz 7:

(1) $(A, \mathbf{A}, Q, Z)^* = < A^*, \mathbf{A} >$.

(2) $\mathbf{A}$ ist minimal mit Eigenschaft 1).

Wir nennen ein solches $\mathbf{A}$, ein *minimales* Erzeugendensystem von $(A, A, Q, Z)^*$. Bei dieser Sprechweise setzen wir stillschweigend voraus, daß A^* als Objektmenge der Kategorie fest vorgegeben ist. Wir werden entsprechend auch $\mathbf{A}^*$ als Bezeichnung für $(A, \mathbf{A}, Q, Z)^*$ verwenden.

Satz 8:

Je zwei Darstellungen des gleichen Morphismus f von $\mathbf{A}^*$ lassen sich durch Anwendung der Relation

$$(f_1 \circ g_1) \times (f_2 \circ g_2) = (f_1 \times f_2) \circ (g_1 \times g_2)$$

ineinander überführen.

Beweis: Dieser Satz folgt unmittelbar aus dem entsprechenden Satz über Netze. Es läßt sich jede Deformationskette durch eine Folge solcher Relationen beschreiben. Die Anzahl L der inneren Punkte eines Netzes N, das einem $f \in \mathbf{A}^*$ unterliegt, heißt die Länge von f. Wir schreiben

$$L = L(f).$$

Es gilt offenbar

$$L(f \circ g) = L(f) + L(g)$$

und

$$L(f \times g) = L(f) + L(g).$$

Hieraus folgt:

Satz 9:

$\mathbf{A}$ ist das einzige minimale Erzeugendensystem von $\mathbf{A}^*$.

Beweis: Sei $\mathbf{A}'$ ein minimales Erzeugendensystem von $\mathbf{A}^*$ und sei $f \in \mathbf{A}$. Dann gibt es einen Ausdruck in $\mathbf{A}', \circ, \times$, der gerade f definiert. Wegen $L(f) = 1$ folgt $f \in \mathbf{A}'$. Also gilt $\mathbf{A} \subset \mathbf{A}'$. Da $\mathbf{A}'$ minimal ist, folgt unser Satz.

3.3.3 Die Kürzungsregel in A*

Satz 10 (Kürzungsregel):

(1) Ist $Z(a) \neq \lambda$ für $a \in \mathbf{A}$, dann gilt in $\mathbf{A}^*$ die Kürzungsregel

$$F \circ G = F \circ G' \Rightarrow G = G' \quad \text{für} \quad F, G, G' \in \mathbf{A}^* .$$

(2) Ist $Q(a) \neq \lambda$ für $a \in \mathbf{A}$, dann gilt

$$G \circ F = G' \circ F \Rightarrow G = G' \quad \text{für} \quad F, G, G' \in \mathbf{A}^* .$$

Korollar 1:

Unter den entsprechenden Voraussetzungen des Satzes 10 gilt

$$F \times G = F \times G' \Rightarrow G = G'$$
$$G \times F = G' \times F \Rightarrow G = G' .$$

Korollar 2:

Ist

$$F \circ G = F \circ G'$$

und enthält $F \circ G$ kein erzeugendes Element a mit $Z(a) = \lambda$, dann folgt $G = G'$.

Die duale Aussage gilt entsprechend.

Die beiden Korollare folgen leicht aus Satz 10, so daß wir nur den Satz 10 beweisen.

Beweis: Aus Symmetriegründen genügt es (1) zu zeigen. Seien

$$F = [N_1', f_1, g_1], \; G = [N_2', f_2, g_2], \; G' = [N_3', f_3, g_3] .$$

Elemente von **A***. Die N_i' sind Repräsentanten der Netze N_1, N_2, N_3 die Voraussetzungen der Kürzungsregel in **N** erfüllen. Also folgt $N_2 = N_3$.

Es gibt also eine Deformation Δ mit $N_3' = \Delta N_2'$. Wir erhalten eine Deformation Δ' mit

$$\Delta'(N_1' \circ N_2') = N_1' \circ N_3',$$

indem wir N_1' festhalten und Δ auf N_2' anwenden.

Nun gibt es nach Voraussetzung eine Deformation Δ^+ mit

$$N_1' \circ N_3' = \Delta^+ (N_1' \circ N_2')$$

und

$$f' = f^+ \circ \alpha_{\Delta^+}, g' = g^+ \circ \beta_{\Delta^+};$$

hierin ist

$$f'(P) = \begin{cases} f_1(P) \text{ für } P\, N_1', \\ f_2(P) \text{ für } P\, N_2' \end{cases}$$

$$f^+(P) = \begin{cases} f_1(P) \text{ für } P\, N_1', \\ f_3(P) \text{ für } P\, N_3'. \end{cases}$$

Entsprechend wird g' und g^+ definiert. Nach Hilfssatz 11 ist nun

$$\alpha_{\Delta'} = \alpha_{\Delta^+}, \quad \beta_{\Delta'} = \beta_{\Delta^+},$$

woraus Satz 10 unmittelbar folgt.

Satz 11:

A ist freies Erzeugendensystem von **A***.

Beweis: Wir haben bereits gesehen, daß **A** Erzeugendensystem von **A*** ist. Es genügt zum Beweis des Satzes also folgendes zu zeigen:

Sei **K** eine beliebige X-Kategorie

$$\phi_1 : A^* \to \mathbf{O(K)}$$

ein Monoidhomomorphismus und

$$\phi_2' : \mathbf{A} \to \mathbf{M}(\mathbf{K})$$

eine mit Q und Z verträgliche, sonst aber beliebige Abbildung. Dann läßt sich (ϕ_1, ϕ_2') zu einem Funktor (ϕ_1, ϕ_2) von $\mathbf{A}^*$ in $\mathbf{K}$ fortsetzen.

Da $\mathbf{A}$ ein Erzeugendensystem von $\mathbf{A}^*$ ist, läßt sich jeder Morphismus f von $\mathbf{A}^*$ mittels $\mathbf{A}$ darstellen. Wir schreiben $f = a(\mathbf{A})$, wo a ein Ausdruck in Elementen von $\mathbf{A}$, Klammern und den Operationszeichen $\circ, \times$ ist.

$a(\mathbf{A})$ verwandelt sich in die Darstellung $a(\phi_2'(\mathbf{A}))$ eines Morphismus von $\mathbf{K}$. Die Relation

$$f \longrightarrow a(\mathbf{A}) \longrightarrow a(\phi_2'(\mathbf{A})) \longrightarrow f'$$

wo $f' \in \mathbf{M}(\mathbf{K})$ der durch $a(\phi'(\mathbf{A}))$ dargestellte Morphismus ist, ist eine Abbildung, da nach Satz 8 verschiedene Darstellungen des gleichen Morphismus durch die Relation der X-Kategorie ineinander übergeführt werden können und da deshalb verschiedene Darstellungen von f zu dem gleichen f' führen, weil $\mathbf{K}$ auch eine X-Kategorie ist.

Wir definieren

$$f \xrightarrow{\phi_2} f'$$

ϕ_2 ist eine Fortsetzung von ϕ_2' und offensichtlich mit φ_1, Q und Z verträglich. Also ist (ϕ_1, ϕ_2) ein Funktor von $\mathbf{A}^*$ in $\mathbf{K}$, was zu beweisen war.

Zum Abschluß geben wir in Gestalt von Aufgaben hinreichende und notwendige Kriterien für die Gültigkeit der Kürzungsregeln; der Beweis wird dem Leser warm empfohlen.

Aufgaben:

1. Die Kürzungsregel

$$f = F \circ X_1 = F \circ X_2 \Rightarrow X_1 = X_2$$

gilt genau dann für jede Zerlegung von f, wenn es keine Zerlegung

$$f = g_1 \circ (1_w \times h_1 \times h_2 \times 1_u) \circ g_2$$

mit $Z(h_1) = Z(h_2) = \lambda, h_1 \neq 1_\lambda, h_2 \neq 1_\lambda$

gibt, so daß gilt

$$Q(h_1) \neq \lambda \quad \text{für} \quad h_1 = h_2$$

oder

$$(1_w \times h_1 \times h_2 \times 1_u) \circ g_2 = (1_w \times h_2 \times h_1 \times 1_u) \circ g_2$$

für $h_1 \neq h_2$

2. Man dualisiere Aufgabe 1.
3. In $\mathbf{A}^*$ gilt stets

$$f \times g = f \times h \Rightarrow g = h$$

und

$$g \times f = h \times f \Rightarrow g = h$$

3.4 Das Syntheseproblem

3.4.1 Faktorkategorien von $\mathbf{A}^*$ nach Relationensystemen

Sei $\mathbf{R} \subset \mathbf{M}(\mathbf{A}^*) \times \mathbf{M}(\mathbf{A}^*)$, und es gelte

$$Q(f) = Q(g), \; Z(f) = Z(g) \quad \text{für} \quad (f, g) \in \mathbf{R} .$$

$\mathbf{R}$ heißt ein *Relationensystem* von $\mathbf{A}^*$.

Wir definieren mittels $\mathbf{R}$ eine Kongruenz *nach* $\mathbf{R}$ auf $\mathbf{A}^*$.

$h, h' \in \mathbf{M}(\mathbf{A}^*)$ heißen *benachbart bezüglich* $\mathbf{R}$, wenn es Zerlegungen

$$h = h_1 \circ h_2 \circ h_3 \text{ und } h' = h_1 \circ h_2' \circ h_3$$

und

$$h_2 = 1_w \times f \times 1_v, \; h_2' = 1_w \times g \times 1_v$$

gibt mit

$$(f, g) \in \mathbf{R} \quad \text{oder} \quad (g, f) \in \mathbf{R}$$

$h, h' \in \mathbf{M}(\mathbf{A}^*)$ heißen kongruent nach $\mathbf{R}$ (in Zeichen $h = h'\,(\mathbf{R})$), wenn es eine Kette

$$h = h_1, h_2, \ldots, h_n = h'$$

gibt mit

$$h_i \text{ benachbart zu } h_{i+1} \text{ bezüglich } \mathbf{R} \text{ für } i = 1, ., \ldots, n-1.$$

Für n = 1 erhält man

$$h = h(\mathbf{R}).$$

Es ist klar, daß durch

$$h = h'(\mathbf{R})$$

auf $\mathbf{M}(\mathbf{A}^*)$ eine Klasseneinteilung definiert wird.

Man beweist leicht die folgenden Sätze.

Hilfssatz 12:

$$h = h'(\mathbf{R}) \Rightarrow \begin{array}{l} Q(h) = Q(h') \\ Z(h) = Z(h'). \end{array}$$

Hilfssatz 13:

$$\left.\begin{array}{l} h = h'(\mathbf{R}) \\ g = g'(\mathbf{R}) \\ Q(h) = Z(g) \end{array}\right\} \Rightarrow h \circ g = h' \circ g'(\mathbf{R})$$

Hilfssatz 14:

$$\left.\begin{array}{l} h = h'(\mathbf{R}) \\ g = g'(\mathbf{R}) \end{array}\right\} \Rightarrow h \times g = h' \times g'(\mathbf{R})$$

Aus diesen Hilfssätzen folgt

Satz 12:

Ist $\mathbf{R}$ ein Relationensystem von $\mathbf{A}^*$ und ist $\mathbf{M}(\mathbf{A}^*)/\mathbf{R}$ die Menge der Kongruenzklassen von $\mathbf{M}(\mathbf{A}^*)$ nach $\mathbf{R}$, dann ist

$$\mathbf{A}^*/\mathbf{R} := (A^*, \mathbf{M}(\mathbf{A}^*)/\mathbf{R}, Q, Z, \circ, \times)$$

eine X-Kategorie, wenn die Verknüpfungen über Repräsentanten definiert werden.

Satz 13:

Die kanonischen Abbildungen

$$\phi_1 = 1_{A*},\ \phi_2 : \mathbf{M}(\mathbf{A}^*) \to \mathbf{M}(\mathbf{A}^*)/\mathbf{R}$$

bilden einen Funktor (ϕ_1, ϕ_2) von $\mathbf{A}^*$ auf $\mathbf{A}^*/\mathbf{R}$.

Als Beispiel geben wir in Verallgemeinerung der Artin'schen Zopfgruppe die X-Kategorie der Zöpfe an.

Sei

$$A = \{a\},\ \mathbf{A} = \{v, v'\},\ Q(v) = Z(v) = Q(v') = Z(v')$$
$$\mathbf{R} = \{(v \circ v', 1_{aa}),\ (v' \circ v, 1_{aa}),$$
$$((1_a \times v) \circ (v \times 1_a) \circ (1_\circ \times v), (v \times 1_a) \circ (1_a \times v) \circ (v \times 1_a))\}\ .$$

Bilden wir $\mathbf{A}^*/\mathbf{R}$, dann erhalten wir eine Kategorie, die wir als Kategorie der Zöpfe bezeichnen können, da

$$\mathbf{M}(\mathbf{A}^*)/\mathbf{R}\,(a^u, a^u)$$

gerade die u-fädige Zopfgruppe ist.

Erläuterung:

v und v′ sind die zueinander inversen Verdrillungen von Fäden, was sich durch die beiden ersten Relationen ausdrückt. Die dritte Relation entspricht der Relation

$$\sigma_i\, \sigma_{i+1}\, \sigma_i = \sigma_{i+1}\, \sigma_i\, \sigma_{i+1}\ ,$$

worin σ_i wie üblich die Überkreuzung des i-ten Fadens über den i+l-ten Faden bezeichnet.

Die weitere Relation der Zopfgruppe

$$\sigma_i\, \sigma_k = \sigma_k\, \sigma_i \quad \text{für } i > k+1$$

ist schon in $\mathbf{R}^*$ enthalten.

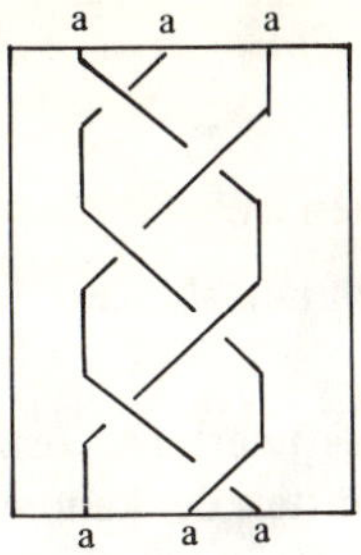

Der Leser veranschauliche sich die Erläuterung an dem nebenstehenden Beispiel, das den Zopf

$$z = (\sigma_1 \sigma_2^{-1})^3$$

oder in unserer Schreibweise

$$z = ((v \times 1_a) \circ (1_a \times v'))^3$$

darstellt.

Diese Gruppe wurde 1926 von E. Artin definiert. Er gab zugleich eine Beweisskizze für ein Verfahren zur Lösung des Wortproblems. Eine strenge Lösung wurde erstmals 1948 ebenfalls von Artin angegeben.

Aufgabe:

Man verallgemeinere die Kategorie der Zöpfe zu einer „Kategorie der räumlichen Netze“. Diese Kategorie enthält als Unterkategorie die „Kategorie der Knoten“. Das Wortproblem der Kategorie der räumlichen Netze enthält das Knotenproblem, das noch ungelöst ist.

Hinweis: Man definiere Relationen der Typen

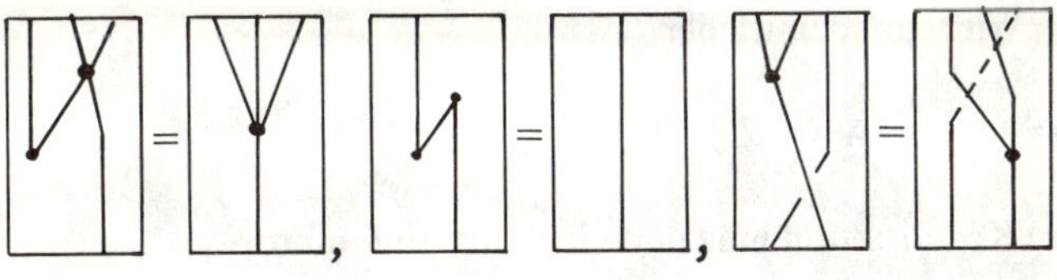

und einiger ähnlicher Typen und beweise ihre Vollständigkeit.

Die Faktorbildung von $\mathbf{A}^*$ nach einem Relationensystem $\mathbf{R}$ läßt sich ebenso für andere Kategorien definieren. Insbesondere läßt sich so eine Kategorie $\mathbf{A}^*/\mathbf{R}_1$ nochmals nach einem Relationensystem $\mathbf{R}_2$ von $\mathbf{A}^*/\mathbf{R}_1$ faktorisieren. Es gilt der

Satz 14:

Seien $\mathbf{R}_1$ und $\mathbf{R}_2$ Relationensysteme von $\mathbf{A}^*$ und (ϕ_1, ϕ_2) der kanonische Funktor von $\mathbf{A}^*$ auf $\mathbf{A}^*/\mathbf{R}_1$ und $\mathbf{R}_2' = \phi_2(\mathbf{R}_2)$.

Dann gilt

$$\mathbf{A}^*/(\mathbf{R}_1 \cup \mathbf{R}_2) = (\mathbf{A}^*/\mathbf{R}_1)/\mathbf{R}_2'$$

wo das Zeichen „=“ hier „bis auf Isomorphie“ zu verstehen ist.

Wir betrachten eine zweite Faktorisierung von $\mathbf{A}^*$, die sich nun aber auf den Objekten abspielt.

Sei $R \subset A^* \times A^*$ und A^*/R wie oben für die Kategorie definiert. (A^* ist ja eine spezielle Kategorie). Wir ordnen nun $Q, Z: \mathbf{A} \to A^*$ mittels der kanonischen Abbildung

$$\phi_1 : A^* \to A^*/R$$

Abbildungen

$$Q' = \phi_1 \circ Q, \quad Z' = \phi_1 \circ Z$$

zu.

Ist A^*/R frei, dann bilden wir $\mathbf{F} = (A^*/R, \mathbf{A}, Q', Z')^*$. $\mathbf{F}$ ist wieder eine freie X-Kategorie.

Zur Vereinfachung unserer Notation bemerken wir, daß sich R auch durch

$$\mathbf{R} = \{(1_u, 1_w) \mid (u, w) \in R\} \subset \mathbf{M}(\mathbf{A}^*) \times \mathbf{M}(\mathbf{A}^*)$$

definieren läßt. Wir schreiben wieder

$$\mathbf{A}^*/R := (A^*/R, \mathbf{A}, Q', Z')^* .$$

Der durch diese Konstruktion induzierte kanonische Funktor

$$\phi : \mathbf{A}^* \to \mathbf{A}^*/R$$

ist allerdings nicht notwendig surjektiv, da sich in $\mathbf{A}^*/R$ Produkte bilden lassen, deren Urbilder nicht miteinander verknüpft werden konnten.

Als Beispiel wählen wir

$$R = \{(a, b) \mid a, b \in A\} .$$

Wir identifizieren also alle Elemente von A.

Der kanonische Funktor vergißt die Belegung der Strecken der Netze durch Elemente aus A.

Haben wir etwa $A = \{a, b\}$ und

$\mathbf{A} =$ 

mit $a \neq b$, dann ist $f \circ g$ nicht definiert.

Nach der Identifizierung von a und b wird $f \circ g$ definiert. $f \circ g$ besitzt unter dem kanonischen Funktor kein Urbild. Wir fassen beide Möglichkeiten der Faktorisierung von $\mathbf{A}^*$ zusammen.

$\mathbf{R} \subset \mathbf{M}(\mathbf{A}^*) \times \mathbf{M}(\mathbf{A}^*)$ heißt *allgemeines Relationensystem* von $\mathbf{A}^*$, wenn A^*/R frei ist, worin

$$R = \{(Q(f), Q(g)), (Z(f), Z(g)) \mid (f, g) \in \mathbf{R}\}$$

ist.

Wir definieren

$$\mathbf{A}^*/\mathbf{R} := (\mathbf{A}^*/R)/\mathbf{R}) .$$

Wir betrachten das Beispiel

$$\mathbf{R} = \{(1_a, 1_b) \mid a, b \in A\} \cup \{(f, g) \mid f, g \in A, L(Q(f)) = \\ = L(Q(g)), L(Z(f)) = L(Z(g))\} .$$

Es gilt

Satz 15:

$$\mathbf{A}^*/\mathbf{R} \subset \mathbf{N} .$$

Der kanonische Funktor vergißt die Belegung der Strecken und Punkte der Netze.

Wir beweisen zum Abschluß dieses Abschnittes noch einen einfachen aber wichtigen Satz.

Satz 16:

Seien $\mathbf{F}$ und $\mathbf{K}$ Kategorien und sei $\phi : \mathbf{F} \to \mathbf{K}$ ein Funktor. $\mathbf{R}$ sei ein Relationensystem von $\mathbf{F}$ und es sei $\phi(\mathbf{R})$ eine Identität in $\mathbf{K}$.

Dann gibt es einen Funktor ψ, der das folgende Diagramm kommutativ macht.

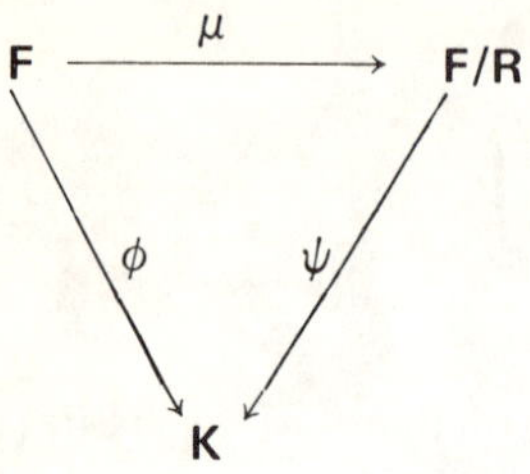

worin μ der kanonische Funktor ist.

Beweis: Zunächst zeigt man die Behauptung für die Monoidhomomorphismen, anschließend für den Funktor. Hierbei betrachtet man benachbarte Morphismen h, h′ und sieht, daß diese durch ϕ_2 auf das gleiche Element abgebildet werden. Diese Eigenschaft pflanzt sich über die Ketten auf die Äquivalenzklassen fort. Also läßt sich ψ über die Repräsentanten der Klassen wohldefinieren.

3.4.2 Formulierung des allgemeinen Syntheseproblems

Es sei ein Bausteinsystem **A** gegeben.

Die Eingänge und Ausgänge des Bausteinsystems sind für gewisse Signaltypen $a \in A$ zugelassen. Diese Spezifikation der Bausteine wird durch die beiden Abbildungen

$$Q : \mathbf{A} \to A^*, \quad Z : \mathbf{A} \to A^*$$

beschrieben.

Die Kosten der Bausteine werden durch eine Abbildung

$$K : \mathbf{A} \to \mathbb{N}_0$$

beschrieben.

Wir definieren die Funktion von Schaltkreisen:

Sei **C** eine X-Kategorie mit

$$\mathbf{O}(\mathbf{C}) \supseteq 2^{\mathbb{N}_0}$$
$$\mathbf{M}(\mathbf{C}) = \bigcup_{a,b \in \mathbf{O}(\mathbf{C})} \mathbf{M}(a, b) .$$

Die Typen $a \in A$ bezeichnen Mengen $\phi_1(a) \in 2^{\mathbb{N}_0}$ und die Funktionen der Bausteine werden durch die mit Q, Z, ϕ_1 verträgliche Abbildung

$$\phi_2' : \mathbf{A} \to \mathbf{M}(\mathbf{C})$$

definiert.

$\phi = (\phi_1, \phi_2)$ sei die (eindeutig bestimmte) Fortsetzung von (ϕ_1, ϕ_2') zu einem Funktor

$$\phi : \mathbf{A}^* \to \mathbf{C}\,.$$

Ist $f \in \mathbf{A}^*$, dann ist $\phi_2(f)$ die Funktion des Schaltkreises f, dessen Eingangsspezifikation durch Q(f) und dessen Ausgangsspezifikation durch Z(f) beschrieben wird.

Die Kosten des Schaltkreises f erhalten wir durch Fortsetzung von K mittels

$$K(f \circ g) = K(f) + K(g) \qquad \text{und}$$
$$K(1_u) = 0 \text{ für } u \in A^*\,.$$

Hieraus folgt

$$K(f \times g) = K(f) + K(g)\,.$$

Das allgemeine Syntheseproblem lautet wie folgt:

Zu gegebener Abbildung

$$F : M \to M' \in \mathbf{C}$$

finde man ein $f \in \mathbf{A}^*$ mit

(1) $\phi_2(f) = F$,

(2) $K(f) \leqslant K(g)$ für $g \in \phi_2^{-1}(F)$.

Hieraus leiten sich eine Reihe spezieller Fragestellungen ab.

a) *Das spezielle Syntheseproblem*

Zu gegebenem

$$F : M \to M' \in \mathbf{C}$$

finde man ein $f \in \mathbf{A}^*$ mit $\phi_2(f) = F$.

Wir verzichten also auf die Optimalitätsforderung der Realisierung.

b) Man finde approximative Lösungen des allgemeinen Syntheseproblems. Das heißt, man finde Abschätzungen für $K(f)$ von Lösungen f des allgemeinen Problems.

c) Man vergleiche verschiedene Bausteinsysteme bezüglich des Umfangs der in diesen Systemen realisierbaren Funkionen.

d) Man untersuche Kostenverminderungen bei Erweiterungen von Bausteinsystemen.

Diese Fragestellungen sind nicht nur für die Synthese von Schaltkreisen von Bedeutung, sondern auch für Fragen der Programmierung. Unsere Definition ist so allgemein angelegt, daß Probleme dieser Art, wie z.B. die Frage nach der Optimalität des Hornerschemas für Polynome mit erfaßt werden.

Wir haben gesehen, daß uns die Lösung dieser Fragen schon bei speziellen Bausteinsystemen große Schwierigkeiten bereitet. Was hilft uns also die allgemeine Theorie?

Nun, sie gibt uns zunächst ein einheitliches Verständnis von bis dahin getrennt gesehenen Fragestellungen, das Syntheseproblem ist für jedes Bausteinsystem klar formuliert. Darüberhinaus sind wir auch in der Lage, einige Fragen in großer Allgemeinheit zu klären. Hierzu gehört das spezielle Syntheseproblem, dem der nächste Paragraph gewidmet ist.

3.4.3 Das spezielle Syntheseproblem

Sei $\mathbf{C}_e$ die Unter-X-Kategorie von $\mathbf{C}$, die genau die endlichen Objekte von $\mathbf{C}$ enthält und alle Abbildungen zwischen diesen Objekten. Wir behandeln für „Interpretationen“ ϕ in $\mathbf{C}_e$ das spezielle Syntheseproblem.

Satz 17:

Es gibt kein effektives Verfahren, das das Syntheseproblem für Interpretationen in $\mathbf{C}_e$ generell löst.

Beweis: Wir führen den Beweis auf die Nicht-Entscheidbarkeit des Wortproblems für *Semi-Thue-Systeme* zurück.

Zunächst definieren wir den Begriff des Semi-Thue-Systems.

Sei B eine endliche Menge und $P \subset B^* \times B^*$ ebenfalls endlich. Wir definieren auf B^* eine durch P erzeugte Relation

$$u \xrightarrow[P]{} w .$$

$(B, P, \xrightarrow[P]{})$ heißt Semi-Thue-System, wenn $\xrightarrow[P]{}$ die kleinste Relation ist, die (1) bis (4) erfüllt.

(1) $w \xrightarrow[P]{} w$ für $w \in B^*$.

(2) $w \xrightarrow[P]{} v$ für $(w, v) \in P$.

(3) Aus $w \xrightarrow[P]{} v$ und $v \xrightarrow[P]{} u$ folgt $w \xrightarrow[P]{} u$.

(4) Aus $w \xrightarrow[P]{} v$ folgt $uwu' \xrightarrow[P]{} uvu'$ für $u, u' \in B^*$.

Es gilt der

Satz 18:

Sei $(B, P, \xrightarrow[P]{})$ ein Semi-Thue-System und $s \in B$. Es gibt keine Turingmaschine, die für jedes P und $w \in B^*$ entscheidet ob

$$s \xrightarrow[P]{} w$$

gilt oder nicht.

Den Beweis dieses Satzes findet man in jedem einschlägigen Buch über Berechenbarkeitsfragen. Man sehe z.B. [6].

Das Problem heißt das *Wortproblem* für Semi-Thue-Systeme. Es hat bis jetzt jeder Versuch, den Begriff des Algorithmus möglichst allgemein zu fassen, zu einem zur Turingmaschine gleichwertigen Begriff geführt. Die allgemein akzeptierte Church'sche These besagt, daß der allgemeine Begriff des Algorithmus zur Turingmaschine in dem Sinne äquivalent ist, daß jede durch einen Algorithmus berechenbare Funktion $F: L \to L'$ mit $L, L' \in B^*$ auch durch eine Turingmaschine berechnet werden kann. Wir schließen uns dieser (nicht beweisbaren) These an und sprechen in Zukunft nicht von Turingmaschinen, sondern von effektiven Verfahren oder Algorithmen. Der mit der Theorie der Berechenbarkeit nicht vertraute Leser halte sich an die Vorstellung von Programmen für eine elektronische Rechenmaschine.

In diesem Sinne lautet also der oben zitierte Satz: Es gibt kein Programm für eine elektronische Rechenmaschine, die P und w als Parameter aufnimmt und in jedem Falle entscheidet ob $s \xrightarrow[P]{} w$ gilt.

Zurück zum Beweis unseres Satzes über die Nichtlösbarkeit des generellen Syntheseproblems.

Wir zeigen:

Wäre das Syntheseproblem entscheidbar, dann auch das Wortproblem für Semi-Thue-Systeme.

Sei $P \subset B^* \times B^*$ gegeben. $\mathbf{A}$ sei eine zu P gleichmächtige Menge und $\phi_2' : \mathbf{A} \to P$ eine Bijektion. Weiter sei $A = B$ und $\phi_1 = 1_A$.

Ist $\phi_2'(f) = (a, b)$, dann fassen wir (a, b) als die Abbildung

$$\phi_2'(f) : \{a\} \to \{b\}$$

auf. Wir setzen (ϕ_1, ϕ_2') zu einem Funktor fort.

Gilt

$$s \xrightarrow[P]{} w\,,$$

dann gibt es ein $f \in \mathbf{A}^*$ mit

$$\phi_2(f)(s) = w$$

und umgekehrt.

Hätten wir ein effektives Verfahren zur Lösung des Syntheseproblems, dann ergäbe sich daraus ein Entscheidungsverfahren für das Wortproblem für Semi-Thue-Systeme im Widerspruch zu dem zitierten Satz. Damit ist also unser Satz bewiesen.

Für einige allgemeine Klassen von Bausteinsystemen läßt sich das spezielle Syntheseproblem aber generell lösen.

Wir beschränken uns im folgenden auf injektive Monoidhomomorphismen ϕ_1. Dies ist im Sinne unserer Absicht erlaubt, die ja darin bestand, eine Theorie zu entwickeln, die mit dem Alphabet A verschiedene Signaltypen bezeichnet.

Satz 19:

Für jedes Bausteinsystem, dessen Bausteine genau einen Ausgang und mindestens einen Eingang haben, ist das spezielle Syntheseproblem generell lösbar.

Zum Beweis verwenden wir die beiden folgenden Hilfssätze.

Hilfssatz 15:

Ist $v \in A^*$, $s \in A$ und ist $\text{Länge}(V) = n$, dann enthält $f \in \mathbf{M}(\mathbf{A}^*)(V, S)$ höchstens $n - 1$ Bausteine mit zwei Eingängen.

Beweis: Jeder Baustein mit zwei Eingängen in f bewirkt die Erhöhung der Gesamtzahl der Eingänge des zusammengesetzten Schaltkreises um 1, da auch jeder Schaltkreis wenigstens einen Eingang besitzt.

L: $\mathbf{M}(\mathbf{A}^*) \longrightarrow \mathbb{N}$ sei die Kostenfunktion, die man durch

$$L(a) = 1 \quad \text{für} \quad a \in A$$

erhält. L zählt die Bausteine.

Hilfssatz 16:

Sei $a, b \in A$ und $\phi_1(a) = M$.
$\phi_1(b) = M'$, $F: M \to M'$ und $\phi_2^{-1}(F) \subseteq \mathbf{A}^*$.
$L(F) = \min\{L(f) \mid f \in \mathbf{A}^*(a, b), \phi_2(f) = F\}$
ist effektiv berechenbar.

Beweis: Die durch $\phi_1(A)$ erzeugte vollständige Unterkategorie von $\mathbf{C}_e$ (nicht Unter-X-Kategorie) ist endlich. Die Menge ihrer Morphismen sei $\mathbf{Z}$. Wir definieren nun eine Abbildung

$$\delta : X \times (\mathbf{Z} \cup \{\omega\}) \to (\mathbf{Z} \cup \{\omega\}),$$

worin $\omega \notin \mathbf{Z}$ ist und $X = (\bigcup_{a,b \in A} \mathbf{A}^*(a, b))$ und

$$\delta(a, z) = \begin{cases} \phi_2(a) \circ Z & \text{falls } z \in \mathbf{Z} \text{ und } Z(z) = Q(\phi_2(a)) \\ \omega & \text{falls } z = \omega \text{ oder } Z(z) \neq Q(\phi_2(a)). \end{cases}$$

$(X, \mathbf{Z}, \delta, 1_M, F)$ ist ein endlicher Automat ohne Ausgabe mit F als Endzustand und 1_M als Anfangszustand.

Das heißt, es gilt für $f, g \in X$ nach Definition des endlichen Automaten

$$\delta(f \cdot g, z) = \delta(f, \delta(g, z)),$$

worin $f \cdot g$ das Monoidprodukt von f und g in X^* ist und für $Q(f) = Z(g)$ kann

$$f \cdot g = f \circ g \text{ gesetzt werden.}$$

Also haben wir für $f \in X^*$:

$$f \in \mathbf{A}^* \text{ und } \phi_2(f) = F \Longleftrightarrow \delta(f, 1_M) = F$$

Wir setzen nun $\mathbf{Z}' = \mathbf{Z} \cup \{\omega\}$.

Wir betrachten weiter den Zustandsgraphen G von $(X, \mathbf{Z}', \delta, 1_M, F)$.

Die Punkte des Graphen sind die Elemente von $\mathbf{Z}'$. $z, z' \in \mathbf{Z}'$ sind genau dann durch die „Strecke" $f \in X$ verbunden, wenn $\delta(f, z) = z'$ ist. Der Zustandsgraph ist endlich, da $X \times \mathbf{Z}'$ endlich ist.

Zu jedem $f \in X^*$ gehört ein Weg in G, nämlich die in 1_M beginnende Folge von Strecken $f_1, \dots, f_k$, wenn $f = f_k \circ \dots \circ f_1$ ist. Es ist $L(f)$ gerade die Länge des Weges. Es ist klar, daß es zwischen je zwei Punkten $z, z' \in \mathbf{Z}'$ einen Weg der Länge $< \operatorname{card} \mathbf{Z}'$ gibt, falls es überhaupt einen Weg von z nach z' gibt.

Also gilt

$$L(F) < \operatorname{card} \mathbf{Z}'$$

unabhängig von F. Also ist $L(F)$ effektiv berechenbar. Nun sind wir in der Lage, unseren Satz zu beweisen.

Aufgrund unserer beiden Hilfssätze gibt es zu jedem $F \in \mathbf{C}_e$ mit

$$F : M \to M', M, M' \in \phi_1(A^*)$$

und

$$\phi_2^{-1}(F) \subseteq \mathbf{A}^*$$

ein $f \in \mathbf{A}^*$ mit

$$L(f) < (2^{n-1}) \cdot N, \quad N = \operatorname{card} \mathbf{Z}'.$$

Vor jeder Anwendung einer mehrstelligen Operation kann jeweils ein $F : M \to M'$ angewandt worden sein; sie bringt bis dahin die Abschätzung $n \cdot N$. Und nach jeder mehrstelligen Operation kann eine solche Folge einstelliger Operationen zur Anwendung kommen. Aufgrund des ersten der beiden Hilfssätze erhalten wir den zweiten Summanden der Abschätzung, nämlich $(n-1) \cdot N$.

Nun probieren wir alle $f \in \mathbf{A}^*$ mit $L(f) < (2n-1) \cdot N$ durch, ob $\phi_2(f) = F$ erfüllt ist. Also ist das spezielle Syntheseproblem damit generell entscheidbar.

3.4.4 Das spezielle Syntheseproblem bei D-Funktoren

Wir verallgemeinern unseren Satz, so daß er auf eine allgemeine Klasse von praktisch interessierenden Syntheseproblemen angewendet werden kann.

Die Voraussetzung, daß jeder Baustein nur einen Ausgang hat, ist deshalb zu eng, weil sie es nicht erlaubt, einen Ausgang auf verschiedene Eingänge zu schalten. Dies ist aber eine Möglichkeit, auf die man in keinem praktischen System verzichten kann.

Wir betrachten deshalb nun ein Bausteinsystem **A**, das neben Bausteinen mit genau einem Ausgang folgende spezielle Bausteine enthält

$$\mathbf{D}_A = \{ D_a, v_{a,b}, u_a \mid a, b \in A \},$$

die stets in gleicher Weise interpretiert werden, nämlich in folgender Weise:

$$Q(D_a) = a, \qquad Z(D_a) = a\,a,$$
$$Q(V_{ab}) = ab, \qquad Z(V_{ab}) = b\,a,$$
$$Q(U_a) = a, \qquad Z(U_a) = \lambda,$$
$$\phi_2(D_a)(x) = (x, x), \quad \phi_2(V_{a,b})(x, y) = (y, x),$$
$$\phi_2(U_a)(x) = \epsilon \quad \text{wo für } x \in \phi_1(a),\ y \in \phi_1(b).$$

Ein x-Funktor $\phi(\phi_1, \phi_2)$ der diese Bausteine so interpretiert, heißt $\mathbf{D}_A$-Funktor.

Wir veranschaulichen diese Bausteine durch Netze

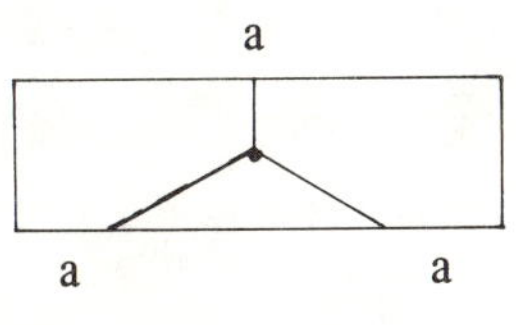

D_a

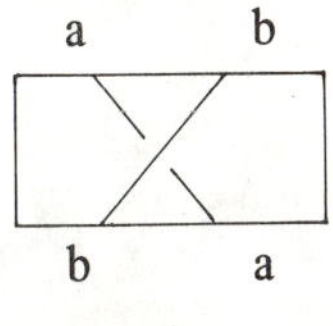

V_{ab}

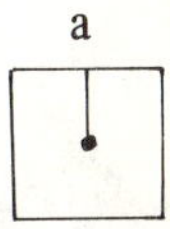

U_a .

Also V vertauscht Komponenten, D verdoppelt Komponenten und U löscht Komponenten.

Man erkennt ohne weiteres, daß für **D**-Funktoren gilt:

(1) $\phi_2(1_a \times U_b) : \phi_1(a) \times \phi_1(b) \to \phi_1(a)$ ist eine Projektion

(2) $\phi_2((1_a \times U_a) \circ D_a) = \phi_2(1_a)$.

(3) $\phi_2(V_{aa} \circ D_a) = \phi_2(D_a)$.

Weitere Relationen dieser Art werden wir unten kennenlernen.

Zunächst charakterisieren wir $\mathbf{D}_A^*$ etwas näher. Hierzu definieren wir für $w \in A^*$

$$A(w) = \{ a \in A \mid a \text{ Faktor von } w \}.$$

Also es ist z.B.

$$A(x_1 x_2 x_1) = \{ x_1, x_2 \}$$

für $A = \{ x_1, x_2, x_3 \}$.

Hilfssatz 17:

Ist $f \in \mathbf{D}_A^*$, dann gilt

(1) $A(Q(f)) \supset A(Z(f))$

(2) Ist $A(w) \subset A(v)$, dann gibt es $f \in \mathbf{D}_A^*$ mit $Q(f) = v$, $Z(f) = w$.

Der Beweis ist über unsere Veranschaulichung durch Netze evident.

Sei $\mathbf{H}$ die X-Kategorie mit

$$\mathbf{O}(\mathbf{H}) = \{ [1 : n] \mid n \in \mathbb{N} \}$$

und $\mathbf{M}(\mathbf{H})$ = Menge der Abbildungen zwischen diesen Objekten.

Wir verallgemeinern etwas:

Unter $\mathbf{H}_A$ verstehen wir die folgende X-Kategorie:

$$\mathbf{O}(\mathbf{H}_A) = \{ \{ (w, i) \mid i \in [1 : L(w)] \} \mid w \in A^* \}$$

Wir definieren

$$[w] := \{ (w, i) \mid i \in [1 : L(w)] \},$$

und

$$[w] \cdot [v] := [w \cdot v].$$

$\mathbf{M}(\mathbf{H}_A)$ ist die Menge der Abbildungen f zwischen den Mengen $[w]$, $w \in A^*$ mit folgenden Eigenschaften:

Aus

$$f(w, i) = (v, k) \text{ folgt } w(i) = v(k),$$

das heißt, daß der i-te Faktor von w gleich dem k-ten Faktor von v ist.

Um $\mathbf{D}_A^*$ charakterisieren zu können, benötigen wir noch die folgende

Definition

Sind $\mathbf{K}_1$ und $\mathbf{K}_2$ Kategorien und sind

$$\phi_1 : O(\mathbf{K}_1) \longrightarrow O(\mathbf{K}_2)$$
$$\phi_2 : M(\mathbf{K}_1) \longrightarrow M(\mathbf{K}_2)$$

Abbildungen, die (G1), (G2), (G3) erfüllen, dann heißt $\phi = (\phi_1, \phi_2)$ ein *kontravarianter Funktor* von $\mathbf{K}_1$ in $\mathbf{K}_2$.

(G1) Es ist

$$Q(\phi_2(f)) = \phi_1(Z(f)),$$
$$Z(\phi_2(f)) = \phi_1(Q(f)) \text{ für } f \in \mathbf{M}(\mathbf{K}_1).$$

(G2) $\phi_2(f \circ g) = \phi_2(g) \circ \phi_2(f)$ für
$f, g \in \mathbf{M}(\mathbf{K}_1)$ und $Q(f) = Z(g)$.

(G3) $\phi_2(1_u) = 1_{\phi_1(u)}$ für $u \in \mathbf{O}(\mathbf{K}_1)$

Die in 3.1.3 definierten Funktoren nennt man auch *kovariante Funktoren.*

Definition

Sind $\mathbf{K}_1$ und $\mathbf{K}_2$ X-Kategorien und ist $\phi = (\phi_1, \phi_2)$ ein kontravarianter Funktor von $\mathbf{K}_1$ und $\mathbf{K}_2$, dann heißt ϕ *kontravarianter X-Funktor*, falls ϕ_1 und ϕ_2 Monoidhomomorphismen bezüglich X sind.

Wir zeigen

Hilfssatz 18:

Es gibt einen kontravarianten surjektiven x-Funktor

$$\pi : \mathbf{D}_A^* \to \mathbf{H}_A .$$

Beweis: Wir definieren

$$\pi_1 : A^* \to \{ [w] \mid w \in A^* \}$$
$$\pi_1 (w) = [w] .$$

π_1 ist ein Monoidhomomorphismus.

Wir definieren für $f \in \mathbf{D}_A^*$, $Q(f) = w$, $Z(f) = v$, $\pi_2 (f) : \pi_1 (v) \to \pi_1 (w)$ wie folgt.

Gibt es in dem f unterliegenden Netz einen Weg vom i-ten Eingang zum j-ten Ausgang, dann setzen wir

$$\pi_2 (f)(v, j) = (w, i) \quad \text{für} \quad j \in [1 : L(v)] .$$

Es ist offensichtlich, daß $\pi = (\pi_1, \pi_2)$ ein kontravarianter x-Funktor ist.

Wir werden später ein Relationensystem $\mathbf{R}_A$ angeben, so daß

$$\mathbf{D}_A^* / \mathbf{R}_A \cong \mathbf{H}_A$$

ist.

Hilfssatz 19:

Zu jedem $f \in \mathbf{A}^*$ gibt es ein $f' = g' \circ d'$ mit

(1) $g' \in (\mathbf{A} - \mathbf{D}_A)^*$, $d' \in \mathbf{D}_A^*$,

(2) $\phi_2 (f') = \phi_2 (f)$ für jeden D-Funktor.

Beweis: Man sieht zunächst die Behauptung für die Sonderfälle

$$f_1 = D_a \circ g, \; Z(g) = a$$
$$f_2 = V_{ab} \circ (g_1 \times g_2), \; Z(g_1) = a, \; Z(g_2) = b$$
$$f_3 = U_a \circ g, \; Z(g) = a$$

ein. Es gibt in jedem der drei Fälle ein $d_1, d_2, d_3 \in \mathbf{D}_A^*$ mit

$$\phi_2(f_1) = \phi_2((g \times g) \circ d_1),$$
$$\phi_2(f_2) = \phi_2((g_2 \times g_1) \circ d_2),$$
$$\phi_2(f_3) = \phi_2(d_3).$$

Wir geben d_1, d_2, d_3 an.

1. Konstruktion von d_1

Sei $Q(g) = a_1 \ldots a_n$. Dann ist

$$Q(g \times g) = a_1 \ldots a_n \; a_1 \ldots a_n .$$

Wir wählen nun aus $\mathbf{H}_A$ den Morphismus $\tilde{d}_1$ der $(Q(g \times g), i)$ und $(Q(g \times g), i + n)$ auf $(Q(g), i)$ abbildet. Nach dem vorigen Hilfssatz gibt es ein $d_1 \in \mathbf{D}_A^*$, das durch den kontravarianten x-Funktor π auf $\tilde{d}_1$ abgebildet wird. Mit einem solchen d_1 gilt die Behauptung.

2. Konstruktion von d_2

Die Konstruktion erfolgt völlig analog zu d_1.

3. Ein d_3 gibt man leicht direkt an:

$$d_3 = \mathop{\times}_{i=1}^{n} U_{a_i} \quad \text{für} \quad Q(g) = a_1 \ldots a_n .$$

Zum Beweis unseres angestrebten Satzes verwenden wir den Begriff der Höhe $H(f)$ eines Morphismus $f \in \mathbf{A}^*$.

Zur Definition verwenden wir das f unterliegende Netz N. Wir betrachten die Wege von N, die von oben nach unten verlaufen, d.h. die Wege, die jede Strecke in Richtung ihrer Orientierung durchlaufen. Als Länge eines Weges von N definieren wir die Anzahl der Punkte des Weges, die nicht auf dem Rand des Netzes liegen und die nicht zu Elementen aus D_A gehören.

$H(f)$ ist die maximale Weglänge der Wege von N.

Die Höhe besitzt folgende Eigenschaften:

(1) $H(f) = 0 <=> f$ ist Einheit.

(2) $H(f \times g) = \max \{H(f), H(g)\}$.

(3) $H(f \circ g) \leqslant H(f) + H(g)$.

Die Behauptung folgt nun leicht durch Induktion über H.

Satz 20:

Das spezielle Syntheseproblem ist für Bausteinsysteme $\mathbf{A}$ mit $\mathbf{D}_A \subset \mathbf{A}$ und $\mathbf{D}$-Funktoren $\phi : \mathbf{A}^* \to \mathbf{C}_e$ generell lösbar, falls $\mathbf{A} - \mathbf{D}_A$ nur Bausteine mit genau einem Ausgang enthält.

Beweis: O.B.d.A. können wir annehmen $M \in \phi_1(A)$. Wir konstruieren eine Schranke $N(\mathbf{A}, \phi, M)$, so daß sich für $F : M \to M'$ mit $\phi_2^{-1}(F) \cap \mathbf{M}(\mathbf{A}^*) \neq \phi$ stets ein $f \in \mathbf{A}^*$ so finden läßt, daß

$$\phi_2(f) = F \text{ und } H(f) < N$$

gilt. Können wir ein solches N effektiv berechnen, dann haben wir unseren Satz bewiesen.

Aufgrund des vorhergehenden Hilfssatzes können wir annehmen, daß jede „Realisierung" von F in der Form

$$f = f' \circ d \text{ mit } f' \in (\mathbf{A} - \mathbf{D}_A)^*,\ d \in \mathbf{D}_A^*$$

gegeben ist.

Wir zerlegen

$$f' = f_o \circ (f_1 \times g \circ f_2 \times f_3),$$

worin $g \in \mathbf{A}$ ist.

Wir nennen eine solche Zerlegung eine *g-Zerlegung* von f'.

Ist $Q(f_2) = u$, dann bezeichnen wir mit $d_u \in \mathbf{D}_A^*$ einen Morphismus, der die *„Einschränkung"* von d auf u ist. Zur Konstruktion von d_u betrachte man alle Wege von Punkten von $Q(f)$ zu Punkten von u in d.

Wir interessieren uns nun für die Abbildungen $\phi_2(g \circ f_2 \circ d_u)$. Die Menge dieser Abbildungen ist endlich, sagen wir: gleich N_g. Man sieht, N_g hängt ab von $Q(g)$, $Q(f)$ und ϕ_1, d.h.

$$N_1 = N_1(\mathbf{A}, \phi, M) = \max \{N_g \mid g \in \mathbf{A}\}$$

ist effektiv berechenbar.

Eine Menge

$$\{ f_0^{(i)} \circ (f_1^{(i)} \times g \circ f_2^{(i)} \times f_3^{(i)}) \circ d^{(i)} | i = 1, \ldots, k \}$$

von g-Zerlegungen von f heißt absteigende Kette von g-Zerlegungen, wenn es Zerlegungen

$$f_0^{(i+1)} = f_0^{(i)} \circ (h_1^{(i)} \times g \circ h_2^{(i)} \times h_3^{i})$$

mit $h_e^{(i)}$ ist linker Teil von $f_e^{(i)}$ für $c = 1,3$ und $i = 1, \ldots, k-1$.

Sei $H_g(f)$ die maximale Länge der absteigenden Ketten von g-Zerlegungen von f.

Ist $H_g(f) > N_1$, dann enthält die entsprechende maximale Kette zwei Elemente, etwa das i-te und j-te Element, so daß

$$\phi_2(g \circ f_2^{(i)} \circ d_u^{(i)}) = \phi_2(g \circ f_2^{(j)} \circ d_u^{(j)})$$

ist. Dann gilt aber auch

$$\phi_2(f_0^{(i)} \circ (f_1^{(i)} \times g \circ f_2^{(i)} \times f_3^{(i)}) \circ d^{(i)})$$
$$= \phi_2(f_0^{(i)} \circ (f_1^{(i)} \times g \circ f_2^{(j)} \times f_3^{(i)}) \circ d'),$$

wo sich d' in naheliegender Weise definiert. Führen wir diese Konstruktion für $i > j$ in allen möglichen Ketten von f durch, dann gelangen wir schließlich zu einem f^+ mit $\phi_2(f) = \phi_2(f^+)$ und $H_g(f^+) \leqslant N_1$.

Führen wir diese Konstruktion für jedes $g \in \mathbf{A} - \mathbf{D}_A$ durch, dann erhalten wir ein f' mit

$$\phi_2(f') = f \text{ und } H_g(f') < N_1 \text{ für } g \in \mathbf{A} - \mathbf{D}_A.$$

Damit folgt

$$H_{\mathbf{A}-\mathbf{D}_A}(f') = \sum_{g \in \mathbf{A} - \mathbf{D}_a} H_g(f) \leqslant N = N_1 \cdot \mathrm{card}\, \mathbf{A}.$$

Es genügt also zur Lösung unseres Syntheseproblems nur Elemente $f \in \mathbf{A}^*$ zu betrachten, die eine Zerlegung

$$f = f_1 \circ d, \quad f_1 \in (\mathbf{A} - \mathbf{D}_A)^*, \; d \in \mathbf{D}_A^*$$

haben mit

$$H_{\mathbf{A}-\mathbf{D}_A}(f_1) \leqslant N.$$

Dies sind endlich viele Morphismen. Für jeden dieser Morphismen betrachten wir die Menge

$$\mathbf{H}_A([Q(f_1)], [\phi_1^{-1}(M')]).$$

Zu jedem Element d' aus dieser Menge findet man ein $d \in \mathbf{D}_A^*$ mit $\pi_2(d) = d'$. Nun prüft man für die endliche Menge dieser Morphismen $f_1 \circ d'$ ob

$$\phi_2(f_1 \circ d') = F$$

erfüllt ist.

Damit haben wir ein effektives Verfahren zur Lösung des speziellen Syntheseproblems angegeben, q.e.d.

Dieses Verfahren läßt sich an einigen Stellen offensichtlich rationalisieren. Es dürfte aber schwierig sein, scharfe Abschätzungen zur Lösung dieses Problems anzugeben.

3.5 Ein vollständiges Relationensystem für die freie D-Kategorie

Wir bezeichnen eine Kategorie mit direktem Produkt als D-Kategorie. In diesem Abschnitt geben wir ein Relationensystem $\mathbf{R}_A$ an, so daß gilt:

$\mathbf{A}^*/\mathbf{R}_A$ ist eine freie D-Kategorie.

Der Grund für diese Konstruktion ist der folgende: In jedem Bausteinsystem, das von praktischem Interesse ist, ist die Möglichkeit gegeben, Ausgänge auf verschiedene Eingänge zu schalten und gewisse Ausgänge nicht zu benutzen. Es ist selbstverständlich, daß man Verbindungen in beliebiger Weise „vertauschen" darf. Dies ist bei konventionellen Techniken kein Problem, bei Planartechniken wird das Permutieren aber wichtig, da es zu „Überkreuzungen" führt, deren Realisierung mit technischem Aufwand verbunden ist.

Wir interessieren uns deshalb für Bausteine, die diese Operationen ausführen. Wir wählen das uns schon aus dem vorigen Paragraphen bekannte Bausteinsystem $\mathbf{D}_A$, von dem wir in Zukunft stets

$$\mathbf{D}_A \subset \mathbf{A}$$

voraussetzen.

Wir werden uns einen Überblick über die Gesamtheit der möglichen Realisierungen von Funktionen bei diesem ausgezeichneten Bausteinsystem verschaffen. Hierbei ist die Kenntnis eines vollständigen Relationensystems für solche Bausteinsysteme von Interesse.

3.5.1 Normalformen in D_A^*

Wir haben gesehen, daß es einen kontravarianten surjektiven Funktor

$$\pi : \mathbf{D}_A^* \to \mathbf{H}_A$$

gibt. Wir geben zunächst ein Relationensystem $\mathbf{R}_A$ an, so daß das Diagramm

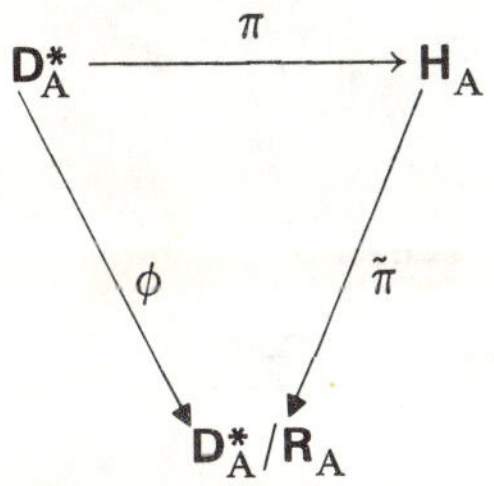

mit dem kanonischen Funktor ϕ durch einen Antiisomorphismus $\tilde{\pi}$ kommutativ gemacht wird.

Wir definieren uns zunächst einige nützliche Elemente aus $\mathbf{D}_A^*$, die spezielle Permutationen und Diagonalisierungen und Projektionen definieren.

Wir setzen

$$U_w := U_{a_1} \times U_{a_2} \times \ldots \times U_{a_n} \quad \text{für } w = a_1 \ldots a_n .$$

1. $U_w^i := (U_u \times 1_{w(i)} \times U_v)$ mit $w = uw(i) \cdot v$.

   Man sieht: Ist ϕ **D**-Funktor, dann ist

   $$\phi_2(U_w^i) : \phi_1(w) \to \phi_1(w(i)) \quad \text{die Projektion auf die i-te Komponente.}$$

2. $V_w = (1_{w(2)} \times V_{w(1)w'}) \circ (V_{w(1)\,w(2)} \times 1_{w'})$, worin $w = w(1) \cdot w(2) \cdot w'$ ist.

   Man sieht, V_w vertauscht die Komponenten von w zyklisch und zwar so, daß die erste Komponente an die letzte Stelle rückt. Also, es gilt für **D**-Funktoren

$$\phi_2 (V_w)(x_1, \ldots, x_n) = (x_2, \ldots, x_n, x_1)$$

   für $(x_1, \ldots, x_n) \in \phi_1 (w)$.

3. Wir verwenden V_w nun um eine allgemeinere Form der Diagonalisierung hinzuschreiben. Sei

$$w = a \cdot w' \text{ mit } a \in A .$$

   Wir definieren damit induktiv

$$D_w = (1_a \times V_w \times 1_{w'}) \circ (D_a \times 1_{w'w'}) \circ (1_a \times D_{w'}) .$$

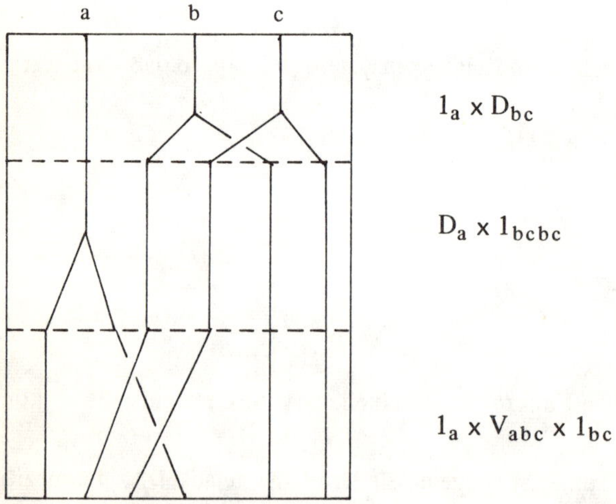

Durch vollständige Induktion zeigt man leicht für **D**-Funktoren:

$$\phi_2 (D_w)(x) = (x, x) \text{ für } x \in \phi_1 (w) .$$

Man sehe hierzu auch obenstehende Figur.

Wir fassen zusammen:

Hilfssatz 20:

Für **D**-Funktoren gilt

$$\phi_2 (V_w)(x_1, \ldots, x_n) = (x_2, \ldots, x_n, x_1)$$
$$\phi_2 (D_w)(x_1, \ldots, x_n) = (x_1, \ldots, x_n, x_1, \ldots, x_n)$$
$$\phi_2 (U_w^i)(x_1, \ldots, x_n) = x_i$$

für $(x_1, \ldots, x_n) \in \phi_1 (w)$.
Wir verschaffen uns weitere Diagonalisierungen durch die Definition

$$D_w^1 := D_w$$
$$D_w^n = (D_w^{n-1} \times 1_w) \circ D_w .$$

Man erkennt

$$\phi_2 (D_w^n)(x) = (x, \ldots, x) \; n+1 \text{ mal für } x \in \phi_1 (w) .$$

Wir definieren nun Normalformen in $\mathbf{D}_A^*$. Zunächst allerdings für die freien X-Kategorien

$$\{V_{ab} \mid a, b \in A\}^*, \; \{U_a \mid a \in A\}^*, \; \{D_a \mid a \in A\}^* .$$

1. Jedes Element von $\{U_a \mid a \in A\}^*$ heißt Normalform in $\mathbf{D}_A^*$.
   Es gilt nämlich für einen geeigneten **D**-Funktor $\phi_2 (U) \neq \phi_2 (U')$ für $U \neq U'$, $\{U, U' \in \; U_a\}^*$.

   Beweis: Wegen $Z(U_w) = \lambda$ gilt für jedes U

   $$U = 1_{w_1} \times U_{v_1} \times 1_{w_2} \times \ldots \times U_{v_k} \times 1_{w_{k+1}}$$

   mit $w_i, v_i \in A^*$. Wählt man ϕ_1 injektiv, folgt die Behauptung unmittelbar.
2. $D' \in \{D_a \mid a \in A\}^*$ ist eine Normalform, wenn es eine Darstellung

   $$D' = 1_{u_1} \times D_{a_1}^{k_1} \times 1_{u_2} \times D_{a_2}^{k_2} \times \ldots \times 1_{u_n}$$

   gibt mit $u_i \in A^*$, $a_i \in A$ und $k_i \in N_\emptyset$ mit $D_a^\emptyset = 1_a$. Wieder zeigt man für **D**-Funktoren ϕ und für Normalformen D', D'' leicht

   $$\phi_2 (D') \neq \phi_2 (D'') \text{ für } D' \neq D'' .$$

3. V' heißt Normalform in $\{V_{ab} \mid a, b \in A\}^*$, wenn gilt

$$V' = 1_u \times V_w \times 1_v$$

oder

$$V' = (1_u \times V'') \circ (V_w \times 1_v),$$

worin V'' Normalform ist.

Diese Normalformen beschreiben folgendes Verfahren zur Herstellung von Permutationen: Zuerst wird auf kürzestem Weg die erste Komponente hergestellt, dann die zweite, usw. bis zur letzten Komponente.

Auch hier folgt sofort für **D**-Funktoren und Normalformen $V' \neq V''$

$$\phi_2(V') \neq \phi_2(V'').$$

Man zeigt der Reihe nach:

4. Sind U', U'' Normalformen in $\{U_a \mid a \in A\}^*$, dann gilt für

$$F, F' \in \{D_a, V_{ab} \mid a, b \in A\}^*$$

und $U' \neq U''$ und **D**-Funktoren ϕ.

$$\phi_2(F \circ U') \neq \phi_2(F' \circ U'').$$

5. Seien

$$D', D'' \in \{D_a \mid a \in A\}^*$$

Normalformen und

$$F, F' \in \{V_{ab} \mid a, b \in A\}^*.$$

Ist $D' \neq D''$, dann gilt für jeden **D**-Funktor ϕ

$$\phi_2(F \circ D') \neq \phi_2(F' \circ D'').$$

Der Leser wird schon bemerkt haben, daß es unser Ziel ist, Normalformen für $\mathbf{D}_A^*$ unter Verwendung der Normalformen in den obigen Unter-X-Kategorien zu definieren.

Naheliegend ist der Versuch $f \in \mathbf{D}_A^*$ als Normalform zu bezeichnen, wenn es eine Zerlegung

$$f = V' \circ D' \circ U'$$

gibt, worin V', D', U' Normalformen sind. Bei dieser Definition würde aber der angestrebte Eindeutigkeitssatz nicht gelten, da

$$\phi_2 (V \circ D) = \phi_2 (D)$$

ist.

Wir erreichen unser Ziel aber durch eine Zusatzbedingung:

Definition:

$f \in \mathbf{D}_A^*$ heißt Normalform, wenn es eine Zerlegung

$$f = V' \circ D' \circ U'$$

gibt, in der V', D', U' Normalformen sind, derart, daß es in V' kein V_{aa} gibt, das „Fäden verdrillt", die vom gleichen D_a^k aus D' kommen.

Hilfssatz 21:

Sind F, F' Normalformen aus $\mathbf{D}_A^*$ und ist $F \neq F'$, dann gilt für jeden **D**-Funktor

$$\phi_2 (F) \neq \phi_2 (F').$$

Beweis: Aufgrund unserer obigen Ergebnisse folgt für die Normaldarstellungen

$$F' = V' \circ D' \circ U', F'' = V'' \circ D'' \circ U''$$

aus $\phi_2 (F) = \phi_2 (F')$ für jeden D-Funktor

$$U' = U'' \text{ und weiter } D' = D''$$

Es bleibt zu zeigen: $V' = V''$.

Zunächst ist klar, daß $Q(V') = Q(V'')$ und $Z(V) = Z(V'')$ gilt. Ist $V' \neq V''$, dann gibt es nach 3. einen ersten Ausgang q in V' und V'', dessen Fäden jeweils von einem verschiedenen Eingang herkommen; sagen wir in V' vom i-ten und in V'' vom k-ten Eingang.

D' ist nach Definition ein x-Produkt von Elementen D_a^k. Liegt der i-te Eingang an einem anderen D_a^k-Faktor als der j-te Eingang, dann läßt sich bei nicht trivialen **D**-Faktoren (card ϕ_1 (a) > 1) stets eine Einsetzung finden, so daß

$$\phi_2 (V' \circ D' \circ U') \neq \phi_2 (V'' \circ D' \circ U')$$

ist.

Also liegen der i-te und der j-te Eingang am gleichen x-Faktor D_a^k.

Sei $i < k$. Wir betrachten die Situation in V''. Da V' und V'' bis zum (q-1)-ten Eingang übereinstimmen, geht in V'' der i-te Faden zu einem Ausgang $m > q$, während der von k ausgehende Faden in q endet. Das heißt, daß in der Folge der Umstellungen von Nachbarn, die durch V'' definiert werden, auch das Paar (i, k) umgestellt wird. Dies bedeutet aber gerade, daß in V'' zwei von einem gleichen D_a^k ausgehende Fäden vertauscht werden, was nach Definition der Normalformen verboten ist. Damit ist unser Beweis vollständig erbracht.

3.5.2 Ein vollständiges Relationensystem R_A

Wir definieren nun ein Relationensystem, das durch jeden **D**-Funktor in eine Identität übergeführt wird und das es erlaubt, jeden Morphismus $f \in \mathbf{D}_A^*$ in eine Normalform überzuführen.

Der Übersichtlichkeit wegen schreiben wir unsere Relationen unter Verwendung des „=" Zeichens anstelle des Kommas.

Sei

$$\begin{aligned} \mathbf{R}_A = \{ U_{aa}^1 \circ D_a &= 1_a,\ U_{ba}^1 \circ V_{ab} = U_{ab}^2,\ V_{ab} \circ V_{ba} = 1_{ab}, \\ V_{aa} \circ D_a &= D_a, (D_a \times 1_a) \circ D_a = (1_a \times D_a) \circ D_a, \\ (V_{bc} \times 1_a) \circ (1_b \times V_{ac}) \circ (V_{ab} \times 1_c) &= (1_c \times V_{ab}) \\ &\quad \circ (V_{ac} \times 1_b) \circ (1_a \times V_{bc}) \\ (1_b \times D_a) \circ V_{ab} &= (V_{ab} \times 1_a) \circ (1_a \times V_{ab}) \circ (D_a \times 1_b) \\ &\quad | a, b, c \in A \}. \end{aligned}$$

Hilfssatz 22:

Ist $\phi : \mathbf{A}^* \to \mathbf{K}$ ein **D**-Funktor, dann ist $\phi(\mathbf{R}_A)$ eine Identität in **K**.

Der einfache Beweis dieses Hilfssatzes sei dem Leser als Übung empfohlen. Er veranschauliche sich hierzu die Relationen, indem er die zugehörigen Netze zeichnet.

Hilfssatz 23:

Zu $f \in \mathbf{D}_A^*$ gibt es ein $F = V' \circ D' \circ U'$ mit $f = F(\mathbf{R}_A)$ und V', D', U' sind Elemente der drei entsprechenden X-Kategorien.

Beweis: Wir denken uns f in sequentieller Darstellung gegeben. Wir zeigen, daß wir diese Darstellung mittels $\mathbf{R}_A$ so abändern können, daß wir schließlich die von dem Hilfssatz für F formulierte Zerlegung haben.

(1) Die gegebene sequentielle Darstellung enthalte das Produkt

$$(1_u \times U_a \times 1_v) \circ (1_{u'} \times V_{bc} \times 1_{v'}) .$$

Fallunterscheidung:

a) $L(u) < L(u')$.

In diesem Fall erhalten wir eine Zerlegung

$$U' = u_1 a u_2$$

und unter Anwendung der schon in $\mathbf{D}_A^*$ erlaubten Umformung

$$(1_u \times U_a \times 1_v) \circ (1_{u'} \times V_{bc} \times 1_{v'}) =$$
$$= (1_{u_1 u_2} \times V_{bc} \times 1_{v'}) \circ (1_{u_1} \times U_a \times 1_{u_2 bcv'}) .$$

b) $L(u) > L(u') + 1$.

Dieser Fall liegt völlig analog zu a). Auch hier erhält man schon in $\mathbf{D}_A^*$ eine „Vertauschung" der Reihenfolge der Faktoren.

c) $L(u) = L(u')$ d.h. $a = c$ und

wir können für das Produkt schreiben

$$1_u \times (U_c \times 1_b) \circ V_{bc} \times 1_{v'} .$$

Durch Anwendung von $\mathbf{R}_A$ erhalten wir hieraus

$$1_{ub} \times U_c \times 1_{v'} .$$

d) Analog erledigt sich

$$L(u) = L(u') + 1 .$$

Also in jedem Falle läßt sich ein U-Faktor an einem V-Faktor vorbei nach vorn schieben.

(2) Die sequentielle Darstellung enthalte

$$(1_u \times U_a \times 1_v) \circ (1_{u'} \times D_b \times 1_{v'}) .$$

Fallunterscheidung

a) $L(u) < L(u')$ oder $L(u) > L(u') + 1$.

Nach einer Diskussion wie unter 1a ergibt sich, daß sich der U-Faktor nach vorn schieben läßt.

b) $L(u) = L(u')$; d.h. $a = b$.

Wir schreiben für das Produkt

$$1_u \times (U_a \times 1_a) \circ D_a \times 1_{v'} .$$

Durch Anwendung von $\mathbf{R}_A$ ergibt sich

$$1_{uav'} .$$

c) Der Fall $L(u) = L(u') + 1$ führt zum gleichen Ergebnis.

Also wieder können wir mittels $\mathbf{R}_A$ entweder den U-Faktor nach vorn schieben oder ihn löschen.

(3) Die betrachtete sequentielle Darstellung enthalte

$$(1_u \times D_a \times 1_v) \circ (1_{u'} \times V_{bc} \times 1_{v'}) .$$

Fallunterscheidung

a) $L(u) < L(u')$ oder $L(u) > L(u') + 1$.

Analog 1a.

b) $L(u) = L(u')$, d.h. $a = c$.

Wir können für das Produkt schreiben

$$1_u \times (D_a \times 1_b) \circ V_{ba} \times 1_v .$$

Durch Anwendung von $\mathbf{R}_A$ können wir dies nach leichter Rechnung umformen in (Anwendung von $V_{ba} \circ V_{ab} = 1_{ab}$)

$$1_u \times (1_a \times V_{ba}) \circ (V_{ba} \times 1_a) \circ (1_b \times D_a) \times 1_v$$

oder in

$$(1_{ua} \times V_{ba} \times 1_v) \circ (1_u \times V_{ba} \times 1_{av}) \circ (1_{ub} \times D_a \times 1_v)\,.$$

Also es gelingt mittels $\mathbf{R}_A$ den D-Faktor vor den V-Faktor zu schieben.

c) $L(u) = L(u') + 1$ analog zu b).

Aus (1), (2) und (3) folgt induktiv die Behauptung unseres Satzes.

Hilfssatz 24:

Zu $D' \in \{D_a \mid a \in A\}^*$ existiert eine Normalform D^+ mit

$$D' = D^+(\mathbf{R}_A)\,.$$

Beweis: Wir lassen im Beweis den unteren Index a an D_a^k weg, wenn keine Mißverständnisse möglich sind.

Wir zeigen zunächst für $w = a^e$

$$(D^k \times 1_w) \circ D^e = D^{k+e}\,.$$

Nach Definition ist

$$D^e = (D^{e-1} \times 1_a) \circ D \text{ für } D^0 = 1\,.$$

Für $e = 1$ gilt die Behauptung aufgrund der Definition. Sei $e > 1$. Dann ist für $w'a = w$

$$(D^k \times 1_w) \circ D^e = (D^k \times 1_{w'} \times 1_a) \circ (D^{e-1} \times 1_a) \circ D =$$
$$((D^k \times 1_{w'}) \circ D^{e-1} \times 1_a) \circ D = (D^{k+e-1} \times 1_a) \circ D = D^{k+e}\,,$$

wenn die Behauptung für $e-1$ als Induktionsannahme vorausgesetzt wird.

Nun zum Beweis des Hilfssatzes:

Jedes Element D' läßt sich in ein x-Produkt der Form

$$D' = 1_{u_1} \times F_1 \times 1_{u_2} \times F_2 \times \ldots \times 1_{u_{k+1}}$$

mit $Q(F_i) \in A$ verwandeln. (Schon in $\mathbf{D}_A^*$).

Es genügt zu zeigen, daß sich jedes F_i mittels $\mathbf{R}_A$ auf Normalform bringen läßt. Wir führen den Beweis induktiv über die Höhe $H(F_i)$.

Ist $H(F_i) = 1$, dann ist $F_i = D$ und F_i hat bereits Normalform.

Sei $H(F_i) = e$ und der Hilfssatz für alle Höhen $h < e$ bereits bewiesen.

Es gibt für $e > 1$ die eindeutige Zerlegung

$$F_i = (F \times F') \circ D\,, H(F), H(F') < e\,.$$

Also trifft auf F und F' die Induktionsannahme zu, so daß wir schreiben können

$$F = D^m(\mathbf{R}_A),\ F' = D^n(\mathbf{R}_A)\,.$$

Also haben wir, wenn wir $1_n = 1_w$ für $w = a^n$ schreiben:

$$\begin{aligned} F_i &= (D^m \times D^n) \circ D(\mathbf{R}_A) \\ &= (D^m \times 1_{n+1}) \circ (1 \times D^n) \circ D \\ &= (D^m \times 1_{n+1}) \circ (1 \times D^{n-1} \times 1) \circ (1 \times D) \circ D \\ &= (D^m \times 1_{n+1}) \circ (1 \times D^{n-1} \times 1) \circ (D \times 1) \circ D(\mathbf{R}_A) \\ &= (D^m \times 1_{n+1}) \circ ((1 \times D^{n-1}) \circ D \times 1) \circ D\,. \end{aligned}$$

Nach Induktionsannahme ist

$$(1 \times D^{n-1}) \circ D = D^n(\mathbf{R}_A)\,.$$

Aus dem eingangs bewiesenen Resultat folgt nun

$$F_i = (D^{n+m} \times 1) \circ D = D^{n+m+1}(\mathbf{R}_A)\,,$$

was zu zeigen war.

Hilfssatz 25:

Ist $F \in \{V_{ab}, D_a \mid a, b \in A\}^*$, dann gibt es eine Normalform $F' = V' \circ D'$ mit $F = F'(\mathbf{R}_A)$.

Beweis: Wir zeigen zunächst

$$(1_u \times V_{aa} \times 1_v) \circ D_a^k = D_a^k(\mathbf{R}_A)\,. \tag{*}$$

Wir verwenden eine im Beweis zu Hilfssatz 24 abgeleitete Identität:

$$(1_u \times V_{aa} \times 1_v) \circ D_a^k = (1_u \times V_{aa} \times 1_v) \circ (D_a^{e+1} \times 1_v) \circ D_a^j$$
$$= ((1_u \times V_{aa}) \circ D_a^{e+1} \times 1_v) \circ D_a^j\,,$$

worin

$$L(u) = e\,, \quad L(v) = j$$

ist.

Wir verwenden diese Identität auch in der folgenden Rechnung.

$$(1_u \times V_{aa}) \circ D_a^{e+1} = (1_u \times V_{aa}) \circ (D_a^{e-1} \times 1_{aa}) \circ D_a^2 =$$
$$= (D_a^{e-1} \times V_{aa}) \circ D_a^2 = (D_a^{e-1} \times V_{aa}) \circ (D_a \times 1_a) \circ D_a\,.$$

Wegen

$$(1_a \times D_a) \circ D_a = (D_a \times 1_a) \circ D_a(\mathbf{R}_A)$$

gilt, wenn wir diese Rechnung fortsetzen

$$(1_u \times V_{aa}) \circ D_a^{e+1} = (D_a^{e-1} \times V_{aa}) \circ (1_a \times D_a) \circ D_a\,(\mathbf{R}_A)$$
$$= (D_a^{e-1} \times V_{aa} \circ D_a) \circ D_a = (D_a^{e-1} \times D_a) \circ D_a\,(\mathbf{R}_A)$$
$$= (D_a^{e-1} \times 1_a) \circ (1_a \times D_a) \circ D_a = D_a^{e+1}\,(\mathbf{R}_A)\,.$$

Also kann man in der Tat jede Verdrillung von Fäden, die von einem D_a^k ausgehen mittels $\mathbf{R}_A$ abbauen.

Aus den Hilfssätzen 23 und 24 folgt, daß es eine Normalform D' gibt und ein V^+ mit

$$F = V^+ \circ D'\,(\mathbf{R}_A)\,.$$

Wir müssen noch zeigen, daß man V^+ mittels $\mathbf{R}_A$ auf Normalform bringen kann, so daß kein V_{ab} aus dieser Normalform Fäden verdrillt, die vom gleichen x-Faktor D_a^j von D' ausgehen.

Wir zeigen zuerst das letztere: Wir beseitigen alle V_{ab} in V^+, die solche Fäden verdrillen.

Steht in einer sequentiellen Darstellung von V im obersten Faktor ein V_{aa}, das auf ein D_a^j folgt, dann können wir das V_{aa} aufgrund der Relation (*) löschen.

Wir betrachten zwei Fälle:

1. Ein V_{aa} verdrillt Fäden von D_a^j, die in D_a^j an benachbarten Ausgängen hängen.
2. V_{aa} verdrillt Fäden von D_a^j, für die 1. nicht gilt.

Im Fall 1. schieben wir dieses V_{aa} unter Verwendung der durch die folgende Figur beschriebenen Relation nach oben.

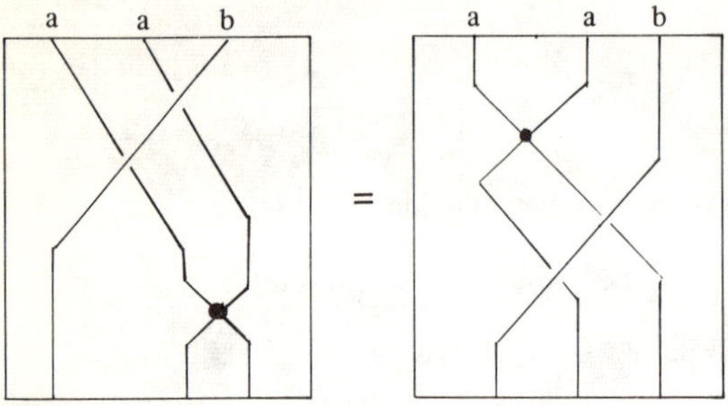

Hierbei treten keine neuen „Überkreuzungen" auf. Haben wir das V_{aa} nach ganz oben geschoben, wird es nach (*) durch D_a^j absorbiert.

Wir betrachten den zweiten Fall.

Durch Anwendung der eben schon verwendeten Relation von $\mathbf{R}_A$ schieben wir alle Punkte des Netzes, in denen sich von D_a^j ausgehende Fäden treffen, nach oben. Auf diese Weise erhalten wir eine Zerlegung von F, die das Produkt

$$V_1 \circ D_a^j$$

enthält. Zerlegen wir V_1 in eine sequentielle Darstellung, dann werden nach (*) diese Faktoren der Reihe nach von D_a^j absorbiert.

Damit haben wir folgendes Zwischenergebnis:

Zu F gibt es eine Normalform D' und ein V'', das keine Fäden verdrillt, die von einem gleichen x-Faktor von D' ausgehen, und es gilt

$$F = V'' \circ D' (\mathbf{R}_A) .$$

Wir haben noch zu zeigen, daß man V'' auf eine Normalform bringen kann, ohne die schon gewonnenen Eigenschaften von $V'' \circ D'$ zu verlieren. Dies wird dadurch gewährleistet, daß wir zur Umformung von V'' nur die beiden Relationen

$$V_{ab} \circ V_{ba} = 1_{ba} (\mathbf{R}_A)$$

und

$$(V_{ab} \times 1_c) \circ (1_a \times V_{cb}) \circ (V_{ca} \times 1_b) = (1_b \times V_{ca}) \circ (V_{cb} \times 1_a) \circ (1_c \times V_{ab}) (\mathbf{R}_A)$$

verwenden, und hiervon die erste Relation nur zur Kürzung. Auf diese Weise entstehen keine neuen Überkreuzungen, so daß unsere Verdrillungseigenschaft von $V'' \circ D'$ erhalten bleibt.

Wir betrachten den Faden von F, der am ersten Ausgang endet. Wir verfolgen diesen Faden bis zu seinem ersten Überkreuzungspunkt von oben in V''. Entweder liegt dieser Punkt schon ganz oben, dann können wir von V'' einen Faktor abspalten, der diese Überkreuzung enthält. Im anderen Fall verschieben wir diesen Punkt mit der zweiten Relation nach oben und spalten dann einen Faktor ab, der diesen Punkt enthält. Dieses Verfahren wenden wir auf den Rest von V'' so lange an, bis wir schließlich sämtliche Kreuzungspunkte des am ersten Ausgang endenden Fadens von V'' abgespalten haben. Durch Anwendung der ersten Relation kürzen wir dieses Produkt auf die Form $(V_w \times 1_u)$, wo dieser Faden gerade $Q(V'')$ in das Produkt w, u zerlegt.

Wir haben damit

$$V'' = V_1^+ \circ (V_w \times 1_u) (\mathbf{R}_A)$$

mit

$$V_1^+ = 1_a \times V_1'' .$$

Indem wir nun annehmen, daß unser Satz für V_1'' schon gilt, erhalten wir in der Tat eine Normalform V' mit

$$V'' = V' (\mathbf{R}_A),$$

womit unser Hilfssatz 25 bewiesen ist.

Aus den Hilfssätzen 21 bis 25 folgt nun der

Satz 21:

Ist $f, g \in \mathbf{D}_A^*$, dann gilt

$$f = g (\mathbf{R}_A) \iff \phi_2 (f) = \phi_2 (g) \text{ für jeden } \mathbf{D}\text{-Funktor } \phi.$$

Korollar:

Für $f, g \in \mathbf{D}_A$ gilt:

$$f = g(\mathbf{R}_A) \iff \pi_2(f) = \pi_2(g).$$

Wir können also sagen, daß wir $\mathbf{H}_A$ in Gestalt von $\mathbf{D}_a^*/\mathbf{R}_A$ bis auf einen bijektiven kontravarianten Funktor durch erzeugende und definierende Relationen definiert haben.

Es bleibt die Verallgemeinerung des Satzes für **D**-Funktoren von $\mathbf{A}^*$ zu zeigen.

3.5.3 Ein vollständiges Relationensystem für die freie D-Kategorie

Wir machen wieder die Voraussetzung $Z(f) \epsilon A$ für $f \in \mathbf{A} - \mathbf{D}_A$. Wir definieren

$$\mathbf{R}'_\mathbf{A} = \{ U_a \circ F = U_w, D_a \circ F = (F \times F) \circ D_w,$$
$$V_{ba} \circ (1_b \times F) = (F \times 1_b) \circ V_{bw} \mid F \in \mathbf{A} - \mathbf{D}_A, w = Q(f), \; a = Z(f) \}.$$

Wir setzen nun $\mathbf{R}_\mathbf{A} := \mathbf{R}_A \cup \mathbf{R}'_\mathbf{A}$.
Man prüft durch Einsetzen direkt nach:

Hilfssatz 26:

Ist $F, G \epsilon \mathbf{A}^*$ und ist $F = G(\mathbf{R}_\mathbf{A})$, dann gilt für jeden **D**-Funktor ϕ

$$\phi_2(F) = \phi_2(G).$$

Wir zeigen weiter, daß es $\mathbf{R}_\mathbf{A}$ erlaubt, die Elemente von $\mathbf{D}_A$ nach oben zu schieben; d.h. in den Ausdrücken nach rechts.

Hilfssatz 27:

Zu jedem $F \in \mathbf{A}^*$ gibt es eine Zerlegung $G \circ H$ mit $G \in (\mathbf{A} - \mathbf{D}_A)^*$, $H \in \mathbf{D}_A^*$ und $F = G \circ H(\mathbf{R}_\mathbf{A})$.

Beweis: Wir betrachten alle Möglichkeiten zweier in sequentiellen Produktzerlegungen benachbarten Faktoren. Der einzige Fall, bei dem der **D**-Faktor aufgrund der Relationen $\mathbf{R}'_A$ und der Relationen der X-Kategorie nicht direkt an einem $(\mathbf{A} - \mathbf{D}_A)$-Faktor vorbei nach rechts geschoben werden kann ist der Fall

$$V_{ab} \circ (F \times 1_b) .$$

Wir zeigen

$$V_{ab} \circ (F \times 1_b) = (1_b \times F) \circ \widetilde{V}_{wb} \ (\mathbf{R_A}) ,$$

worin

$$\widetilde{V}_u = V_{u_{n-2}} \circ \ldots \circ V_{u_2} \circ V_{u_1}$$

mit $L(u) = n$, $u = u_1$ und $u_{i+1} = Z(V_i)$,

d.h. u_{i+1} ergibt sich aus u_i durch eine zyklische Permutation. Es ist also

$$\phi_2 (\widetilde{V}_u)(x_1, \ldots, x_n) = (x_n, x_1, \ldots, x_{n-1}) \text{ für } (x_1, \ldots, x_n) \in \phi_1 (u) .$$

Aus $\mathbf{R'_A}$ folgt

$$V_{ab} \circ (V_{ba} \circ (1_b \times F)) = V_{ab} \circ (F \times 1_b) \circ V_{bw} \ (\mathbf{R})$$

und hieraus mittels $\mathbf{R}_A$

$$(1_b \times F) = V_{ab} \circ (F \times 1_b) \circ V_{bw} \ (\mathbf{R}) .$$

Nun verwenden wir

$$V_{bw} \circ \widetilde{V}_{wb} = 1_{wb} \ (\mathbf{R}_A) ,$$

was aus dem Korollar zu Satz 21 direkt folgt. Wir erhalten

$$(1_b \times F) \circ \widetilde{V}_{wb} = V_{ab} \circ (F \times 1_b) \ (\mathbf{R_A}) ,$$

was zu zeigen war.

Hilfssatz 28:

Seien $F, G \in \mathbf{A}^*$ und für jeden **D**-Funktor ϕ gelte $\phi_2 (F) = \phi_2 (G)$. Dann ist $F = G \ (\mathbf{R_A})$.

Beweis: Nach Hilfssatz 27 gibt es Zerlegungen

$$F = H_1 \circ K_1 \; (\mathbf{R_A}), \; G = H_2 \circ K_2 \; (\mathbf{R_A}) .$$

Nach Satz 21 und Hilfssatz 26 gilt für jeden **D**-Funktor

$$\phi_2 (F) = \phi_2 (H_1 \circ K_1), \; \phi_2 (G) = \phi_2 (H_2 \circ K_2) .$$

Wir wählen nun einen speziellen **D**-Funktor.
Sei

$$S_a = \{ f \in (\mathbf{A} - \mathbf{D}_A)^* \mid Z(f) = a \} .$$

Wir bilden eine X-Kategorie mit

$$\{ S_a \mid a \in A \}$$

als Objekten, die wir mit **S** bezeichnen. Die Morphismen von **S** sind die Abbildungen

$$f : S_{a_1} \times \ldots \times S_{a_k} \longrightarrow S_{b_1} \times \ldots \times S_{b_m} .$$

Abkürzend setzen wir für $w = a_1 \cdot \ldots \cdot a_k$

$$S_w = S_{a_1} \times, \ldots, \times S_{a_k} .$$

Wir definieren für $f \in \mathbf{A} - \mathbf{D}_A$

$$\phi_2' (f) : S_{Q(f)} \to S_{Z(f)}$$

durch

$$\phi_2' (f) (g_1, \ldots, g_k) = f \circ (g_1 \times \ldots \times g_k) .$$

$$\phi_2' (D_a), \phi_2' (V_{ab}), \phi_2' (U_a)$$

sind dadurch festgelegt, daß (ϕ_1, ϕ_2') zu einem **D**-Funktor fortgesetzt werden soll. Wir setzen (ϕ_1, ϕ_2') zu dem eindeutig bestimmten **D**-Funktor ϕ fort und erhalten

$$\phi_2 (H_1 \circ K_1)(1_{Q(F)}) = H_1,$$
$$\phi_2 (H_2 \circ K_2)(1_{Q(G)}) = H_2 .$$

Aus der Voraussetzung unseres Satzes folgt $H_1 = H_2$. Also ist $Z(K_1) = Z(K_2)$.

Es bleibt zu zeigen, daß

$$K_1 = K_2(\mathbf{R}_A)$$

ist. Hierzu benötigen wir, daß in $\phi_1(a)$ mehr als ein Element enthalten ist. Dies erreichen wir, indem wir das Bausteinsystem unserer X-Kategorie $\mathbf{A}^*$ durch Hinzunahme der Menge von Elementen

$$\{T_a \mid a \in A\} \text{ erweitern, d.h. } \mathbf{A}_1 = \mathbf{A} \cup \{T_a \mid a \in A\}$$

und mittels dieser X-Kategorie $\mathbf{A}_1^*$ die X-Kategorie $\mathbf{S}_1$ konstruieren. Unseren Funktor ϕ verwandeln wir in einen Funktor

$$\phi : \mathbf{A}^* \to \mathbf{S}_1 .$$

Nun haben wir in S_a neben 1_a mindestens noch T_a. Indem wir nun der Reihe nach

$$\phi_2(F)(1_u \times T_a \times 1_v) \text{ und } \phi_2(G)(1_u \times T_a \times 1_v)$$

für alle Zerlegungen

$$Q(F) = u \cdot a \cdot v$$

berechnen, erschließen wir

$$\pi_2(K_1) = \pi_2(K_2) .$$

Hieraus folgt unter Verwendung des Korollars zu Satz 21 die Behauptung.

Nun erhalten wir durch Zusammenfassung der Hilfssätze 27 und 28 den Hauptsatz dieses Paragraphen:

Satz 22:

Enthält $\mathbf{A} - \mathbf{D}_A$ nur Elemente f mit $Z(f) \in A$, dann gilt:

$$f = g(\mathbf{R}_A) \Longleftrightarrow .$$

Für jeden $\mathbf{D}$-Funktor ϕ gilt

$$\phi_2(f) = \phi_2(g) .$$

Wir zeigen zum Abschluß, daß $\mathbf{A}^*/\mathbf{R}_A$ eine freie D-Kategorie ist.

Definition:

Eine X-Kategorie $\mathbf{D}$ heißt *Kategorie* mit *direktem Produkt (D-Kategorie)*, wenn a), b) und c) gelten.

a) Zu jedem Objekt $w \in \mathbf{O}(\mathbf{D})$ gibt es ein Element $d_w \epsilon \mathbf{M}(\mathbf{D})$, und zu jedem Paar $(w, v) \in \mathbf{O}(\mathbf{D}) \times \mathbf{O}(\mathbf{D})$ gibt es ein Paar $(P^w_{wv}, P^v_{wv}) \in \mathbf{M}(\mathbf{D}) \times \mathbf{M}(\mathbf{D})$ mit

$$Z(d_w) = ww, \; Q(d_w) = w,$$
$$Q(P^w_{wv}) = Q(P^v_{wv}) = wv, \; Z(P^w_{wv}) = w, \; Z(P^v_{wv}) = v.$$

b) Ist $f, g \epsilon \mathbf{M}(\mathbf{D})$ und $Q(f) = Q(g) = u$, $Z(f) = w$, $Z(g) = v$, dann gibt es genau ein Element $h \in \mathbf{D}$ mit

$$f = P^w_{wv} \circ h, \; g = P^v_{wv} \circ h,$$

wobei die Bezeichnungen aus a) gelten.

c) Unter Voraussetzung von a) und b) gilt

$$h = (f \times g) \circ d_u .$$

Satz 23:

$\mathbf{A}^*/\mathbf{R}_\mathbf{A}$ ist eine freie D-Kategorie.

Beweis: Wir geben die in der Definition der D-Kategorie genannten Elemente an. Wir setzen

$$d_w = [D_w], \; P^w_{wv} = [1_w \times U_v], \; P^v_{wv} = [U_w \times 1_v],$$

worin [] die Klassen modulo $\mathbf{R}_\mathbf{A}$ bezeichnet.

Seien nun

$$f = (1_w \times U_v) \circ h(\mathbf{R}_\mathbf{A}), \; g = (U_w \times 1_v) \circ h(\mathbf{R}_\mathbf{A}).$$

Wegen $Z(q) \epsilon A$ für $q \epsilon \mathbf{A} - \mathbf{D}_A$, können wir h zerlegen in

$$h = (h_1 \times h_2) \circ y \; (\mathbf{R}_\mathbf{A})$$

mit

$$h_1, h_2 \in (\mathbf{A} - \mathbf{D}_\mathbf{A})^*, \; y \epsilon \mathbf{D}^*_A, \; Z(h_1) = w.$$

Es folgt

$$U_v \circ h_2 = U_{v'} (\mathbf{R_A})$$

mit

$$v' = Q(h_2)\,.$$

Also

$$f = h_1 \circ y_1 (\mathbf{R_A}),\ (1_{w'} \times U_{v'}) \circ y = y_1 (\mathbf{R_A})\,,\ w' = Q(h_1)\,.$$

Analog findet man

$$g = h_2 \circ y_2 (\mathbf{R_A})\,.$$

Ist h' ein zweiter Morphismus, der

$$f = (1_w \times U_v) \circ h'(\mathbf{R_A})\,,\ g = (U_w \times 1_v) \circ h' (\mathbf{R_A})$$

erfüllt, dann gilt

$$h_1 \circ y_1 = h_1' \circ y_1' \ (\mathbf{R_A})$$
$$h_2 \circ y_2 = h_2' \circ y_2' \ (\mathbf{R_A})\,.$$

Hieraus folgt wegen $y_i' \in \mathbf{D}_A^*$ und $h_i \in (A - D_a)^*$ nach Satz 22 und analog wie im Beweis zu Hilfssatz 28 für H_i

$$h_1 = h_1',\ h_2 = h_2'\,.$$

Also ist

$$h = h'(\mathbf{R_A})\,.$$

Es bleibt die Existenz von h nachzuweisen.
Wir setzen

$$h = (f \times g) \circ D_u$$

und rechnen direkt nach

$$h_1 = f\,,\ \ h_2 = g\,,$$

womit gezeigt ist, daß $\mathbf{A}^*/\mathbf{R_A}$ eine D-Kategorie ist.

Es ist noch zu zeigen, daß $\mathbf{A}^*/\mathbf{R}_\mathbf{A}$ frei ist.

Wir zeigen, daß sich jedes Paar von Abbildungen

$$\phi_1 : A^* \to \mathbf{O}(\mathbf{D}) \text{ , Monoidhomomorphismus}$$
$$\phi_2' : (\mathbf{A} - \mathbf{D}_A) \to \mathbf{M}(\mathbf{D})$$

in eine D-Kategorie $\mathbf{D}$, die

$$\phi_1(Q(f)) = Q(\phi_2'(f))$$
$$\phi_1(Z(f)) = Z(\phi_2'(f))$$

für $f \in \mathbf{A} - \mathbf{D}_A$ erfüllt, zu einem D-Funktor von $\mathbf{A}^*/\mathbf{R}_\mathbf{A}$ in $\mathbf{D}$ fortsetzen läßt; d.h. zu einem X-Funktor, der die in D-Kategorien ausgezeichneten Elemente in solche Elemente abbildet.

Hierzu gehen wir zu $\mathbf{A}^*$ über und setzen ϕ_2' zunächst zu einer Abbildung ϕ_2'' fort, die auf $\mathbf{D}_A$ so definiert daß $\phi_2''(D_a)$, $\phi_2''(V_{ab})$, $\phi_2''(U_a)$ in die entsprechenden Elemente von $\mathbf{D}$ abgebildet werden. Nun ist $\mathbf{A}^*$ eine freie X-Kategorie. Wir setzen (ϕ_1, ϕ_2') zu einem X-Funktor $\tilde{\phi}$ fort.

$\tilde{\phi}$ ist ein $\mathbf{D}$-Funktor. Wir faktorisieren

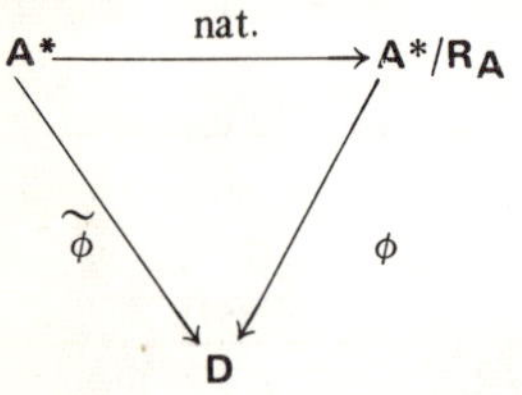

nach $\mathbf{R}_\mathbf{A}$ und erhalten einen eindeutig bestimmten X-Funktor ϕ der ein D-Funktor ist. (Die Wohldefiniertheit von ϕ folgt aus Satz 22).

Wir haben hier im wesentlichen die Terminologie von [2] verwendet. Die Ergebnisse sind für $A = \{|\}$ in etwas weitergehenden Resultaten in [9] enthalten. Für den Fall $Z(f)$ beliebig für $f \in \mathbf{A}$ aber auch $A = \{|\}$ wurde in [3] ein vollständiges Relationensystem angegeben. Anwendungen auf Probleme der Programmiersprachen findet man in [4] und [10].

Wir wenden uns nun der ebenen Realisierung von Schaltkreisen zu und betrachten abschließend die boolesche Algebra im Lichte dieser allgemeinen Theorie.

3.6 Ebene Realisierungen von Schaltkreisen

3.6.1 Formulierung der Aufgabe

Sei wie in 4. stets $\mathbf{D}_A \subset \mathbf{A}$. Es wird aber nicht immer $Z(f) \in A$ für $f \in \mathbf{A} - \mathbf{D}_A$ vorausgesetzt.

Zunächst definieren wir für $g \in \mathbf{A}$:

$$L_g : \mathbf{A}^* \to \mathbb{N}_0$$

durch

$$L_g(f) = \begin{cases} 1 & \text{für } f = g \\ 0 & \text{für } f \in \mathbf{A},\ f \neq g \\ 0 & \text{für } f \text{ Einheit in } \mathbf{A}^*, \end{cases}$$

$$L_g(f \circ h) = L_g(f) + L_g(h)$$
$$L_g(f \times h) = L_g(f) + L_g(h)$$
für $f, h \in \mathbf{A}^*$.

$L_V(f)$ heißt die *Kreuzungszahl* von f. $L_V(f)$ gibt nämlich gerade an, wie oft sich „Leitungen" bei einer Realisierung von f in Planartechnik kreuzen.

Wir setzen uns mit dem folgenden Optimierungsproblem auseinander:

Sei

$$F : M \to M',\ F \in \mathbf{C}_e$$

gegeben.

$$\phi : \mathbf{A}^* \to \mathbf{C}_e$$

sei ein $\mathbf{D}$-Funktor. Gesucht wird eine möglichst ebene Realisierung f von F, d.h. ein $f \in \mathbf{A}^*$ mit

(1) $\phi_2(f) = F$,

(2) $L_V(f) \leqslant L_V(g)$ für $g \in \phi_2^{-1}(F)$.

Wir bezeichnen dieses Problem als L_V-Optimierungsproblem.

3.6.2 Optimale Berechnung von Permutationen

Sei $\mathbf{D}_V^*$ die Unter-X-Kategorie von $\mathbf{D}_A^*$, die durch $\{V_{ab} | a, b \in A\}$ erzeugt wird. Sei

$$F : [w] \to r[w] \in \mathbf{H}_A \text{ eine Permutation .}$$

Wir fragen nach

$$f \in \mathbf{D}_V^* \text{ mit}$$

(1) $\pi_2(f) = F$,

(2) $L_V(f) \leqslant L_V(g)$ für $g \in \pi_2^{-1}(F)$.

Ist f eine Lösung des Optimierungsproblems, dann beschreibt f eine optimale Berechnung der Permutation F, wenn als erzeugende Operation nur Transpositionen erlaubt sind.

Satz 24:

$f \in \mathbf{D}_V^*$ Normalform, dann ist f eine Lösung des Optimierungsproblems für $\pi_2(f)$.

Beweis: Sei g irgendeine Realisierung von $\pi_2(f)$. Wir formen g mittels $(V_{ab} \times 1_c) \circ (1_a \times V_{cb}) \circ (V_{ca} \times 1_b) = (1_b \times V_{ca}) \circ (V_{cb} \times 1_a) \circ (1_c \times V_{ab})$ um. L_V ist gegenüber der Anwendung dieser Relation invariant. Wir schieben nun mittels dieser Relation sämtliche Kreuzungen des Fadens, der am ersten Ausgang von g endet nach oben, so daß wir eine Zerlegung

$$g' = (1_a \times V') \circ V_1'' \quad (*)$$

erhalten, wo V_1'' nur Kreuzungen dieses ersten Fadens enthält. Wir erläutern den Beweis an der Figur auf Seite 321:

Man schiebt den ersten Schnittpunkt von oben des ausgezeichneten Fadens mit dem linken Nachbarn nach oben. Hier Punkt *. Dies kann mittels obiger Relation geschehen. Danach spaltet man diesen Punkt mittels eines Faktors

$$V_1' = (1_u \times V_{ab} \times 1_v)$$

ab. Den Restmorphismus behandelt man ebenso. Induktiv folgt so (*).

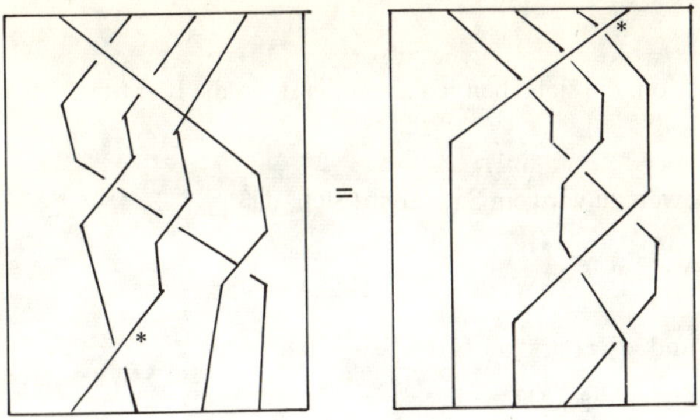

$(\mathbf{R}_A)$

Nun verfährt man mit V' wie eben mit g, usw. Das Ergebnis ist ein $h \in \mathbf{D}_V^*$. Enthalten die zu jedem Faden gehörigen Faktoren V_i'' keine überflüssigen Kreuzungen, dann haben wir so gerade unsere Normalform erhalten. Da wir aber g als minimal voraussetzen, ist h Normalform und nach Konstruktion ist

$$L_V(h) = L_V(g),$$

d.h. h ist eine Lösung unserer Aufgabe, q.e.d.

Wir interessieren uns nun dafür, wie rasch man eine Permutation berechnen kann, wenn man möglichst viele Transpositionen gleichzeitig ausführt.

Dies bedeutet, daß f in diesem Sinne optimal ist, wenn es eine Zerlegung

$$f = f_1 \circ f_2 \circ \ldots \circ f_k \quad (*)$$

gibt mit

$$f_i = (1_u \times V \times 1_u \times \ldots \times V \times 1_u),$$

(der Kürze halber haben wir die Indizes an den u und V unterschlagen) und es gibt kein $f' = f(\mathbf{R}_A)$ mit einer Zerlegung in weniger als k solcher Faktoren.

Satz 25:

Ist h Normalform und ist $H(h) = k$, dann gibt es eine Zerlegung mod $\mathbf{R}_A$ von h in k Faktoren, die eine schnellste Parallelberechnung von $\pi_2(h)$ definiert.

Korollar:

Die einzige Permutation, die sich eben realisieren läßt, ist die Identität.

Beweis: Aus dem Beweis zu vorigem Satz ergibt sich, daß

$$H(f) \leqslant H(g)$$

für f Normalform und $\pi_2(f) = \pi_2(g)$.
Weiter gilt für jede Zerlegung (*)

$$H(f) \leqslant k.$$

Gibt es also zu jedem Morphismus g mit $H(g) = k$ eine Zerlegung in k Faktoren der Höhe 1, dann ist unser Satz bewiesen. Dies ist aber die Aussage des folgenden allgemeinen Hilfssatzes.

Hilfssatz 29:

Ist $H(f) = k$, $f \in \mathbf{A}^*$, dann gibt es eine Zerlegung

$$f = f_1 \circ \ldots \circ f_k$$

mit $H(f_i) = 1$ für $i = 1, \ldots, k$.

Beweis: Sei

$$f = f' \circ f_1$$

eine Zerlegung von f mit folgender Eigenschaft:

(1) $f_1 = (1_{u_1} \times g_1 \times 1_{u_2} \times \ldots \times g_k \times 1_{u_{k+1}})$
mit $g_1, \ldots, g_k \in \mathbf{A}$.

(2) Es gibt keine Zerlegung
$f = f'' \circ f_1'$
der gleichen Art, so daß f_1' mehr Elemente aus $\mathbf{A}$ enthält.

Beweis: Wir zeigen:

$$H(f') = H(f) - 1 .$$

Den Beweis führen wir indirekt.

Sei $H(f') = H(f)$. Dann enthält f' einen Weg der Länge $H(f)$. Sei $g \in \mathbf{A}$ der oberste „Punkt" auf diesem Weg. Ist $Q(g) = \lambda$, dann kann man g in den obersten Faktor schieben und erhält eine Zerlegung, die nach Voraussetzung nicht existiert.

Ist $Q(g) \neq \lambda$, dann gibt es aus f_1 kommende Strecken, die in g enden. Sind diese Strecken ein f_1 Einheiten, dann läßt sich g wieder entgegen unserer Annahme noch in f_1 aufnehmen.

Es gibt dann also mindestens eine Strecke, die in g endet, und die von einem Punkt g' in f_1 kommt. Dann haben wir in f aber einen Weg der Länge $H(f) + 1$, was im Widerspruch zur Definition von $H(f)$ steht. Also ist in der Tat $H(f') < H(f)$.

Wegen

$$H(f') + H(f_1) \geqslant H(f), \; H(f_1) = 1$$

folgt nun

$$H(f') = k - 1 ,$$

was zu beweisen war.

Man kann nun für jede Permutation $F \in \mathbf{H}_A$ definieren:

$$H(F) := H(f), \text{ wo}$$

$f \in \pi_2^{-1}(F)$ und f Normalform ist. Es stellt sich die Frage, wie leicht man $H(F)$ berechnen kann.

Satz 26:

Sei $F = [w] \rightarrow [w]$ eine Permutation und sei

$$H'(F) = \max_{i \in [1:L(w)]} \{ |i - k| \mid (w, k) = F(w, i) \} .$$

Dann ist

$$H(F) = H'(F) .$$

Beweis: Sei $(w, k) = F(w, i)$. Dann gibt es in $f \in \pi_2^{-1}(F)$ einen Faden vom i-ten Eingang zum k-ten Ausgang. Dieser teilt das Innere des Netzes in einen rechten und in einen linken Teil.

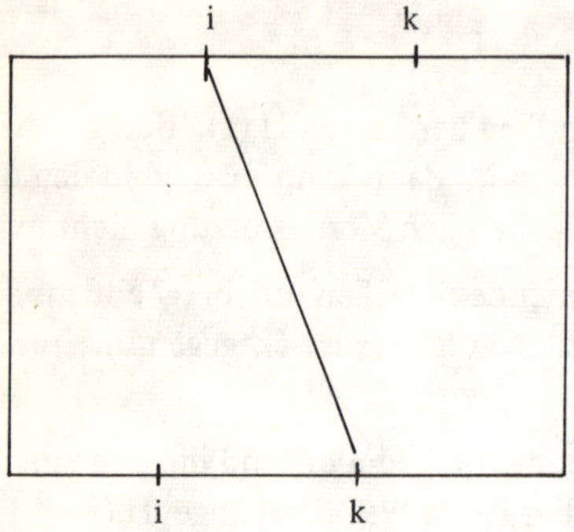

Sei $i < k$. Dann liegen im linken Teil $k - i$ mehr Ausgänge als Eingänge. Also gibt es $k - i$ Fäden des Netzes, die den Faden von i nach k mindestens einmal schneiden. Ist f minimal, dann sind es genau $k - i$ Schnittpunkte. Analog schließt man für $i > k$.

Also folgt in der Tat die Behauptung des Satzes. Hieraus gelingt es uns auch leicht

$$L_V(F) := \min \{L_V(f) \mid f \in \pi_2^{-1}(F)\}$$

zu berechnen.

Satz 27:

Es ist

$$L_V(F) = \frac{1}{2} \sum_{\substack{(w,k) = F(w,i) \\ 1 \leqslant i \leqslant L(w)}} |i - k| \leqslant \binom{n}{2}$$

Es gibt für $w = a^n$ ein F mit $L_V(F) = \binom{L(w)}{2}$.
Den einfachen Beweis überlassen wir dem Leser.

Wenig schwieriger beantwortet sich die Frage nach einer Abschätzung der optimalen Berechnung von Permutation, wenn es erlaubt ist, höchstens k Transpositionen gleichzeitig auszuführen. Wir nennen eine solche Berechnung von F k-optimal. Unser erstes Optimierungsproblem kann hiernach als Frage nach einer l-optimalen Berechnung von F aufgefaßt werden.

Es gilt offenbar:

Satz 28:

Eine k-optimale Berechnung von F ist eine Zerlegung

$$f = f_1 \circ \ldots \circ f_e$$

einer Lösung f unserer L_V-Optimierung mit

$$f_i = (1_{u_i} \times g_1^i \times \ldots \times g_{k_i}^i \times 1_{u_{k_i}})$$

mit $k_i = k$.

Durch Auszeichnung anderer Permutationen als Elementaroperationen erhält man Aufgaben, wie sie von W.J. Paul und H.J. Stoß in [14] und [21] bearbeitet wurden.

Aufgabe:

Man finde einen Algorithmus zur Konstruktion k-optimaler Berechnungen.

3.6.3 Ebene Realisierungen in A*

Wir verallgemeinern unser Optimierungsproblem auf beliebige Elemente $F \in \mathbf{H}_A$.
Das L_V-Optimierungsproblem in $\mathbf{D}_A^*$ lautet:
Finde zu $F \in \mathbf{H}_A$ ein $f \in \mathbf{D}_A^*$ mit

(1) $\pi_2 (f) = F$,

(2) $L_V (f) \leqslant L_V (g)$ für $g \in \pi_2^{-1} (F)$.

Da die U_a in diesem Zusammenhang nur eine triviale Rolle spielen, werden wir Existenz völlig vernachlässigen. Wir gehen also davon aus, daß

$$F : [w] \rightarrow [v]$$

stets surjektiv ist.

Satz 29:

F ist genau dann überkreuzungsfrei realisierbar, wenn F monoton ist.

F heißt *monoton*, wenn gilt:

$$F(w, i) = (v, j_1),\ F(w, i+k) = (v, j_2) \Rightarrow j_2 \geqslant j_1 \quad \text{für} \quad k \in \mathbb{N}.$$

Der Beweis ergibt sich leicht durch einen indirekten Schluß.

Sei

$$F : [w] \to [v].$$

(v, i) und (v j) heißen *separat* unter F, wenn entweder für alle

$(w, i_1) \in F^{-1}(v, i)$ und $(w, j_1) \in F^{-1}(v, j)$ gilt

$i_1 < j_1$

oder für alle diese Indizes gilt die umgekehrte Relation. (v, 1) und (v, 2) sind in dem nebenstehenden Morphismus nicht separat, sondern „gemischt".

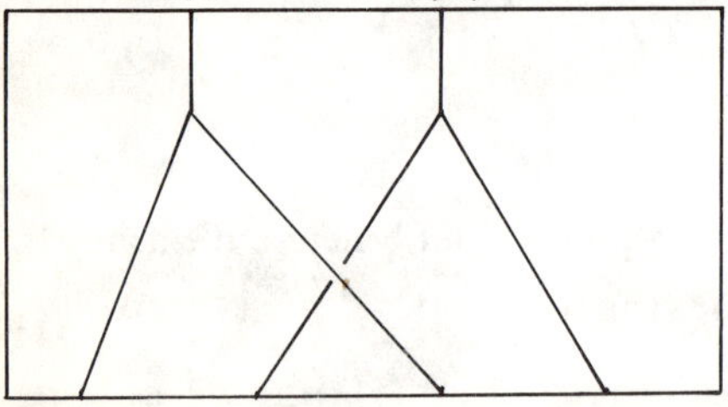

Eine Abbildung $F \in \mathbf{H}_A$ heißt *separierend,* wenn je zwei Elemente von $Z(F)$ separat sind.

Satz 30:

Ist $F \in \mathbf{H}_A$ separierend, dann ist

$$L_V(F) = L_V(F'),$$

wenn

$$Q(F) = Z(F') \quad \text{und} \quad Z(F) = Q(F')$$

und F injektiv ist mit

$$F \circ F' = 1_{Z(F)} .$$

Der Satz besagt, daß es bei separierenden Abbildungen auf die Diagonalisierung nicht ankommt.

Zum Beweis des Satzes, denke man sich die Punkte von $[w] = Q(F)$, die durch F in gleiche Bilder übergeführt werden auf ein Element zusammengezogen.

Korollar:

Ist F separierend und ist card $(Z(F)) = n$, dann ist

$$L_V(F) \leqslant \binom{n}{2} .$$

Zieht man in den Realisierungen f von F alle D nach unten, dann liegen alle Überkreuzungen in einem reinen „V"-Teil. Hieraus ergibt sich unter Verwendung der schon oben benutzten Abschätzung

Satz 31:

$$L_V(F) \leqslant \binom{n}{2}$$

für $F \in \mathbf{H}_A$ und $n = L(Q(F))$.

Eine so vollständige Lösung des L_V-Problems für $\mathbf{D}_A^*$, wie wir diese für $\mathbf{D}_V^*$ angegeben haben, scheint sehr schwierig zu sein. Dieses Problem wurde von *V. Claus* in seiner Dissertation in einer etwas verallgemeinerten Form untersucht. Eine befriedigende Lösung des Problems ist noch nicht in Sicht.

Definition:

$f \in \mathbf{A}^*$ heißt *reduziert* bezüglich $\mathbf{R_A}$, wenn es in $\mathbf{R_A}$ keine Relation gibt, durch deren einmalige Anwendung auf f die Überkreuzungszahl $L_V(f)$ verkleinert werden kann.

Leider sind die reduzierten Darstellungen nicht immer Lösungen unseres Optimierungsproblemes, wie das folgende Beispiel zeigt.

Es ist

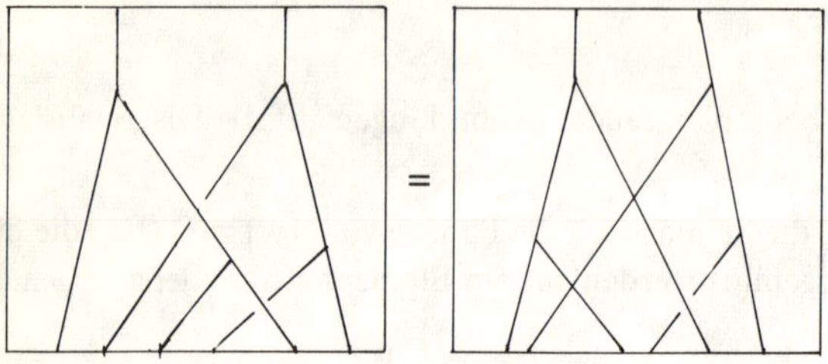

$(\mathbf{R}_A)$

Das linke Netz ist „billiger“ als das rechte Netz. Beide sind reduziert.

Problem:

Gibt es ein endliches Relationensystem $\mathbf{R}'_A$ mit $\mathbf{D}^*/\mathbf{R}_A \cong \mathbf{D}^*/\mathbf{R}'_A$, so daß die bezüglich $\mathbf{R}'_A$ reduzierten Elemente von $\mathbf{D}^*_A$ auch Lösungen des Optimierungsproblems sind?

Diese Frage ist äquivalent zur Frage nach der Tiefe von „Sackgassen“, die bei Reduktionen auftreten können. Aus der Theorie der formalen Sprachen ist bekannt, daß dieses Problem nicht generell entscheidbar ist [19]. (Man fasse $\mathbf{R}_A$ als ein auf einer freien X-Kategorie operierendes Thue-System auf!).

Das Problem der ebenen Realisierung von Schaltfunktionen bei einer Einschränkung auf boolesche Polynome führt zu folgendem Transformationsproblem in $\mathbf{D}^*_A$.

Problem (von *Claus*):

Seien G_1 und G_2 Permutationsgruppen auf $[v]$ bzw. $[w]$. $F : [w] \to [v]$ sei vorgegeben. Man finde ein L_V-optimales f mit

$$\phi_2(f) \in G_1 \circ F \circ G_2 .$$

Erläuterung:

Die Operationen „Konjunktion“ und „Disjunktion“ der booleschen Algebra sind kommutativ. Dies wird durch die Gruppe $G_2 \subset H_A$ erfaßt, die dann eine Partition von $[w]$ festläßt. Die Eingangsklassen sind eventuell nicht festgelegt, so daß sie für unser Problem optimal gewählt werden dürfen. Dies drückt sich darin aus, daß wir als G_1 die volle Permutationsgruppe von $[v]$ in H_A wählen.

Man sehe hierzu die folgende Figur:

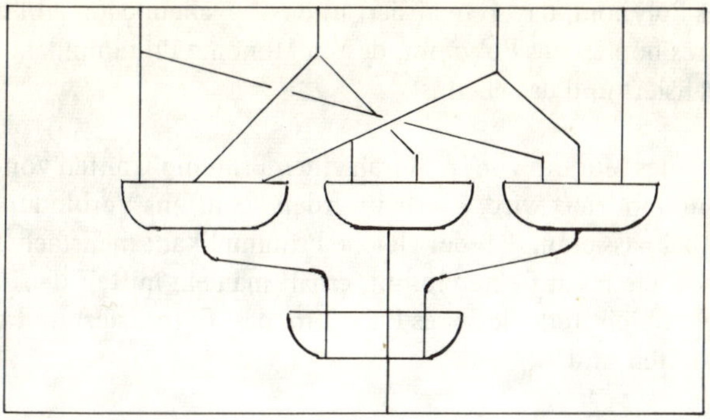

Wir betrachten

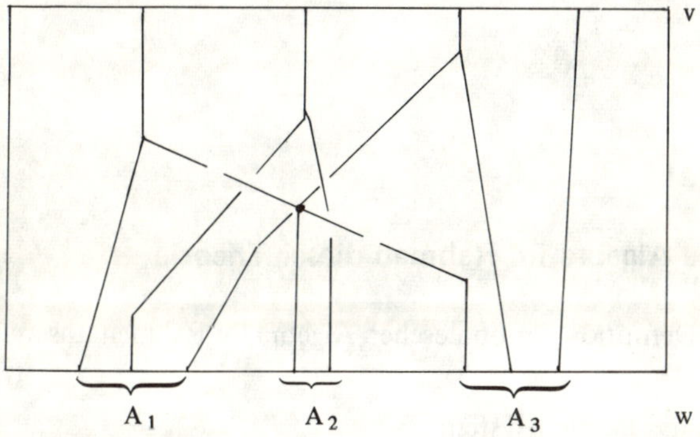

G_1 darf die Punkte auf dem oberen Rand beliebig permutieren, G_2 darf die Punkte in A_1, A_2, A_3 beliebig unter sich permutieren und die A_i beliebig untereinander.

Problem:

Man löse das Optimierungsproblem für den Fall, daß in f nur Elemente aus $\mathbf{A} - \mathbf{D}_V$ oder aus $\mathbf{A} - \mathbf{D}_D$ vorkommen.

Satz 31:

Ist p ein boolesches Polynom, das F realisiert und ist p eben, dann gibt es auch ein nicht-reduzierbares boolesches Polynom, dessen Monome Primimplikanten sind, das auch F realisiert und das eben ist.

Beweis: Man ersetzt jedes Monom von p durch einen Primimplikanten von F, der durch das Monom impliziert wird. Hierbei werden höchstens Verbindungen gelöscht. Es kann dabei passieren, daß der gleiche Primimplikant mehrfach auftritt. Indem man von diesen alle bis auf einen löscht, erhält man ein mittels den Axiomen der booleschen Algebra nicht reduzierbares Polynom, das F realisiert und dessen Monome Primimplikanten sind.

Problem:

Gibt es zu jedem ebenen Polynom p, das F realisiert auch ein ebenes Minimalpolynom zu F?

3.7 Schlußkapitel

3.7.1 Die boolesche Algebra im Rahmen dieser Theorie

Wir fragen nach einer Definition der booleschen Algebra im Rahmen unserer Theorie.

Hierzu betrachten wir das Bausteinsystem

$$\mathbf{B} = \{k, d, n, c\} \cup \mathbf{D}$$

mit

$$\mathbf{D} = \mathbf{D}\,\{|\}\,.$$

Wir setzen also voraus, daß wir nur einen Variablentyp in A haben. Entsprechend identifizieren wir $\{|\}^*$ mit $\mathbb{N}_0$.

Es sei

$$Q(k) = Q(d) = 2, \; Z(k) = Z(d) = Q(n) = Z(n) = Z(c) = 1$$

und $Q(c) = 0$.

k repräsentiert die Konjunktion, d die Disjunktion und n die Negation. c ist eine nullstellige Konstante, deren Rolle unten klar wird.

Wir definieren als Relationensystem $\mathbf{R}_B$ unser in Kapitel 1 verwendetes Axiomensystem der booleschen Algebra. Zur Erläuterung schreiben wir einige der Axiome in Form unserer Relationensysteme.

Die Assoziativitätsgesetze lauten:

$$d \circ (d \times 1) = d \circ (1 \times d),$$
$$k \circ (k \times 1) = k \circ (1 \times k).$$

Die Distributivitätsgesetze lauten:

$$k \circ (1 \times d) = d \circ (k \times k) \circ (1 \times v \times 1) \circ (D \times 1 \times 1),$$
$$d \circ (1 \times k) = k \circ (d \times d) \circ (1 \times v) \circ (D \times 1 \times 1).$$

Die Absorptionsgesetze sind:

$$d \circ (1 \times k) \circ (D \times 1) = 1 \times U$$
$$k \circ (1 \times d) \circ (D \times 1) = 1 \times U.$$

Indem man alle Axiome unseres Axiomensystems in dieser Form hinschreibt, erhält man $\mathbf{R}_B$. Wir definieren:

$$R_{\mathbf{B}} = \mathbf{R}_{\mathbf{A}} \cup \mathbf{R}_B$$

und bilden

$$\mathbf{S} := \mathbf{B}^* / R_{\mathbf{B}}$$

Die D-Kategorie $\mathbf{S}$ bezeichnen wir in Anlehnung an [6] als freie boolesche Theorie. Wir setzen

$$B_n = \mathbf{M}(\mathbf{S})(o, n)$$

und

$$\mathbf{S}_n = \mathbf{M}(\mathbf{S})(n, 1)$$

und erhalten für $f \in \mathbf{M}(\mathbf{S})(n, 1)$ und $b \in B_n$ mittels der Definition

$$F(b) = f \circ b$$

eine Abbildung

$$F : B_n \to B_1 .$$

Der Leser beweise zur Übung:

1. $B_n = B_1 \times \ldots \times B_n$.
2. $\mathbf{S}_n$ ist unsere freie boolesche Algebra von Schaltfunktionen aus Kapitel I und II.
3. $\mathbf{B^*}$ enthält unsere booleschen Ausdrücke und deren Verallgemeinerungen aus Kapitel II.
4. Die Interpretation der booleschen Ausdrücke stimmt mit dem natürlichen Funktor von $\mathbf{B^*}$ nach $\mathbf{S}$ überein.

3.7.2 Verbindungen zu anderen Disziplinen

Wählt man anstelle des booleschen Axiomensystems z.B. die des Körpers, dann fragt das Optimierungsproblem nach den optimalen Berechnungen von Polynomen. Diese Theorie ist zur Zeit in rascher Entwicklung begriffen. Die Darstellung der hier vorliegenden Resultate würde den Rahmen dieses Buches sprengen. Einige Auskünfte über diese Fragen findet der Leser in [23].

Es hat sich in 4, dem mit Chomsky-Sprachen bekannten Leser gezeigt, daß zwischen dem Syntheseproblem von Schaltkreisen und dem Analyseproblem bei Chomsky-Sprachen ein enger Zusammenhang besteht. Das Analyseproblem erscheint als Sonderfall des Syntheseproblems.

Zu jedem vorgegebenen Syntheseproblem kann man durch hinreichend starke Vergrößerung des Alphabets ein äquivalentes Analyseproblem konstruieren. Die Optimierungsfragen verwandeln sich in die Frage nach kürzesten Analysen von Sätzen.

Diese Theorie zeigt also bislang als recht verschieden angesehene Probleme in einem einheitlichen Licht. Sie gibt für verschiedene dieser Probleme zum erstenmal eine strenge Formulierung. Als Beispiel sei die Verallgemeinerung der für endliche Automaten erfolgreich behandelten strukturellen Äquivalenz auf Chomsky-Sprachen genannt.

Die Theorie bietet weiter einen sehr einfachen Zugang zur Theorie der Berechenbarkeit und zur Definition der Syntax und Semantik von Programmiersprachen. Diese Einsicht läuft parallel zur Erkenntnis, daß in Rechenmaschinen keine natürliche Trennung zwischen Hardware und Software angegeben werden kann.

Literatur

[1] *Ashenhurst, R.L.*: The Decomposition of Switching Functions, Proccedings of an international Symposium on the Theory of Switching, vol. 28 of Comp. Lab. of Harvard University, pp. 74–116 (1959).

[2] *Brinkmann, H.B.* und *Puppe, D.*: Kategorien und Funktoren, Lecture Notes in Mathematics, Springer 1966.

[3] *Claus, V.*: Ebene Realisierung von Schaltkreisen, Dissertation an der Universität des Saarlandes 1970.

[4] *Claus, V.*: Ein Vollständigkeitssatz für Programme und Schaltkreise, Acta Informatica 1, 64–78 (1971/72).

[5] *Curtiss, H.A.*: A New Approach to the Design of Switching Circuits, D. van Nostrand Co. Princeton, New Jersey, (1962).

[6] *Eilenberg, S.* und *Wright, J.B.*: Automata in General Algebras, Information and Control 11, 452–470 (1967).

[7] *Harrison, M.A.*: "Introduction to Switching and Automata Theory", McGraw Hill Book Co. New York (1965).

[8] *Hotz, G.*: Zur Reduktionstheorie der booleschen Algebra, Colloquium über Schaltkreis- und Schaltwerk-Theorie, (1960), Herausgeber: *Unger, H., Peschel, E.*, Birkhäuser Verlag, (1961).

[9] *Hotz, G.*: Eine Algebraisierung des Syntheseproblems von Schaltkreisen, EIK, Bd. 1. pp. 185–231, (1965).

[10] *Hotz, G.* und *Claus, V.*: Automatentheorie und Formale Sprachen, III. Formale Sprachen, Bibliographisches Institut Mannheim (1972).

[11] *Kohavi, Z.*: Switching and Finite Automata Theory, McGraw Hill Book Co., (1970).

[12] *McCluskey, E.J. Jr.*: Minimization of Boolean Functions, B.S.T.J., vol. 35, No. 6. pp. 1417–1444 (1956).

[13] *Miller, R.E.*: Switching Theory, Combinational Circuits, vol. I, John Wiley & Sons, (1965).

[14] *Paul, W.J.*: Optimale Algorithmen zum Transponieren Quadratischer Matrizen, Proceedings der 3.GI-Jahrestagung, Springer Lecture Notes in Computer Science 1, 72–80 (1973).

[15] *Quine, W.V.*: The Problem of Simplifying Truth Functions, American Mathematical Monthly, vol LXI, pp. 521–531 (1952).

[16] *Quine, W.V.*: A Way to Simplify Truth Functions, American Mathematical Monthly, vol. LXII, pp. 627–631 (1955).

[17] *Roth, J.P.*: Algebraic Topological Methods for the Synthesis of Switching Systems I, Transactions of the American Mathematical Society, vol. 88, 2, pp. 301–326 (1958).

[18] *Roth, J.P.* and *Karp, R.M.*: Minimization over Boolean Graphs, IBM Journal, vol. 6, No. 2, pp. 227–238 (1962).

[19] *Schwinn, M.*: Lösbarkeit und Unlösbarkeit des Mehrdeutigkeitsproblems und des Sackgassenfreiheitsproblems für einige Klassen von Chomsky-Grammatiken, Technische Hochschule München, Abteilung Mathematik, Bericht Nr. 6908 (1969).

[20] *Spaniol, O.*: Theoretische Untersuchung Digitaler Filter, Dissertation an der Universität des Saarlandes 1970.

[21] *Stoß, H.J.*: Rangierkomplexität von Permutationen, Acta Informatica 2, 80–96 (1973).

[22] *Winder, R.O.*: Chow Parameters in Threshold Logic, JACM 18, 265–269 (1971).

[23] *Winograd, S.*: On the number of multiplications necessary to compute certain functions, Communications on Pure an Applied Mathematics 23, 165–179 (1970).

Namen- und Sachregister